国家出版基金项目
NATIONAL PUBLICATION FOUNDATION

河（湖）长能力提升系列丛书

HE-TANG-HU-KU GUANLI

河塘湖库管理

郑月芳　编著

HE（HU）ZHANG NENGLI TISHENG XILIE CONGSHU

中国水利水电出版社
www.waterpub.com.cn
·北京·

内 容 提 要

本书为《河(湖)长能力提升系列丛书》之一,围绕河(湖)长管理需要了解的河塘湖库基础知识、基本术语、管理内容、技术要点等进行介绍。

全书共分7章。第1章河塘湖库基础知识,包括河塘湖库的概念、称谓、等级、特征参数等;第2章河塘湖库管理概述,包括管理的范围、特殊性、主体及内容等;第3章涉水行政许可,对河塘湖库管理范围内的建设项目的审批作了阐述;第4章河道采砂,对采砂管理的主体及内容、重要性、规划编制、规程规范等作了介绍;第5章保洁和清淤,介绍了保洁和清淤程序的内容;第6章河湖整治,介绍了河湖整治发展历程、整治设计以及相关技术标准;第7章河流健康,介绍了河流健康的含义、评价方法及指标。

本书可为河长培训参考使用,也可作为相关专业高等院校师生用书。

图书在版编目(CIP)数据

河塘湖库管理 / 郑月芳编著. -- 北京 : 中国水利水电出版社,2019.9
　(河(湖)长能力提升系列丛书)
　ISBN 978-7-5170-8268-2

　Ⅰ. ①河… Ⅱ. ①郑… Ⅲ. ①河道整治-研究-中国
Ⅳ. ①TV882

中国版本图书馆CIP数据核字(2019)第277470号

书　　名	河(湖)长能力提升系列丛书 **河塘湖库管理** HE-TANG-HU-KU GUANLI
作　　者	郑月芳 编著
出版发行	中国水利水电出版社 (北京市海淀区玉渊潭南路1号D座　100038) 网址:www.waterpub.com.cn E-mail:sales@waterpub.com.cn 电话:(010)68367658(营销中心)
经　　售	北京科水图书销售中心(零售) 电话:(010)88383994、63202643、68545874 全国各地新华书店和相关出版物销售网点
排　　版	中国水利水电出版社微机排版中心
印　　刷	北京印匠彩色印刷有限公司
规　　格	184mm×260mm　16开本　19.25印张　366千字
版　　次	2019年9月第1版　2019年9月第1次印刷
印　　数	0001—6000册
定　　价	**78.00元**

《河（湖）长能力提升系列丛书》
编　委　会

丛书前言

FOREWORD

党的十八大首次提出了建设富强民主文明和谐美丽的社会主义现代化强国的目标，并将"绿水青山就是金山银山"写入党章。中共中央办公厅、国务院办公厅相继印发了《关于全面推行河长制的意见》《关于在湖泊实施湖长制的指导意见》的通知，对推进生态文明建设做出了全面战略部署，把生态文明建设纳入"五位一体"的总布局，明确了生态文明建设的目标。对此，全国各地迅速响应，广泛开展河（湖）长制相关工作。随着河（湖）长制的全面建立，河（湖）长的能力和素质就成为制约"河（湖）长治"能否长期有效的决定性因素，《河（湖）长能力提升系列丛书》的编写与出版正是在这样的环境和背景下开展的。

本丛书紧紧围绕河（湖）长六大任务，以技术简明、操作性强、语言简练、通俗易懂为原则，通过基本知识加案例的编写方式，较为系统地阐述了河（湖）长制的构架、河（湖）长职责、水生态、水污染、水环境等方面的基本知识和治理措施，介绍了河（湖）长巡河技术和方法，诠释了水文化等，可有效促进全国河（湖）长能力与素质的提升。

浙江省在"河长制"的探索和实践中积累了丰富的经验，是全国河长制建设的排头兵和领头羊，本丛书的编写团队主要由浙江省水利厅、浙江水利水电学院、浙江河长学院及基层河湖管理等单位的专家组成，团队中既有从事河（湖）长制管理的行政人员、经验丰富的河（湖）长，又有从事河（湖）长培训的专家学者、理论造诣深厚的高校教师，还有为河（湖）长提供服务的企业人员，有力地保障了这套丛书的编撰质量。

本丛书涵盖知识面广，语言深入浅出，着重介绍河（湖）长工作相关的基础知识，并辅以大量的案例，很接地气，适合我国各级河（湖）长尤其是县级及以下河（湖）长培训与自学，也可作为相关专业高等院校师生用书。

在《河（湖）长能力提升系列丛书》即将出版之际，谨向所有关心、支持和参与丛书编写与出版工作的领导、专家表示诚挚的感谢，对国家出版基金规划管理办公室给予的大力支持表示感谢，并诚恳地欢迎广大读者对书中存在的疏漏和错误给予批评指正。

华利民

2019 年 8 月

本书前言
FOREWORD

河塘湖库是水资源的重要载体，具行洪排涝之功、航运灌溉之便、供水发电之效、旅游景观之美、生态维系之益、人文滋养之利。千万年来，地球上的人类及动植物享受着河塘湖库水资源的恩赐，他们的生活被水的纽带维系着。

河塘湖库管理在不同社会发展阶段有不同的要求，随着社会经济的发展，河塘湖库在兴利除害中将发挥越来越重要的作用，人们与河湖的关系也更加密切，对河湖管理的要求越来越高。

学习河塘湖库管理的基础知识，了解河塘湖库管理的基本内容，既是对各级河（湖）长履职的基本要求，也是加强河塘湖库的管理保护、维护河塘湖库健康生命、实现河塘湖库可持续利用与人水和谐的基本举措。

本书围绕河（湖）长管理河塘湖库需要了解的基本术语、管理内容、技术要点进行了介绍，以提高河（湖）长的履职能力，更好地推行河（湖）长制的落地实施。

限于作者水平和时间，书中难免存在不足乃至谬误之处，敬请批评指正。

编者

2019 年 8 月于杭州

目录
CONTENTS

第1章

河塘湖库基础知识

1.1 河流

1.1.1 概念

我国是世界上河流众多的国家之一，江河源远流长，溪流纵横密布。

在我国古代，"河"在秦汉以前基本上是黄河的专称，"江"专指长江，一般河流则称为"川"或者"水"，如"川，贯穿通流水也"（《说文》），"川者，穿地而流也"（《释名》），再如"秋水时至，百川灌河"（《庄子·秋水》）。黄河的"黄"字用来描述河水的浑浊，战国时期的《左传·襄公八年》有"俟河之清，人寿几何！"，《尔雅·释水》记有"河出昆仑虚，色白，所渠并千七百一川，色黄。"

现代社会，我们给予河流更准确的定义，如在《辞海》中：河流是沿地表线低凹部分集中的经常性或周期性水流，较大的称为河，较小的称为溪；在《中国水利百科全书》中：河流是陆地表面宣泄水流的通道，是溪、川、江、河的总称；在《中国自然地理》中：河流是由一定区域内地表水和地下水补给，经常或间歇地沿着狭长凹地流动的水流；在《河流泥沙工程学》中：河流是水流与河床交互作用的产物。

河流与河道是经常通用的两个词汇。通常人们理解的河道是河流的同义词，简言之，河道就是水流的通道，也有一些水利工作者对河道与河流的区别作了探讨，如有观点认为河道是过水的河床，河流则包括河床与水流等。

本书采用人们通常理解的河道是河流的同义词的说法，为尊重约定俗成的表述，在本书中同时使用河道和河流两个词汇表达。

综合以上各种解释，可以把河流定义为：河流是水流的通道，水流与河床是构成河流的两个要素。

1.1.2　称谓

我国幅员辽阔，河流众多，由于历史、民族、文化、地域等众多因素的影响，对河流有很多不同的称谓，如江或河、水、藏布或曲、川、溪等。

（1）江或河。对于河流的称谓，江和河用得最多。较大的河流常称江、河，如长江、黄河；较小的通常称溪、港、源、坑、涧、塘、沟等；为发展水上交通运输或灌溉而开挖的人工河道通常称为运河、渠，如京杭大运河、郑国渠。

江河的命名大致可以从两个方面来区别。一是地域上的区别，通常有南"江"北"河"之说。比如南方的河流多称为"江"，如长江、珠江、钱塘江、岷江、怒江、金沙江、澜沧江、雅鲁藏布江、漓江、丽江、九龙江等；北方的河流多称为"河"，如黄河、淮河、渭河、泾河、洛河、汾河、青河、辽河、饮马河、沁河、柴达木河、塔里木河等。二是规模上的区别：大"江"小"河"。北方的嫩江、鸭绿江、黑龙江、松花江、乌苏里江，这些"江"的共同之处在于长度较长、流量和流域面积较大；一些小的河流称为"河"，浙、闽、台地区的一些河流较小，水流较急。

（2）水。古代的河流多称为水。如《禹贡》记载的淮水、渭水和洛水，这些河流都是以水命名；在当代，则称为淮河、渭河、洛河。

（3）藏布或曲。青藏高原地区，藏语称河流为藏布或曲。如雅鲁藏布江水量最大的支流叫帕隆藏布，印度河位于中国的部分叫森格藏布，西藏自治区最大内流河为扎加藏布等。

（4）川。西南地区的河流也有称为川的，如四川的大金川、小金川，云南的螳螂川等。

（5）溪。东南沿海地区的很多河流称为溪，尤其是福建和台湾的河流多数称为溪。如浙江八大水系之一的苕溪；福建的闽江三大支流的建溪、富屯溪和沙溪；台湾的主要河流浊水溪、高屏溪、大甲溪、曾文溪和乌溪等。

河流比较特殊的称谓有港、娄、浜、泾、洪等，如浙江的大钱港、罗娄，上海的蕴藻浜、顾泾，江苏的三沙洪等。尤为特殊的是珠江三角洲地区河道的

称谓，珠江三角洲 26 万多平方千米的区域，密布大小河流 800 多条，这些河流的名称非常庞杂而纷繁，为其他三角洲所没有，如涌（冲）、溶、沥、洋、窿、橇等。

一些河流的名称还有鲜明的政治或历史色彩，如漳卫南运河水系的共产主义渠、孟姜女河。

随着城市新区、经济开发区等园区的建设，近年来，开辟了一些新的河流，对这些河流的命名，一些地方采取公开向社会征名，从中筛选优秀名称来确定河流的名称。

1.1.3 分布

我国的主要江河总体走势为自西向东入海，这是由我国的地形特点决定的。我国三个地形阶梯之间交接的隆起带，是主要的暴雨中心地带，也是我国河流的主要发源地带。第一阶梯青藏高原东、南边缘，是我国最大的一些江河如长江、黄河等的发源地；第二阶梯东缘即大兴安岭—晋冀山地—豫西山地—云贵高原一线，是黑龙江、辽河、海河、淮河和珠江等的发源地；第三阶梯即长白山—山东丘陵—东南沿海山地，则是我国较小一级河流如图们江、鸭绿江、钱塘江和闽江等的发源地。

我国河流按照流向，可分为流向海洋的外流河和不与海洋沟通的内陆河两大类，外流河的流域面积约占全国国土面积的 2/3，内陆河流域面积约占全国国土面积的 1/3。

我国的地表水分为 4 个流区，即太平洋流区、印度洋流区、北冰洋流区和内陆河流区。太平洋流区的流域面积最大，占全国总面积的 58.3%，主要有长江、黄河、黑龙江、珠江、辽河、海河、淮河、钱塘江、澜沧江等河流；印度洋流区流域面积占全国总面积的 6.4%，有怒江、雅鲁藏布江；北冰洋流区只有额尔齐斯河，流域面积最小，仅占全国总面积的 0.6%；内陆河的流域面积占全国总面积的 34.7%。

我国河流按流域水系划分为十大流域 63 个水系，见表 1-1。

在我国，有七大江河的提法，七大江河为长江、黄河、松花江、珠江、辽河、淮河和海河。七大江河流域内工农业生产发达，经济繁荣，治理开发程度高，与国民经济的发展联系密切。七大江河长度及流域面积见表 1-2。

表1-1

全国流域及水系一览表

流域名称	黑龙江流域	辽河流域	海河流域	黄河流域	淮河流域	长江流域	浙闽台诸河	珠江流域	广西、云南、西藏、新疆等西南诸国际河流	内流区诸河
水系名称	黑龙江水系	辽河干流水系	滦河水系	黄河干流水系	淮河干流水系	长江干流水系	钱塘江水系	西江水系	元江红河水系	乌裕尔河内流区
	松花江水系	大凌河及辽东沿海诸河水系	潮白、北运、蓟运河水系	汾河水系	沂沭泗水系	雅砻江水系	瓯江水系	北江水系	澜沧江湄公河水系	呼伦贝尔河内流区
	乌苏里江水系	辽东半岛诸河水系	永定河水系	渭河水系	里下河水系	岷江水系	闽江水系	东江水系	怒江伊洛瓦底江水系	白城内流区
	绥芬河水系	鸭绿江水系	大清河水系	山东半岛沿海诸河水系		嘉陵江水系	浙东、闽东沿海及台湾诸河水系	珠江三角洲水系	雅鲁藏布江布拉马普特拉河水系	扶余内流区
	图们江水系		子牙河水系			乌江水系		韩江水系	狮泉河印度河水系	霍林河内流区
	额尔古纳河水系		漳卫南运河水系			洞庭湖水系		粤、桂、琼沿海诸河水系	伊犁河、额敏河水系	内蒙古内流区
			徒骇、马颊河水系			汉江水系			额尔齐斯河水系	鄂尔多斯内流区
			黑龙港及运地区诸河水系			鄱阳湖水系				河西走廊阿拉善河内流区
						太湖水系				柴达木内流区
										准噶尔内流区
										塔里木内流区
										西藏内流区

表 1-2	七大江河长度及流域面积	
河流名称	长度/km	流域面积/万 km²
长江	6397	180
黄河	5464	75
松花江	2308	56
珠江	2216	45
辽河	1430	23
淮河	1000	26
海河	1090	26

除了众多的天然河流外，我国还有许多人工开凿的河流，如京杭大运河、淠史杭运河、灵渠等。

京杭大运河开掘于春秋时期，隋代开始全线贯通，经唐宋发展，最终在元代成为贯通南北的交通大动脉，全长 1794km，几乎是苏伊士运河长的 10 倍，巴拿马运河长的 20 倍。

京杭大运河是世界上开凿最早、最长的人工河流，它和万里长城并称为我国古代的两项伟大工程，闻名于全世界。

1.1.4　主要特点

1. 河流众多，源远流长

数量多，流程长，是我国河流的突出特点之一。根据 2011 年《全国第一次水利普查公报》，我国有流域面积 50km² 及以上的河流 45203 条，总长度 15085万 km；流域面积 100km² 及以上的河流有 22909 条，总长度 11146 万 km；流域面积 1000km² 及以上的河流 221 条，总长度 3865 万 km；流域面积 10000km²及以上的河流 228 条，总长度 1325 万 km。

如果把中国的河流连接起来，总长度达 45 万 km，可绕地球赤道 105 圈。我国河流分流域数量汇总见表 1-3。

表 1-3	我国河流分流域数量汇总表		单位：条
流域名称	流域面积不小于 50km²	流域面积不小于 100km²	流域面积不小于 1000km²	流域面积不小于 10000km²
黑龙江流域	5110	2428	224	38
辽河流域	1457	791	87	13
海河流域	2214	892	59	8
黄河流域	4157	2061	199	17

续表

流域名称	流域面积不小于 50km²	流域面积不小于 100km²	流域面积不小于 1000km²	流域面积不小于 10000km²
淮河流域	2483	1266	86	7
长江流域	10741	5276	464	45
浙闽诸河	1301	694	53	7
珠江流域	3345	1685	169	12
西南西北外流区诸河	5150	2467	267	30
内流区诸河	9245	5349	613	53
合计	45203	22909	2221	230

2. 水量丰富，分布不均

我国河流多年平均河川径流总量达 26713 亿 m^3。如果把全年的河川径流总量平铺在全国的土地上，平均深度约 280mm，这一深度称为径流深度，是表示河流水量丰富与否的一个重要标志。

由于我国人口众多，人均占用径流量约为 2600m^3，远低于世界人均占用径流量（约 10800m^3），排名在第 110 名之后，因此我国又是一个贫水国家。

受地形、气候的影响，我国河流在地区上分布很不均匀。总的趋势是南方多，北方少；东部多，西部少。大多数河流分布在东部气候湿润多雨的季风区，西北部气候干燥少雨，河流稀少。

一个地区河流的多少，常用每平方千米面积内河流的总长度即河网密度表示。我国东部地区的河网密度都在 0.1km/km² 以上，西部内陆区几乎都在 0.1km/km² 以下，而且有大片的无流区（即河网密度为零）。东部地区的南方和北方也相差很大，长江以南的河网密度普遍在 0.5km/km² 以上，长江以北的山地丘陵地区，河网密度一般在 0.2～0.4km/km²。长江和珠江三角洲是我国河网密度最大的地区，都在 2.0km/km² 以上，长江三角洲甚至高达 6.7km/km²。地势低平的松嫩平原、辽河平原和华北平原，一般都在 0.05km/km² 以下，甚至出现无流区。

我国河流水量在年内分配不均匀，随着季节的更替有明显的变化。全国大部分地区最大四个月的降雨量约占全年降雨量的 70%，夏季降水集中，河水暴涨，易造成洪涝灾害；冬春季则降水少，河流进入枯水期，北方一些河流甚至干涸见底，造成干旱缺水。河流水量年际间分配也不均匀，年际变化大。根据已有长期水文观测资料的分析，我国河流普遍存在丰水年、平水年、枯水年的现象。

3. 水系多样，资源丰富

水系是由干流及其支流组成的河网系统，它主要受地形和地质构造的控制。我国由于地形多样，地质构造复杂，因此水系类型也特别多。主要类型有树枝状、扇状、羽状、平行状、混合状水系等。

我国的河流水能资源蕴藏量及动植物资源丰富。我国多数河流都具有较大落差，加上河流水量丰富，因此水能资源丰富。据统计，我国河流水能资源蕴藏量 676 亿 kW，年发电量 59200 亿 kW·h；可开发水能资源的装机容量 378 亿 kW，年发电量 19200 亿 kW·h。河流中的动植物资源也十分丰富。"才饮长沙水，又食武昌鱼"，以长江为例，长江流域有花杉、桦榛、青檀、连香树、白辛树等多个渐危、濒危稀有植物，长江中有名扬中外的白鳍豚、扬子鳄、娃娃鱼、中华鲟等珍稀野生动物。

4. 国际河流众多

国际河流一般指流经或分隔 2 个和 2 个以上国家的河流，目前统一使用"国际水道"的概念，它包括了涉及不同国家同一水道中相互关联的河流、湖泊、含水层、冰川、蓄水池和运河。1998 年 3 月，巴黎国际水资源部长级会议公布世界国际河流（湖泊）有 215 条（个）。

在我国的广西、云南、西藏、新疆，分布着许多国际河流，有的流经国境线，有的发源我国经邻国入湖入海，也有的发源邻国而流入我国。据统计，我国共有大小国际河流（湖泊）40 多条（个），其年径流量占全国河川径流总量的 40% 以上，每年出境水资源量多达 4000 亿 m³，我国拥有的国际河流数量和跨境共享水资源，均名列世界第 3 位。我国主要的国际河流有 15 条，主要分布于东北、西北和西南三大片区。

1.1.5　浙江省河流概况

浙江省地处亚热带季风气候区，降水充沛，年均降水量为 1600mm 左右，是我国降水较丰富的地区之一。全省多年平均水资源总量为 937 亿 m³，按单位面积计算居全国第 4 位，但由于人口密度高，人均水资源占有量只有 2008m³，低于全国人均水平，最少的舟山等海岛人均水资源占有量仅为 600m³。

省内河流众多，自北至南有苕溪、京杭大运河（浙江段）、钱塘江、甬江、椒江、瓯江、飞云江和鳌江等 8 条主要水系。钱塘江为境内第一大河，流域面积 55558km²，因江流曲折，称为折江，又称浙江，省以江名，简称浙。上述河流除苕溪注入太湖，京杭大运河沟通杭嘉湖平原水网外，其余均为独流入海河流。此外，尚有众多独流入海小河流和部分浙、闽、赣边界河流。杭嘉湖和萧绍宁、温黄、温瑞等主要滨海平原，地势平坦，河港交叉，形成平原河网。浙北和滨海地区为河湖和浅海沉积形成的平原，区域内河湖相连，水网密布，是著名的"江南水乡"。浙江省主要河流概况见表 1-4。

表 1-4　　　　　　　　　　　浙江省主要河流概况表

河流名称	河流起讫点		长度/km	流域面积/km²	比降/‰	在全国流域水系中属	
	起点	讫点				流域	水系
钱塘江	安徽省休宁县六股尖东坡（北源）	镇海区外游山与上海芦潮港连线	668	55558（其中浙江省境内 48080）	20	浙、闽、台诸河	钱塘江水系
瓯江	庆元、龙泉两县市交界的百山祖锅帽尖	乐清市岐头	384	18100	34	浙、闽、台诸河	瓯江水系
椒江	括苍山仙居县石长坑	椒江区淞浦闸	209	6603	38	浙、闽、台诸河	浙、闽、台诸河水系
甬江	眠岗山西坡	外游山	133	4518	50	浙、闽、台诸河	浙、闽、台诸河水系
飞云江	洞宫山景宁县白云尖西北坡	瑞安市上望镇新村	193	3719	57	浙、闽、台诸河	浙、闽、台诸河水系
苕溪	东天目山临安市水竹坞	湖州市长兜口	158	4576	49	长江流域	太湖水系
鳌江	雁荡山文成县吴地山麓	平阳县仙从岩	81	1530	103	浙、闽、台诸河	浙、闽、台诸河水系
京杭大运河				7500（其中浙江省境内 6481）		长江流域	太湖水系

按全国流域划分，浙江省河流属长江流域及东南沿海诸河流域；苕溪、运河水系和个别流入江西省的小河流属长江流域，其余均属东南沿海诸河流域。

按全国水系划分，浙江河流属鄱阳湖水系、太湖水系、钱塘江水系、瓯江水系、闽江水系，以及浙东、闽东及台湾沿海诸河水系。

浙江省降水在空间和时间上分布不均，地区间差异较大。降水由西南向东北递减，西部是降水高值区，降水量丰沛，多年平均在 2000mm 以上，中部次之，而东部相对较少，约 1200mm。径流年内分配集中，年际变化大。70%的降水集中在 5—10 月间梅汛与台汛期。

浙江省位于我国潮汐最大的地带，钱塘江、甬江、椒江、瓯江、飞云江和鳌江 6 条入海主要河流均受潮汐影响。河口潮差大，钱塘江澉浦站最大潮差 8.93m，瓯江龙湾站 7.21m，椒江海门站 6.87m，飞云江瑞安站 6.76m。钱塘江涌潮举世闻名，涌潮的高度可达 3m，鳌江涌潮的高度也达 1m。

1.1.6 河流岸别与河段名称

河流岸别指面对河道向下游看时，河道的左边称为左岸，右边称为右岸。

河段名称指河流的不同河段往往有不同的名称。河流名称的形成有其历史、文化等多方面的原因。由于一条河流往往流经不同地区，在古代由于交通、通信不方便，对于河流这种长距离的事物，很少将其从源头到河口作为一个整体来加以命名，通常是各地各取其名。现代比较通行的命名是以该河流入海（河、湖）段的名称为该河流的总称。长江干流全长 6300km，长江的源头为沱沱河，经当曲后称通天河；南流到玉树县巴塘河口以下至四川省宜宾市间称金沙江；宜宾以下始称长江。拥有江山港、乌溪江、灵山港、金华江、分水江、浦阳江等众多支流的钱塘江，其入海口段称钱塘江，河流总称即为钱塘江，但不同河段各有其名。

1.1.7 分段分类

1. 分段

河流一般分为河源、上游、中游、下游、河口 5 段。

（1）河源指河流发源的地方，可以是溪涧、泉水、冰川、沼泽或湖泊等。对较大河流，常有若干支流，大河源头通常采用"河源唯长"的准则来确定河源，也就是在河流的整个流域中选定最长而且一年四季都有水的支流对应的源头为河源。

通常而言，一条河流只有一源，但有时也尊重习惯，如大渡河比岷江长度和水量都大，但习惯上一直把大渡河作为岷江的支流。也有采用双源的，如浙江省的第一大河钱塘江，北源新安江源头至河口，全长 668km，南源兰江源头至河口，全长 612km，南源兰江流经浙江的大部分区域，而北源新安江的大部分区域在安徽省境内，因此钱塘江通常采用南北双源。

（2）上游。上游直接连河源，在河流的上段，它的特征是落差大、河谷狭、水流急、流量小、水流下切力量强，河流中经常出现急滩和瀑布。

（3）中游。中游河道比降变缓，河床比较稳定，水流下切力量减弱而旁蚀力量增强，因此河槽逐渐拓宽和曲折，两岸有滩地出现。

（4）下游。下游河谷宽，纵断面比降和流速小，河道淤积作用较显著，浅滩和沙洲常见，河曲发育。

（5）河口。河口是河流的终点，也是河流汇入海洋、湖泊或另一河流的入口，李白的《将近酒》对此有所描述："黄河之水天上来，奔流到海不复回。"因其汇入的水域不同，可分为入海河口、入湖河口、支流河口。

2. 分类

（1）按流经的国家分为国内河流和国际河流。国内河流是指从河源到河口均在一国境内的河流。国际河流又分为国界河流和多国河流，国界河流是指流经两国之间、边界线所经过的河流，如黑龙江、乌苏里江是中俄两国的界河。多国河流是指流经两个或两个以上国家的河流。

（2）按水流补给类型分为雨水、冰雪融水、湖水、沼泽水、地下水补给为主的河流等。

（3）按水流去向分为外流河与内流河。直接或间接流入海洋的河流叫外流河；不流入海洋，流入内陆湖泊或中途消失的河流叫内流河。

（4）按河道级别分类。依据河道的自然规模（流域面积、长度）及其对社会、经济发展影响的重要程度（主要是耕地、人口、城市规模、交通及工矿企业）等因素，1994年2月水利部发布的《河道等级划分办法》（水利部水管〔1994〕106号）明确全国河流分为一级河道、二级河道、三级河道、四级河道、五级河道。

（5）按流经地域分山区河道和平原河道两大类。山区河流两岸陡峭，河道深而狭窄，河床一般呈现V形或者U形。平原河流地势开阔平坦，水流舒缓，河流的形态变化多样，如边滩、浅滩、沙洲、江心滩等。

（6）按平面形态分为顺直型、蜿蜒型、分汊型、游荡型四种基本类型。顺直型：主流顺直走向稳定；蜿蜒型：呈现蛇型弯曲，凹岸凸岸较明显；分汊型：水流分汊，分双汊或者多汊；游荡型：河道主流摆动不稳定。

（7）按管理权限分为省管河道、市管河道、县管河道、乡镇管河道等。

（8）按河道重要性分为骨干河道和一般河道。通常骨干河道在本地区是行洪排涝的主要河道；一般河道，主要起调蓄水量的作用。

1.1.8　河水来源

河水的来源即河流补给，有雨水、冰雪融水、湖水、沼泽水和地下水补给等多种形式，但其最终的来源是降水，降水包括雨、雪、冰雹等。多数河流不是由单纯一种形式补给，而是多种形式的混合补给。雨水是大多数河流的补给源。

不同地区的河流、同一地区的不同河流和同一河流在不同季节的主要补给形式和补给数量各不相同。如我国新疆的高山地带，河流以冰雪融水补给为主；而低山地带，则以雨水补给为主。

我国西南岩溶发育地区，河水中地下水补给量比重大。以地下水补给为主的河流，水量的年内分配和年际变化都比较均匀。

1.1.9　水系及干支流

大大小小河流构成的脉络相通的系统称为水系。

独流入海的河流是特例。独流入海的河流与其他河流间无相关关系，河流单独入海。如浙江的白溪、清江；山东的白沙河、墨水河；海南的演州河、五源河。

水系由干流、若干级支流及湖泊、沼泽等组成。在这个系统中，直接流入海洋或内陆湖泊的河流称为干流，流入干流的河流称为一级支流，流入一级支流的河流称为二级支流，其余依此类推。例如，嘉陵江、汉江、岷江等为长江一级支流；唐白河、丹江等流入汉江的河流则为长江的二级支流。《庄子·秋水》著有"秋水时至，百川灌河"，从干、支流关系看，"川"为支流，"河"为干流，时值秋季，雨水连绵，各条支流涨水，由支流而渐渐汇集到干流之中。

水系干流、支流关系如图 1-1 所示。

根据干流与支流的分布及平面布局，水系可分为以下几种类型：树枝状、扇形、羽状、平行状、混合状等，它直接影响流域内的水情变化。

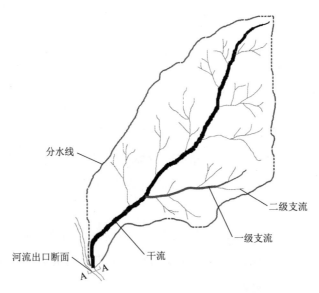

图 1-1 水系干流、支流关系示意图

（1）树枝状水系的干支流分布呈树枝状，干流接纳两侧众多的支流，如图 1-2 所示。

（2）扇形水系指干支流组合而成，其流域轮廓形如一把平展的扇子，如图 1-3 所示。

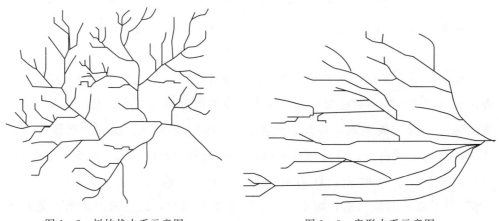

图 1-2 树枝状水系示意图　　　　　图 1-3 扇形水系示意图

（3）羽状水系指干流两侧支流分布较均匀，近似羽毛状排列的水系，如图 1-4 所示。

（4）平行状水系指支流近似平行排列汇入干流的水系，如图 1-5 所示。

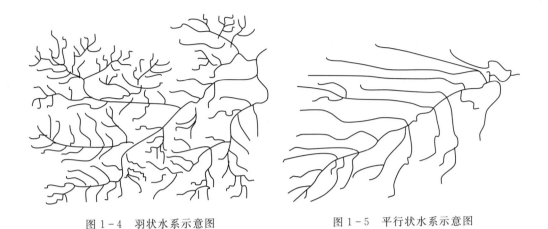

图 1-4 羽状水系示意图   图 1-5 平行状水系示意图

（5）混合状水系由两种以上的水系复合而成，通常大河有两种或两种以上水系组成，如图 1-6 所示。

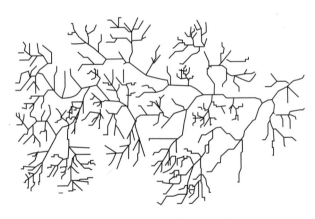

图 1-6 混合状水系示意图

1.1.10 流域与分水线

河流集水范围是该河流的流域。集水范围内的土地面积是该河流的流域面积。

每条河流都有自己的流域，相邻流域之间的分界处称为分水线，即集水区的边界线，降落在分水线两侧的水量将分别流向不同的流域。分水线有的是山岭，有的是高原，也可能是平原或湖泊。在山区，流域的分水线是山脊或山顶，山脊或山顶称为分水岭，如我中国秦岭以南的地水流向长江流域，秦岭以北的水流向黄河流域。

流域内的水流通常包括地表水和地下水，因此分水线有地面分水线和地下分水线。如果地面集水区和地下集水区相重合，称为闭合流域；如果不重合，将发生相邻流域的水量交换，则称为非闭合流域。

1.1.11　河流基本特征

河流基本特征可以从形态特征、流域特征、水文特征 3 方面来描述。

1. 形态特征

河流的形态特征用河流的地貌、弯曲系数、断面、河长、落差、比降等参数表示。

（1）地貌。山区河流地貌多急弯、卡口，两岸和河心常有突出的巨石，河谷狭窄，横断面多呈 V 形或不完整的 U 形，两岸山嘴突出，岸线犬牙交错很不规则，常形成许多深潭；河岸两侧形成数级阶地。平原河流地貌横断面宽浅，河床上浅滩深槽交替，河道蜿蜒曲折，多江心洲、曲流与汊河，河床断面多为 U 形或宽 W 形。

（2）弯曲系数。河流实际长度与河流两端直线距离的比值称为弯曲系数，表征河流平面形状的弯曲程度，弯曲系数越大，表明河流越弯曲，径流汇集相对较慢。

（3）断面。分为纵断面和横断面。

1）纵断面。纵断面是指河底高程沿河长的变化，一般用纵断面图表示。以河长为横坐标，河底高程为纵坐标绘制而成的图为河槽的纵断面图。纵断面图表示河流纵坡和落差的沿程分布。

2）横断面。河槽中某处垂直于流向的断面，称为在该处河流的横断面。它的下界为河底，上界为水面线，两侧为河槽边坡，有时还包括两岸的堤防。河流横断面是计算流量的主要依据。

河流横断面往往分为主槽和滩地，一般将常水位以下的河槽定义为主槽，河流横断面分单式断面和复式断面，河流横断面示意图如图 1-7 所示。

（4）河长。自河口至河源，沿河道各横断面最低点的连线量得的距离为河长，河长是确定河流落差、比降、汇流时间和流量的重要参数。河长基本上反映出河流集水面积的大小，即河长越长，河流集水面积越大，反之亦然。

（5）落差。河道两断面间的河底高程差为该河段的落差。河源和河口两处的河底高程差，为河流总落差，落差大表明河流水能资源丰富。

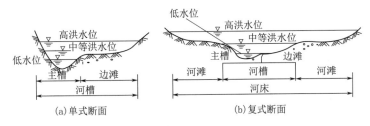

图 1-7　河流横断面示意图

（6）比降。比降包括纵比降和横比降。河段落差与相应河段长度之比即单位河长的落差，也称为河道纵比降。河流横断面的水面，一般并不是水平的，而是横向倾斜或凹凸不平的，河流横断面的比降称横比降。

2．流域特征

河流的流域特征用面积、长度、平均宽度、形状系数、河网密度、地理位置、气候、降水和蒸发、地质、土壤、植被等描述。

（1）面积。流域分水线和出流断面所包围的面积称流域面积。流域面积是河流的重要特征值。其大小直接影响河流水量大小及径流的形成过程。自然条件相似的两个或多个地区，一般是流域面积越大的地区，河流的水量也越丰富。

（2）长度。从河口起通过横断流域的若干线的中点而达流域最远点的连线称为流域长度，通常用干流的长度来代替。

（3）平均宽度。流域平均宽度为流域面积除以流域长度。

（4）形状系数。流域形状系数是流域平均宽度和流域长度之比，它便于对不同流域进行对比，如扇形流域形状系数较大，狭长流域则较小。

（5）河网密度。单位流域面积内干流、支流的总长度称河网密度。河网密度表示一个地区河网的疏密程度。

（6）地理位置。地理位置以流域边界地理坐标的经纬度来表示。

（7）气候。气候包括大气环流、气温、湿度、日照、风速等，径流的形成和发展受气候因素影响。

（8）降水和蒸发。降水和蒸发的大小及分布，直接影响径流的多少。气温、湿度、风速等主要通过影响降水和蒸发而对径流产生间接影响。

（9）地质。地层、岩性和地质构造，这些因素与下渗损失、地下水运动、流域侵蚀有关，从而影响径流及泥沙情势。

（10）土壤。土壤包括种类、结构、持水性、透水性等。

（11）植被。植被包括类型、分布、覆盖率等。

3. 水文特征

河流的水文特征用降雨、径流、流量、水深、水位、洪水、潮汐、泥沙、水质等参数表示。

（1）降雨。从天空降落到地面上的雨水，未经蒸发、渗透、流失而在水面上积聚的水层深度，称为降雨。我国气象局规定：24h内的降雨量称之为日降雨量，凡是日降雨量在10.0mm以下的，称为小雨；10.0～24.9mm，为中雨；25.0～49.9mm，为大雨；50.0～99.9mm，为暴雨；100.0～250.0mm，为大暴雨；超过250.0mm的，为特大暴雨。由于我国幅员辽阔，少数地区根据本省具体情况另有规定。如多雨的广东，日降雨量80mm以上的称为暴雨；少雨的陕西延安市区，日降雨量达到30mm以上就称为暴雨。

降雨特征值通常包括降雨量、降雨强度、降雨历时、降雨面积、降雨中心。

（2）径流。径流是由降水引起的，但径流并不等同于降水。径流一词最早见于《庄子·秋水》中的描述："秋水时至，百川灌河；径流之大，两涘渚崖之间不辨牛马。"

大气降水如雨、雪等落到地面后，一部分蒸发变成水蒸气返回大气，另一部分下渗到土壤成为地下水，其余的水沿着斜坡形成漫流，沿流域的不同路径向河流、湖泊和海洋汇集的水流称为地表水。

径流的形成是一个复杂的过程，大体可概化为两个阶段，即产流阶段和汇流阶段。当降水满足了蒸发、植物截留、洼地蓄水和表层土壤储存后，后续降雨强度超过下渗强度，超渗雨沿坡面流动注入河槽，即为产流阶段。降雨产生的径流，汇集到附近河网后，又从上游流向下游，最后全部流经流域出口断面，称为河网汇流，河网汇流的过程，即为汇流阶段。

径流表现有一定的规律并随季节变化，例如：一年中有汛期、中水期和枯水期；径流的年际变化，不同年份有丰水年、平水年和枯水年。

1）在某一时段内通过河流某一过水断面的水量称为该断面的径流量。在一个年度内通过河流出口断面的水量称为该断面以上河流的年径流总量。以时间为横坐标，流量过程线和横坐标所包围的面积即为径流量。

2）径流深度指计算时段内通过河流某一断面的径流总量平铺在整个流域面积上所得到的水层深度，常用单位为毫米。

3）径流模数某时段内单位面积上所产生的平均流量。

4）径流系数某时段内降水所产生的径流量与同一时段内降水量的比值。

（3）流量。流量指单位时间内通过某一过水断面的水量。以流量为纵坐标点绘出来的流量随时间的变化过程就是流量过程线。各个时刻的流量是指该时刻的瞬时流量，此外还有日平均流量、月平均流量、年平均流量和多年平均流量等。

1）洪峰流量指一次洪水过程中流量的最大值。

2）历史最大流量指历史最大洪水发生过程中的最大流量，又称历史洪水洪峰流量。

（4）水深。水深是指河流的自由水面离开河床底面的高度，受河床地形变化影响，岸边水深较浅，河流中心或航道线的水深较深。河流水深是绝对高度指标，可以直接反映出河流水量的大小，而水位是相对高度指标，必须明确某一固定基面才有实际意义。

（5）水位。河流或者其他水体的自由水面离某一基面零点以上的高程称为水位。由于历史的原因，许多大江大河使用大沽基面、吴淞基面、1956黄海基面作为基准面。1987年5月，经国务院批准，我国启用1985国家高程基准，1956年黄海高程系同时废止。

以水位为纵轴，时间为横轴，可绘出水位随时间的变化曲线，称为水位过程线。某断面上一年水位等于或大于某一数值的天数，称为历时。在一年中按各级水位与相应历时点绘的曲线称为水位历时曲线。

（6）洪水。洪水是指江河水量迅猛增加及水位急剧上涨，超过常规水位的自然现象。洪水特征值主要有：洪峰水位、洪峰流量、洪水历时、洪水总量、洪峰传播时间等。

山区河流暴雨洪水的特征是坡度陡、流速大、水位涨落快、涨落幅度大，但历时较短、洪峰形状尖瘦、传播时间较快；平原河流的洪水坡度较缓、流速较小、水位涨落慢、涨幅也小，但历时长、峰形矮胖、传播时间较慢。中小河流因流域面积小，洪峰多为单峰；大江大河因为流域面积大、支流多，洪峰往往会出现多峰。

（7）潮汐。河流入海河口段在日、月引潮力作用下引起水面的周期性的升降、涨落与进退，称潮汐，古代称白天的潮汐为"潮"，晚上的称为"汐"，合称为"潮汐"。张若虚在《春江花月夜》有这样的描述："春江潮水连海平，海上明月共潮生。"

潮汐的特征主要用潮位、潮差来表述。

1）潮位。受潮汐影响周期性涨落的水位称潮位，又称潮水位。

2）潮差。在一个潮汐周期内，相邻高潮位与低潮位间的差值。最大潮差指某一定时期内的潮差的最大值。

（8）泥沙。河流泥沙的主要来源是流域表面的侵蚀和河床的冲刷，泥沙的多少和流域的气候、植被、土壤、地形等因素有关。河流的泥沙情况通常用含沙量、多年平均年输沙量等指标来描述。

刘禹锡的《浪淘沙》中对黄河有这样的描述："九曲黄河万里沙"。黄河是世界上含沙量最大的一条河流。根据位处黄河中游的陕县站统计，黄河在这里的年平均含沙量达 $369kg/m^3$。每年经过这里向下游输送的泥沙达 157 亿 t。图 1-8 为世界上含沙量最大的河流——黄河。

图 1-8 世界上含沙量最大的河流——黄河

（9）水质。水质是水中物理、化学和生物方面诸因素所决定的水的特性。简单理解就是水的质量，通常用水的一系列物理、化学和生物指标来反映水质。水的用途不同，对水质的要求也不同，如饮用水的水质标准与工农业用水的标准就不一样。《地表水环境质量标准》（GB 3838—2002），将地表水水域环境功能和保护目标，按功能高低依次划分为 5 类，具体如下：

1）Ⅰ类，主要适用于源头水、国家自然保护区。

2）Ⅱ类，主要适用于集中式生活饮用水地表水源地一级保护区、珍稀水生生物栖息地、鱼虾类产卵场、仔稚幼鱼的索饵场等。

3）Ⅲ类，主要适用于集中式生活饮用水地表水源地二级保护区、鱼虾类越冬场、洄游通道、水产养殖区等渔业水域及游泳区。

4）Ⅳ类，主要适用于一般工业用水区及人体非直接接触的娱乐用水区。

5）Ⅴ类，主要适用于农业用水区及一般景观要求水域。

1.1.12 河流污染与自净

河流具有适量消纳污染物，使自身保持洁净的能力，人们常常称之为河流的自净能力。影响河流自净能力的因素很多，其主要因素有：受纳水体的地理、水文条件；微生物的种类与数量；水温、复氧能力以及水体、污染物的组成；污染物浓度等。河流的自净能力是有限的，如果排入河流的污染物数量超过某一界限时，将造成河流的永久性污染，这一界限称为河流的自净容量或水环境容量。

当进入水体的污染物数量超过河流的自净能力，使该水体部分或全部失去功能或用途，就发生了河流污染。随着城市化和工业化的推进，河流作为废水最主要和直接的受纳体的负担日益加重，导致河流污染日益严重。

河流的污染物质主要来源有：大气中的污染物质随降雨而进入河流；地表径流将地表上的污染物质大量携带进河水中；生活污水和工业废水的直接排放；水上航运过程中的油料泄漏等。

1.1.13 河流的功能

河流是文明的发祥地，发展经济的动力，生态系统的要素，景观的依托。河道的重要性体现在其功能的多样性。

1. 行洪排涝

降水时河流排掉其集水范围的径流，是排泄洪水的通道。我国地处北半球环流季风带，大部分地区汛期的降水量占全年的 $60\% \sim 80\%$，易形成江河洪水，河道两岸人口密集、经济发达，如我国的长江、黄河中下游地区，集中着全国 $1/2$ 的人口、$1/3$ 的耕地、$3/4$ 的工农业总产值，我国的绝大多数城市都分布在沿江河、滨湖、滨海地区，经常受到洪水的威胁，我国 668 座城市中有防洪任务的城市占 620 座。河道行洪排涝的功能，在确保人民生命财产安全方面发挥着重要的作用。

2. 蓄水灌溉

河道是天然水流的载体，具有一定的蓄水滞水功能，在不降水时，河流汇集源头和两岸的地下水，使河道中保持一定的流量，是灌溉的重要水源。

3. 供水发电

河流是工业用水、生活用水的来源，除了是人类饮用水水源之一之外，多数河流都具有较大落差，河流所具有的势能是人类可以利用的重要能源之一。水力发电在水能转化为电能的过程中不发生化学反应，对环境影响小，水能是重要的清洁能源。

4. 渔业养殖

河流是鱼类等水生物的家园。天然河流中具有多种渔业资源，河流还是淡水养殖的重要水域。我国是世界淡水养殖大国，众多的河流为淡水养殖提供了优越的条件。

5. 旅游景观

河流的瀑布、潭池、涌潮等是旅游资源的重要类型。怡人的两岸景色、清澈的河水、滩潭相间的景致、蜿蜒曲折的河岸构成了河流独特的风光，流动的水体与稳固的岸堤构成了动静结合的美学意蕴。雄伟壮丽的长江三峡、气势磅礴的黄河壶口瀑布、风光旖旎的蓝色多瑙河等，河流的雄、奇、险、秀、急、缓、曲、幽，无不令人赞叹、神往。随着经济的发展和人民生活水平的提高，人们对河道水环境和岸线景观功能的要求越来越高，河岸绿化和小品建筑等生态护岸的出现，为人们提供了更多、更美的亲水休闲娱乐空间，同时也促进了旅游业发展。图1-9为某水利风景区。

6. 休闲娱乐

河流可供人们进行划船、滑水、游泳、垂钓、漂流等休闲娱乐活动，河两岸也可进行露营、野餐、远足和摄影等休闲娱乐活动。

7. 通航运输

在交通不发达的古代，河流航运占据重要地位。《周易》"伏羲氏刳木为舟，剡木为楫，舟楫之利，以济不通，致远于天下"，反映了早在久远的上古时代，华夏民族就已经利用了河流的舟楫之利。诗句"朝辞白帝彩云间，千里江陵一日还"（《早发白帝城》李白）显示出长江在唐代就是重要的"黄金水道"，呈现千帆竞发、百舸争流的繁忙景象。河流航运具有占地少、成本低等优势，是当

图 1-9 某水利风景区

代交通运输体系的重要组成部分。

8. 纳污功能

河流水体具有消纳适量污染物质的能力，研究表明，30t 的水体能净化 1t 有机物。但由于工业废水和生活污水排放量不断增加等原因，河流富营养化程度不断增高，使河道的纳污功能趋于饱和。

9. 生态功能

河流是形成和支持地球上许多生态系统的重要因素。河流与周围的动物、植物及微生物组成了生机盎然的河流生态系统，河流是一个流动的生态系统。相比于湖泊，河流与周围的陆地有更多的联系，水陆两相联系紧密，是相对开放的生态系统，优于陆地或单纯水域；由于河流中水体流动，水深又往往比湖水浅，与大气接触面积大，所以河流水体含有较丰富的氧气。天然河流水陆两相和水汽两相的紧密关系，加上天然河流平面的蜿蜒曲折、纵断面的高低起伏、横断面的形状多样、河床多孔隙透水，特别适宜于多种生物生长，并形成了河流沿线丰富多彩的河流生物群落。河流在输送径流的同时，也运送降水、冲刷带入径流中的生物物质和矿物盐类，为河流内以及流域内和近海地区的生物提供营养物，为它们运送种子，排走和分解废弃物。

10. 地质功能

河流是塑造地形地貌的一个重要因素。细水长流，可以水滴石穿；山洪暴发，瞬间可以搬移大量泥沙巨石。河流径流和落差组成水动力，切割地表岩石层，搬移风化物，通过侵蚀、搬运和沉积作用，形成流域内的沟壑水系、冲积平原，并填海成陆。

11. 文化功能

河流启示、影响和塑造着人类的精神生活。无论是"关关雎鸠，在河之州"（《诗经·关雎》）的浪漫意境，还是"逝者如斯夫"（《论语·子罕》）的哲学沉思；无论是"小桥流水人家"（《天净沙·秋思》马致远）的精工细笔，还是"大漠孤烟直，长河落日圆"（《使至塞上》王维）的奔放雄浑；无论是"流觞曲水"（《兰亭集序》王羲之）的文人雅兴，还是"飞流直下三千尺，疑是银河落九天"（《望庐山瀑布》李白）的瑰丽想象，河流的奔腾不息、曲折跌宕、聚合离分、惊涛骇浪、清澈澄明都被赋予了人类精神、人格、品德的象征。"得江河湖海之神韵，写诗词歌赋之绝唱。"河流文化一直是文化史上的辉煌篇章。

河流的行洪排涝、航运灌溉、供水发电、旅游观景、生态维系、人文滋养等各种功能与人类息息相关。人们依水而居、避洪而生，取水饮用、引水灌溉，建库防洪、筑坝发电，探河川之神韵，临清流而赋诗，河流渗透到了人们生活的方方面面。

1.2　山塘

1.2.1　概念

山塘一词最早见于宋代张表臣《珊瑚钩诗话》卷三："又《婺州山中诗》：'作䤲捉詹卸，呼田欸乃儂，山塘莫车水，梅雨正分龙。'亦方语也"。现代社会山塘的概念指毗邻坡地修建的、坝高 5m 以上且具有泄洪建筑物和输水建筑物、总容积不足 10 万 m^3 的蓄水工程。通常将库容 10 万 m^3 以下的称为山塘。

山塘具备以下特征：①坝体两端邻接山坡；②坝高必须 5m 以上；③挡水、泄洪、输水建筑物齐全；④必须是一座独立的蓄水工程；⑤总容积小于 10 万 m^3。

1.2.2　山塘、湖泊、水塘、池塘

通常山塘（图 1-10）、水塘（图 1-11）、池塘（图 1-12）是指地势低洼处有一定面积时常有积水的区域，这是它们的共性。参照国际大坝委员会 157 号公告，坝高 15m 以上为大坝，2.5～5m 为小坝，不足 2.5m 应当就不能称之为

"坝"了。没有坝当然不能算作山塘。四周均为平地（地面坡度不足 2°）的蓄水工程。不在"山"上也不靠"山"，当然不是山塘。通常挡水建筑物高度不足 2.5m 或四周均为平地（地面坡度不足 2°）的蓄水低洼地称为湖、荡、池塘。

图 1-10　山塘

图 1-11　水塘

图 1-12　池塘

水塘、池塘是指比湖泊小的水体。界定水塘、池塘和湖泊的方法颇有争议性。一种定义，池塘是小到不需使用船只而多采竹筏渡过的；另一种定义，水塘可以让人在不被水全淹的情况下安全渡过，或者水浅得阳光能够直达塘底。池塘也可以指人工建造的水池。

1.2.3　山塘分类

山塘通常分为高坝山塘、屋顶山塘、普通山塘。

（1）高坝山塘。高坝山塘指坝高 15m 以上的山塘。

（2）屋顶山塘。屋顶山塘指失事后可能导致人员伤亡或房屋倒塌的山塘，一般同时具备以下条件：集雨面积 0.1km² 以上，坝高 5m 以上且不足 15m，下游地面坡度 2°以上且 500m 以内有村庄、学校和工业区等人员密集场所。

（3）普通山塘。普通山塘是指坝高 5m 以上且不足 15m 的非屋顶山塘。

1.2.4　山塘的特征参数

山塘的主要特征参数如下：

（1）坝高。坝高指建基面至坝顶之间的高差，如建基面无法确定的，通常可按背水坡脚与坝顶之间的高差计。

（2）集雨面积。集雨面积指山塘坝体上游的流域面积，计算时首先要确定本流域的边界，即本流域与外流域的分水线。分水线为山脊线，会在地形图上体现出来，一般是垂直于等高线的连线。分水线连接成的闭合区域面积即是山塘的集雨面积。若分水线内开挖有撇洪沟，则撇洪沟以外区域的来水面积不计算在内。

（3）总容积。总容积指校核洪水位时相应的蓄水量。

（4）山塘正常水位。若山塘下游连接河道，上下游水头差应是（也可取堰顶高程）与下游河道水位之差值。若下游无水，则应为山塘正常水位（也可取堰顶高程）与下游坝脚高程之差值。

1.2.5　山塘的组成

山塘的主要任务是防洪、灌溉、供水、发电，主要水工建筑物有挡水坝、溢洪道、放水涵管（闸）和灌溉渠道等。

（1）挡水坝。挡水坝一般是均质黏土坝，标准较低，一些小山塘没有进行

正规设计就进行施工，工程设施建筑物没有达到相应的级别标准。如挡水坝高度或坝顶宽度不够，坝的坡度过陡，坝坡稳定安全系数低。相当一部分挡水坝的坝基清基不彻底，缺少反滤层，坝基渗漏较大。坝体与两岸的山坡交接处，没有排水沟，山坡集水冲刷坝体。坝的上游坡面没有块石或混凝土块护坡，受水库风浪冲刷。

（2）溢洪道。溢洪道一般为开敞式宽顶堰溢洪道，在原山坡开挖而成。山塘的溢洪道应当注意两侧没有导墙、底板有无衬砌；另外，如溢洪道宽度不够宽，设计泄洪流量小，遇到特大暴雨时，易造成坝顶过水，影响安全。

（3）放水涵管（闸）。放水涵管分为斜涵管（或放水闸）和平涵管。涵管一般为方形浆砌体结构。山塘的涵管要注意漏水问题，渗漏水不断带走或冲刷孔洞周围的坝体土质，造成坝体有空洞，最后形成坝体塌方。

（4）灌溉渠道。渠道大部分是沿地形开挖而成，多为自流灌溉。山塘的渠道普遍存在的问题是没有进行防渗处理，渠道渗漏水量大，水的有效利用系数低。

1.2.6 洪水标准

山塘洪水标准见表1-5。

表1-5　　　　　　　　　　　　山塘洪水标准

类型	坝高 H/m	上下游水头差 /m	设计洪水重现期 /年	校核洪水重现期/年	
				土石坝	混凝土坝、砌石坝
高坝山塘	$H \geqslant 15$		20	200	100
屋顶山塘	$10 \leqslant H < 15$	$\geqslant 10$	20	200	100
		<10	10	100	50
	$5 \leqslant H < 10$		10	100	50
普通山塘	$10 \leqslant H < 15$	$\geqslant 10$	20	200	100
		<10	10	20	
	$5 \leqslant H < 10$	10	20		

1.3 湖泊

1.3.1 概念

湖泊是陆地表面洼地积水形成的比较宽广的水域。现代地质学定义湖泊为陆地上洼地积水形成的、水域比较宽广、换流缓慢的水体。

通常湖指水面有芦苇等水草的水域，泊指水面无芦苇等水草的水域。这从《说文解字》可以追溯其渊源。"湖"字从水从胡，"胡"字从古从肉，本义为"远古之人体毛浓密"，"水"与"胡"联合起来表示"水面长满了像胡须一样的水生植物"。"泊"字从水从白，"白"本义为"虚空""空无一物"。"水"与"白"联合起来表示"水面空无一物"。

也有从构成成分对湖泊作定义的，如湖泊是陆地表面具有一定规模的天然洼地的蓄水体系，是湖盆、湖水以及水中物质组合而成的自然综合体；湖泊是由湖盆、湖水及水中所含的矿物质、有机质和生物等所组成的大陆封闭洼地的一种水体。

《安徽省湖泊管理保护条例》明确，湖泊是指陆地表面积水形成的比较宽广的水域，包括天然湖泊和人工湖泊。

1.3.2　称谓

湖泊因水域面积大小、深浅，植物、生物有无或陆域化程度和所在地习俗的差异，衍生出许多南辕北辙的名称。通常面积较大者称为海、湖、泊、措、潭，面积小而圆者称为池或塘。

我国湖泊根据各地民族语言的译音和习惯称谓共约有 30 种。陂、泽、池、海、泡、荡、淀、泊、塘、措和诺尔（淖尔）等都是湖泊的别称。在我国的大多地区，都称为湖。如鄱阳湖、青海湖、玛纳斯湖等。

（1）泽或泊。在古代，湖多称为"泽"或"泊"。古代长江流域的云梦泽、彭蠡泽；河北的宁晋泊、山东的梁山泊等，今天还有少数的湖以"泊"称呼，以罗布泊最为有名。

（2）海。西部地区用"海"命名湖较为常见，如内蒙古地区的乌梁素海、岱海、黄旗海等。其他地区的一些湖泊也有直接用"海"来称呼的，如云南大理的洱海和丽江的程海，北京的中南海和北海等。

（3）措或茶卡。藏族地区，湖多称为"措"。如藏南地区的羊卓雍措、普莫雍措、玛旁雍措；藏北羌塘高原的玛尔果茶卡、依布茶卡和扎仓茶卡；日喀则地区的扎布耶茶卡（又名扎布措）等。图 1-13 为扎布耶茶卡。

（4）诺尔、淖或淖尔。蒙古语称湖为"诺尔"，如内蒙古自治区的达来诺尔、查干诺尔、嘎顺诺尔（居延海）和苏古诺尔等。

图 1-13 扎布耶茶卡

（5）泡。在松辽地区，湖泊多称"泡"，如被罗泡、查干泡、月亮泡、洋沙泡等。

（6）库勒。在新疆，湖泊又称为"库勒"，如艾丁湖称为艾丁库勒。

1.3.3 数量及分布

我国是多湖泊国家，根据 2011 年《全国第一次水利普查公报》，我国共有常年水域面积在 $1km^2$ 及以上的湖泊 2865 个，水域总面积 7.8 万 km^2（不含跨国界湖泊境外面积），其中淡水湖泊 1594 个，咸水湖 945 个，盐湖 166 个，其他 160 个。

我国湖泊分流域数量一览表见表 1-6。

表 1-6 我国湖泊分流域数量一览表 单位：个

流域（区域）	湖 泊 面 积			
	$\geqslant 1km^2$	$\geqslant 10km^2$	$\geqslant 100km^2$	$\geqslant 1000km^2$
黑龙江	496	68	7	2
辽河	58	1	0	0
海河	9	3	1	0
黄河流域	144	23	3	0
淮河	68	27	8	2
长江流域	805	142	21	3
浙闽诸河	9	0	0	0

续表

流域（区域）	湖 泊 面 积			
	≥1km²	≥10km²	≥100km²	≥1000km²
珠江	18	7	1	0
西南西北外流区诸河	206	33	8	0
内流区诸河	1052	392	80	3
合计	2865	696	129	10

青海湖是我国面积最大的湖泊（属咸水湖），纳木措为海拔最高的湖。察尔汗盐湖是我国最大的盐湖。藏北的青蛙湖湖面海拔 5644.00m，是世界上海拔最高的咸水湖，海拔 5386.00m 的森里措，则为世界海拔最高的淡水湖。最深湖泊是位于长白山主峰白头山上的天池，平均深度为 204m，最深处 373m，也是中国、朝鲜两国的界湖。海拔最低的湖泊是新疆吐鲁番盆地的艾丁湖，湖底海拔 −155.00m。除天然湖泊外，我国还有许多人工湖泊水库。按面积排名的我国十大湖泊见表 1－7。

表 1－7　　　　　　　　　　我国十大湖泊表（按面积排名）

序号	名　　称	所在省（自治区）	湖　区	湖泊面积/km²	湖泊性质
1	青海湖	青海	青藏高原	4254.90	微咸水湖
2	鄱阳湖	江西	长江区	3206.98	淡水湖
3	洞庭湖	湖南	长江区	2614.36	淡水湖
4	太湖	江苏	长江区	2537.17	淡水湖
5	呼伦湖	内蒙古	蒙新高原区	2203.76	微咸水湖
6	色林措	西藏	青藏高原	2129.02	微咸水湖
7	纳木措	西藏	青藏高原	2040.90	微咸水湖
8	洪泽湖	江苏	淮河区	1663.32	淡水湖
9	兴凯湖	黑龙江	东北平原	1057.02	淡水湖
10	博斯腾湖	新疆	蒙新高原区	1004.33	淡水湖

1.3.4　特点和功能

绝大部分湖泊属中型、小型湖泊。在全国大小 24800 个湖泊中，小于 1km² 的小型湖泊达 21935 个，占全国湖泊总个数的 88.44%。

湖泊以浅水湖为主。百米以上的深水湖仅长白山天池、新疆喀纳斯湖、云南抚仙湖 3 个，东部平原大多数湖泊平均深度都在 4m 以下。

大多数湖泊正处在老年衰亡期。湖泊的演化一般分为"形成—扩张—萎缩—消亡"4个阶段,相当于人的婴幼儿期、青壮年期、老年期和衰亡期。上游来水量减少,气候变化引起的降水减少、湖泊蒸发加剧,地下水位下降等是引起湖泊衰老的诱发因素。湖盆的淤积或湖水的干涸是湖泊消亡的两大原因。世界气候变化,全球变暖,造成大量湖泊急剧演变,使原来的大湖分解为许多小湖或干涸消亡;人为活动,人湖争地,也加速了湖泊的消亡。湖泊向陆地的演变过程如图1-14所示。

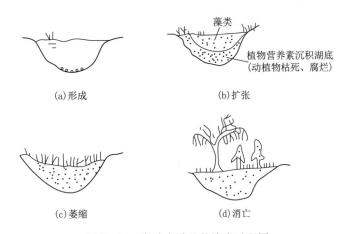

图1-14 湖泊向陆地的演变过程图

湖泊具有调节气候、调蓄水量、灌溉、航运、养殖、发电、提取化工原料和发展旅游等多种功能。

湖泊是蓄洪储水的重要空间,在防洪、供水、航运、维持生态等方面具有重要的作用。湖泊是全球水资源的重要组成部分,湖泊利于舟楫,是水路交通的重要组成部分。湖泊盛产鱼、虾、蟹、贝类,莲、藕、菱、芡和芦苇等,是水产和轻工业原料的重要来源。湖泊也是重要的旅游资源,我国不少湖区风景秀丽,如西湖、太湖、洱海、天池等,都是著名的旅游胜地。

湖泊资源的不合理开发,会造成湖泊面积缩小和湖泊周围土地的沼泽化资源衰减等不良后果。

1.3.5 成因及资源

1. 成因

(1)按照内力作用,可分为构造湖、火山湖、堰塞湖等。

（2）按照外力作用，可分为河成湖、风成湖、冰成湖、海成湖、游蚀湖等。长白山天池（图1-15）是一座休眠火山，火山口积水成湖。

图1-15　长白山天池

（3）按照湖水补排，可分为吞吐湖、闭口湖。既有河水注入，又有流出的为吞吐湖；闭口湖只有入湖河流没有出湖水流为闭口湖。

（4）按照湖水与海洋沟通情况，可分为外流湖和内陆湖。外流湖指湖水能通过出流河汇入大海；内陆湖则与海隔绝。

（5）按照湖水所含溶解性营养物质，可分为贫营养湖、中营养湖、富营养湖。

（6）按照湖水矿化度，可分为淡水湖、微咸水湖、咸水湖、盐水湖。外流湖多为淡水湖，内陆湖则多为咸水湖、盐水湖。

2. 资源

我国湖泊的自然资源丰富。东部湖区具有灌溉、航运、养殖之利，湖泊水生动、植物种多量大，水生维管束植物达90种以上，产量高，用途广泛。中国湖泊中鱼类有200种以上，具有经济价值的鱼类有110余种。

此外，湖泊中栖息的水禽和淡水湖泊中盛产的虾、蟹、贝类，也是经济价值较大的资源。西部青藏、蒙新湖区的咸水湖和盐湖，蕴藏丰富的盐类矿产资源。盐湖除蕴藏大量食盐、芒硝、石膏、天然碱等固体盐矿原料外，还富集有硼、锂、钾、镁等多种液体矿床，铷、铯、溴、碘等元素亦具相当数量。有些高原与山区的湖泊蕴藏极大水力资源，滇池和镜泊湖的水能早已得到开发。台湾省日月潭的发电能力亦在几万千瓦以上。西藏自治区的羊卓雍措与雅鲁藏布江的直线距离仅 8～10km，但湖面高出江面 840 余米，现已修建水电站。此外，有不少湖泊风景秀丽，如西湖、太湖、洱海和天池等。

1.3.6 特征参数

特征参数主要包括：

（1）面积。面积一般指最高水位时的湖面积。

（2）容积。容积指湖盆储水的体积，它随水位而变化。

（3）长度。长度指沿湖面测定湖岸上相距最远两点之间的最短距离，根据湖泊形态，可能是直线长度，也可能是折线长度。

（4）宽度。宽度分最大宽度和平均宽度，前者是近似垂直于长度线方向的相对两岸间最大的距离，后者为面积除以长度。

（5）最大深度。最大深度最高水位与湖底最深点的垂直距离。

（6）平均深度。平均深度指湖泊容积与相应的湖面积之商。

（7）湖泊岛屿率。湖泊岛屿率指湖泊岛屿总面积与湖泊面积的比。

（8）岸线发展系数。岸线发展系数指岸线长度与等于该湖面积圆的周长的比值。

（9）湖泊补给系数。湖泊补给系数指湖泊流域面积与湖泊面积之比值。

1.3.7 湖泊富营养化

一般认为水体总氮量大于 0.2mg/L，总磷量大于 0.02mg/L 时属于富营养化水体。

湖泊富营养化的根本成因是营养物质的增加，使得藻类和有机物增加所致。营养物质主要是磷，其次是氮，还有碳、微量元素或维生素等。营养物质来源有土壤大量施肥，禽畜、水产养殖排泄物，生活污水和工业废水排入水体等。

湖泊富营养化引起湖水水质恶化，鱼类及其他生物大量死亡，破坏湖泊的生态系统。图 1－16 为太湖蓝藻。

图 1-16　太湖蓝藻

1.4　水库

1.4.1　概念

水库是拦洪蓄水和调节水流的水利工程建筑物，可以利用来防洪、灌溉、发电和养殖等。

水库二字，最早见于明徐光启《农政全书》卷二十："水库者，水池也。曰库者，固之其下，使无受渫也。幂之其上，使无受损也。"这里的水库是指经过人工修筑，下不渗漏，上不蒸发的积水池，主要用于供人畜用水及灌溉，与现在的水库功能不完全相同。由于技术的发展和社会的进步，现代水库的规模越来越大，类型越来越多，功能也向多用途发展。

《中国水利百科全书》明确水库的概念，即在河道、山谷、低洼地及地下透水层修建挡水坝或堤堰、隔水墙形成蓄水的人工湖。

水利部发布的《水利水电工程管理技术术语》（SL 570—2013）对水库的定义是：在河道、山谷、低洼地有水源或可从另一河道引入水源的地方修建挡水坝或堤堰而形成的蓄水场所；或在有隔水条件的地下透水层修建截水墙而形成的地下蓄水场所。

1.4.2　称谓

水库通常按所在地命名，也有建库后，出于发展旅游等需要，将水库更名的，如新安江水库自 1959 年建成水库开始蓄水，一直称为新安江水库。1984 年，为发展旅游经济，增加知名度，新安江水库正式更名为千岛湖，更名之后的水库逐渐发展成一个热门的景点，2001 年千岛湖被评为国家 5A 级景区。

1.4.3 数量及分布

水库是江河防洪治理中的重要组成部分。1949 年之前，全国仅有大中型水库 23 座，其中大型水库 6 座，中型水库 17 座。1949 年之后，经过多年的建设，建成了大量水库。

根据 2011 年《全国第一次水利普查公报》，我国共有水库 98002 座，总库容 9323.12 亿 m³。其中：已建水库 97246 座，总库容 8104.10 亿 m³；在建水库 756 座，总库容 1219.02 亿 m³。我国水库数量居世界之首。从省级行政区看，水库工程主要分布在湖南、江西、广东、四川、湖北、山东和云南 7 省，占全国水库总数量的 61.7%。总库容较大的是湖北、云南、广西、四川、湖南和贵州 6 省（自治区），共占全国水库总库容的 47%。从水资源分区看，北方 6 区（松花江区、辽河区、海河区、黄河区、淮河区、西北诸河区）共有水库工程 19818 座，总库容 3042.85 亿 m³，分别占全国水库数量和总库容的 20.2% 和 32.6%；南方 4 区（长江区、东南诸河区、珠江区、西南诸河区）共有水库工程 78184 座，总库容 6280.27 亿 m³，分别占全国水库数量和总库容的 79.8% 和 67.4%。

根据《2017 年全国水利发展统计公报》，最新的统计数据显示，全国已建成各类水库 98795 座，总库容 9035 亿 m³。其中：大型水库 732 座，总库容 7210 亿 m³，占全部总库容的 79.8%；中型水库 3934 座，总库容 1117 亿 m³，占全部总库容的 12.4%。全国不同规模水库数量与库容汇总见表 1-8。

表 1-8　　　　　　　　全国不同规模水库数量与库容汇总

项　目	合　计	大　型	中　型	小　型
数量/座	98795	732	3934	94129
总库容/亿 m³	9035	7210	1117	708

1.4.4 分类和等别

1. 分类

（1）按所在位置和形成条件。水库通常分为山谷水库、平原水库和地下水

库 3 种类型。山谷水库多是用拦河坝截断河谷，拦截河川径流，抬高水位形成。平原水库是在平原地区，利用天然湖泊、洼淀、河道，通过修筑围堤和控制闸等建筑物形成的水库。地下水库是由地下储水层中的孔隙和天然的溶洞或通过修建地下隔水墙拦截地下水形成的水库。

（2）按库容来分。人们通常所说的大、中、小型水库，是按水库的库容大小来划分的。大型水库库容大于 1 亿 m^3；中型水库库容大于或等于 1000 万 m^3 而小于 1 亿 m^3；小型水库库容大于或等于 10 万 m^3，小于 1000 万 m^3。大型水库又分为大（1）型、大（2）型；小型水库又分为小（1）型、小（2）型。10 万 m^3 以下的称为山塘。

2. 等别

按照《防洪标准》（GB 50201—2014），水库工程分为 5 个等别，见表 1-9。

表 1-9　　　　　　　　　水库工程等别表

工　程　等　别	工　程　规　模	水库总库容/亿 m^3
Ⅰ	大（1）型	>10
Ⅱ	大（2）型	1～10
Ⅲ	中型	0.1～1
Ⅳ	小（1）型	0.01～0.1
Ⅴ	小（2）型	0.001～0.01

1.4.5　水库的组成

水库一般由挡水建筑物、泄水建筑物、输水建筑物 3 部分组成，这 3 部分通常称为水库的"三大件"，具体如下：

（1）挡水建筑物。挡水建筑物用以拦截江河，形成水库或壅高水位，即大坝。大坝是挡水建筑物，它是水库的主体工程。若大坝失事，不仅使水库效益不能发挥，还将危及下游的安全。因此，大坝设计、施工、运行管理都必须坚决贯彻确保大坝安全这一根本原则。

（2）泄水建筑物。泄水建筑物用以宣泄多余水量，排放泥沙和冰凌，或为人防、检修而放空水库等，以保证坝体和其他建筑物的安全。

（3）输水建筑物。输水建筑物为满足灌溉、发电和供水的需要，从上游向

下游输水用的建筑物，有隧洞、渠道、渡槽、倒虹吸等。

1.4.6 挡水建筑物

大坝的分类有多种形式。按结构与受力特点分：重力坝、拱坝、支墩坝、预应力坝；按泄水条件分：非溢流坝、溢流坝；按筑坝材料分：混凝土坝、浆砌石坝、土石坝、草土坝、橡胶坝等，其中混凝土坝和土石坝是常见的主要坝型；按坝体能否活动分：固定坝、活动坝；按坝的高度分：高坝、中坝和低坝，对此各国标准不一，我国规定坝高 70m 以上为高坝，坝高 30～70m 为中坝，坝高 30m 以下为低坝。

常见的三大类坝为：土石坝、重力坝、拱坝。

1. 土石坝

土石坝是历史最为悠久的一种坝型。在已建坝型中，土石坝所占比重最大，占 90% 以上。土石坝泛指由当地土料、石料或混合料，经过抛填、碾压等方法堆筑成的大坝。当坝体材料以土和砂砾为主时，称为土坝；当坝体材料以石渣、卵石、爆破石料为主时，称为堆石坝；当两类当地材料均占相当比例时，称为土石坝。近代的土石坝筑坝技术自 20 世纪 50 年代以后得到发展，并促成了一批高坝的建设。目前，土石坝是世界坝工建设中应用最为广泛和发展最快的一种坝型。

（1）建设特点如下：

1）就地取材，节省钢材、水泥、木材等建筑材料，从而减少了建坝过程中的远途运输。

2）结构简单，便于维修和加高、扩建。

3）坝身是土石散粒体结构，有适应变形的良好性能，因此对地基的要求低。

4）施工技术简单，工序少，便于组织机械快速施工。

（2）设计和运行特点如下：

1）不允许水流漫顶。土坝是由松散的土体颗粒碾压而成，防冲性能很差，一旦漫顶溢流，坝体土料就会被冲出缺口，导致溃口垮坝。因此，土坝必须有足够坝高，才能抵御洪水漫顶。在施工时，坝高还要预留坝高的 2%～3% 的沉降值。

2）边坡必须稳定。土坝经常受到水的作用，必须能在各种情况下维持自身稳定，防止滑坡事故。土坝迎水的一面称作迎水坡或上游坡，背水的一面称为背水坡或下游坡。土坝边坡应根据坝高、坝体土料、坝基情况等综合考虑。通常底部坝坡缓于上部坝坡，迎水坡缓于背水坡，因为迎水坡长期浸在水中，土体经常湿润饱和，库水位涨落交替，并受风浪冲击，尤其是在水库放水时比背水坡更易产生滑坡。坝高大于 15m，一般采用多级坝坡，并在变坡处设置平台（又叫马道），其作用是增加坝坡稳定，截取雨水以防雨水冲刷坝坡。平台的宽度一般为 1.5～2.0m，内设排水沟。

3）避免土坝渗流问题。土坝坝身及坝基都有渗流通过，通过坝体的渗流将降低坝体的有效重量和土料的抗剪强度，超过一定限度时，将引起坝体、坝基的渗透变形，如管涌、流土破坏，严重的可导致土坝失事。因此，土坝应设置防渗和排水设施。

2. 重力坝

重力坝是利用自重来维持稳定的坝。重力坝的断面基本呈三角形，筑坝材料为混凝土或浆砌石，是最为常见的一种坝型。世界坝工历史上，不论是砌石坝或混凝土坝都是从重力坝开始发展的。尽管近几十年来轻型坝（拱坝、支墩坝等）有较多的发展，但由于重力坝的体积较大、结构较简单，可利用低标号的筑坝材料，有利于大规模的机械化施工，地基要求比轻型坝低，对地形、地质的适应性较好，泄水建筑物的布置较其他坝型也易于解决，因而目前仍然是被广泛采用的一种主要坝型，在坝工建设上占有较大的比重。

（1）建设特点如下：

1）安全可靠。

2）易解决泄水问题。

3）对地质、地形条件适应性强。

4）便于施工。

5）适于各种气候条件。

6）剖面尺寸大，水泥石料等用量多。

7）坝体应力较低，材料强度不能充分发挥。

8）扬压力大，对稳定不利。

9）混凝土体积大，温控要求较高。

（2）设计和运行特点。抗滑稳定、上游面无拉应力和下游面压应力不超过材料或坝基的允许压应力，是重力坝安全运行的 3 个基本条件。

3．拱坝

固接于基岩的空间壳体结构，在平面上呈凸向上游的拱形，拱冠剖面呈竖直的或向上游弯曲。

（1）建设特点如下：

1）拱的结构特点为：拱是一种主要承受轴向压力的推力结构，有利于发挥混凝土及浆砌石材料的抗压强度，拱坝的水平外荷载主要是通过拱的作用传递到两岸坝肩，拱坝稳定性主要依靠两岸共端的反力作用，因而对地基的要求很高。

2）空间整体的特点，拱坝四周嵌固于基岩，属于高次超静定结构。

3）拱坝具有较高的抗震能力。

4）荷载特点，温度荷载是主要荷载之一，而且是作用在坝体结构的一种基本荷载。

5）坝身泄流及施工技术较为复杂。

6）几何形状复杂，施工难度大。

（2）设计和运行特点如下：

1）拱坝混凝土不被压碎，即坝混凝土承受的压应力不能超过混凝土的抗压强度。

2）两岸坝肩能够提供足够的支撑力，以保证坝的稳定。

上述两点是拱坝安全工作两个基本条件。某水利枢纽 101m 高拱坝如图 1-17 所示。

图 1-17　某水利枢纽 101m 高拱坝

1.4.7　泄水建筑物

1. 常见泄水建筑物和泄水方式

常见泄水建筑物有多种形式：如低水头水利枢纽的滚水坝、拦河闸和冲沙闸；高水头水利枢纽的溢流坝、溢洪道、泄水孔、泄水涵管、泄水隧洞；由河道分泄洪水的分洪闸、溢洪堤；由渠道分泄入渠洪水或多余水量的泄水闸、退水闸；由涝区排泄洪水的排水闸、排水泵站。

泄水建筑物的泄水方式有堰流和孔流两种。通过溢流坝、溢洪道、溢洪堤和全部开启水闸的水流属于堰流；通过泄水隧洞、泄水涵管、泄水（底）孔和局部开启水闸的水流属于孔流。修建泄水建筑物，关键是要解决好消能防冲和防空蚀，还要抗磨损。对于较轻型建筑物或结构，还应防止泄水时的振动。

2. 溢洪道

溢洪道是用于宣泄规划水库库容所不能容纳的洪水，保证水库坝体安全的开敞式或带有胸墙进水口的溢流泄水建筑物。溢洪道一般不经常工作，但却是水库枢纽中的重要建筑物。溢洪道按泄洪标准和运行情况，分为正常溢洪道和非常溢洪道。前者用以宣泄设计洪水，后者用于宣泄非常洪水。按其所在位置，分为河床式溢洪道和岸边溢洪道。某水库溢洪道泄洪如图 1-18 所示。

图 1-18　某水库溢洪道泄洪

1.4.8　输水建筑物

1. 概念

输水建筑物是指从水库向下游输送灌溉、发电或供水的建筑物，如输水洞、坝下涵管、渠道等。取水建筑物是输水建筑物的首部，如进水闸和抽水站等。输水建筑物是把水从取水处送到用水处的建筑物，实际上它和取水建筑物是不可分割的。

输水建筑物可以按结构型式分为开敞式和封闭式两类，也可按水流形态分为无压输水和有压输水两种。最常用的开敞式输水建筑物是渠道，是无压明流。封闭式输水建筑物有隧洞及各种管道（埋于坝内的或者露天的），既可以是有压的，也可以是无压的。

输水建筑物除应满足安全、可靠、经济等一般要求外，还应保证足够大的输水能力和尽可能小的水头损失。

2. 分类

输水建筑物分明流输水建筑物和压力输水建筑物两大类。

（1）明流输水建筑物。有渠道、隧洞、水槽、渡槽、倒虹吸管等多种型式。明流输水建筑物有多种用途，包括供水、灌溉、发电、通航、排水、过鱼、综合等。

1）渠道。渠道是明流输水建筑物中最常用的一种，渠侧边坡是否稳定是关注的重点之一，控制渠道漏水也是渠道修建中的重要问题。

2）隧洞。隧洞是一种应用广泛的明流输出建筑物。隧洞的断面型式与所经地区的工程地质条件密切相关。有的为减少糙率和防渗对洞壁作衬砌；有的为支承拱顶山岩压力，只对拱顶衬砌；有的则全部衬砌。坚固稳定岩体中的明流输水隧洞可不用衬砌，必要时采用锚杆加固或喷混凝土护面。

3）水槽。水槽用于山区陡坡、地质条件不良的情况，或因修建渠道造价很高而用之。放在地面上的称座槽，架在栈桥上的为高架水槽。

4）渡槽。渡槽是一种用于跨越河流或深山谷所用的输水建筑物。一般布置在地质条件良好，地形条件有利的地段。大型渡槽的支承桥常采用拱桥。

5）倒虹吸管。倒虹吸管是另一种跨越式输水建筑物，布置在地质条件良好、河谷岸坡稳定、地形有利的地段。

（2）压力输水建筑物。压力输水建筑物有管道和压力隧洞两种形式。

1）管道。按其材料有钢管、钢筋混凝土管、木管等。安放在地面上的管道叫明管，埋入地下的称埋管。

2）压力隧洞。一般为深埋，上有足够的覆盖岩层厚度，并应选在地质条件比较好、山岩压力较小的地区。压力隧洞从结构型式上分为无衬砌（包括采用喷锚加固的）、混凝土衬砌、钢筋混凝土衬砌、钢板衬砌等几种；从承受的内水压力水头来分，可分为低压隧洞和高压隧洞。

压力输水建筑物承受的基本荷载有建筑物自重、水重，管内式洞内的静水压力、动水压力、水击压力，调压室内水位波动产生的水压力，转弯处的动水压力，隧洞衬砌上的山岩压力及温度荷载。特殊荷载有水库或前池最高蓄水位时的静水压力、地震荷载等。其运行特点是满流、承压，其水力坡线高于无压输水建筑物。

1.4.9　水库的防洪标准

水库的防洪标准即水库水工建筑物的防洪标准，表示水库防洪能力的大小。发生标准内的洪水，水库的水工建筑必须保证安全和正常工作。一般根据所在河段未来可能发生洪水的特性，并结合工程的规模和要求，选出一个比较合适的洪水作为防洪安全设计的依据。水库设计和运用中主要采用的洪水标准有设计洪水标准、校核洪水标准。

水库工程按总库容可分为 5 个等别，见表 1—9。而水库的建筑物按其作用或重要性可分为 5 级。在进行水工建筑物设计时，须按建筑物级别确定防洪标准；可分为设计标准和校准标准，一般用洪水重现期表示。

重现期是指运行期间，洪水平均多少年 1 次，如设计标准 100 年一遇，是指从长期概率情况来说，平均 100 年出现 1 次超过该标准的洪水，具体到实际年份，可能 100 年发生 2 次，也可能 100 年 1 次也没有发生。

1.4.10　水库的特征参数

水库的特征参数有集水面积、水位、库容等，水库的水位和库容是水库的 2 个主要特征值。

（1）集水面积。水库集水面积是指坝址以上与坝肩相接的分水岭所包围的面积，是能将雨水汇集到水库来的总面积，一般用"km^2"为单位，可在地形图上量取，小型水库常采用实测的办法测得。

（2）水位。水库水位是反映水库被雨水蓄满的程度，一般用海拔表示，单位为 m，如库水位 1005.00m，表示以某个高程作为基准面，库水位在这个基准面上 1005.00m。

（3）库容。水库库容是指某一库水位时水库所能蓄水的容积（体积）大小，通常用"万 m^3"为单位。

随着库水位的变化，水库的水面面积也不同，不同的库水位对应不同的水面面积。水位与面积的对应关系可用曲线表示，叫做水位—面积关系曲线。

水位和库容虽然单位不同，但它们之间却有着彼此对应的关系，一个库水位就对应一个相应的库容，简称水位—库容关系，不同的水位有不同的库容，可根据其对应关系，绘出水位—库容关系曲线。水位—库容关系曲线示意图如图 1-19 所示。

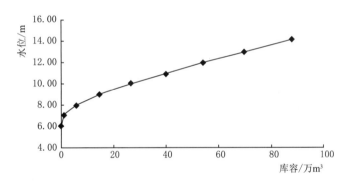

图 1-19　水位—库容关系曲线示意图

常用的表示水库特征的有以下几种水位和库容：

（1）死水位与死库容。水库正常运行情况下允许消落的最低水位称为死水位。在死水位以下的库容称为死库容。死库容主要是留作淤积泥沙和养鱼之用。死水位的确定与许多因素有关，对灌溉为主的小型水库，通常把放水涵管的进口底部高程作为水库的死水位（当出口有电站量应另作考虑）。

（2）正常蓄水位与兴利库容。正常蓄水位是指兴利最高水位，小型水库是指开敞式溢洪道溢流堰顶高程。为充分发挥水库的效益，每年汛期结束枯水期来临的前夕应尽可能使水库保持在这个水位，以保证在枯水期有足够的水量可以使用。正常蓄水位与死水位之间的库容叫兴利库容，之间的水深叫消落水深

或工作深度。

（3）防洪限制水位与结合库容。防洪限制水位是水库在汛期允许兴利蓄水的上限水位，它是在设计条件下，水库防洪的起调水位。

防洪限制水位一般低于正常水位，根据洪水特性和防洪要求，汛期不同时段可分别拟定不同的限制水位。正常蓄水位与防洪限制水位之间的水库容积，称为防洪兴利的结合库容。它兼作防洪与兴利之用，即在汛期为防洪库容的一部分，汛后为兴利库容的一部分，以减小专设的防洪库容。溢洪道不设闸门的小型水库一般不设防洪限制水位，但当水库处于病患状态，或原设计防洪标准过低时，亦可在上级主管部门审定的情况下，设置防洪限制水位，以保水库的安全。

（4）最高洪水位和滞洪库容。最高洪水位是根据库容标准确定的洪水位，可分为设计和校核两种。按设计洪水确定的最高洪水位称为设计洪水位。按校核洪水确定的最高洪水位称为校核洪水位。最高洪水位与正常蓄水位之间的库容称为滞洪库容，如果存在结合库容，则防洪高水位与防洪限制水位之间的库容为防洪库容。

（5）总库容。校核洪水位以下的库容为总库容，一般由死库容 $V_{死}$、兴利库容 $V_{兴}$、滞洪库容 $V_{滞}$ 组成，则有

$$V_{总} = V_{死} + V_{兴} + V_{滞} \quad （无结合库容）$$

$$V_{总} = V_{死} + V_{兴} + V_{防} - V_{结} \quad （有结合库容）$$

水库特征水位示意图如图 1-20 所示。

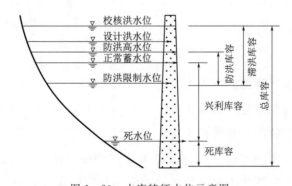

图 1-20　水库特征水位示意图

1.4.11　水库调度

天然河流的来水具有不可控性，不能满足人们对水资源的需求，人们可以

利用修建水库调节来水，通常称为水库调度。从专业的角度来说，水库调度是指根据水库承担任务的主次及规定的调度规则，运用水库的调蓄能力，在保证大坝安全的前提条件下，有计划地对入库的天然径流进行蓄泄，达到除害兴利，综合利用水资源，最大限度地满足国民经济各部门需求的目的。

1. 基本原则

首先要确保工程的安全，在此前提条件下，分清水库防洪、发电及其他任务之间的主次关系，进行水库统一调度，使水库发挥最大效益。

2. 基本特点

水库调度是水资源合理配置的一种有效手段。水库调度具有以下特点：

(1) 经济性。以水库发电站为例来说明，水资源是可再生的清洁能源，由于天然河流的流量随降雨、气温等气象因素而具有多变性，这样可能会使水电站的运行具有不稳定性，浪费大量水资源，而通过水电站水库的合理调度可以高效利用天然径流，提高发电效益，水库调节具有明显的经济性。

(2) 风险性。气候条件、河川径流量、电力负荷及其他水信息因素等对于水电站及水库运行调度可视为随机变量，这就是说水库的运行调度具有一定的风险性。如水库的防洪作用，虽然水库能够在一定程度上防洪，但是一旦出现始料未及的大洪水，超出水库的防洪范围，那么洪灾还是难以避免的，一旦出现水库、水电站安全问题，其风险性更大。

(3) 多目标性。水库工程具有多功能性的特点，这一特点使得水库在调度时要综合上下游、左右岸、各部门以及防洪、发电、供水、灌溉等多方面的利益及安全，要遵循多目标保护、利用、治理的原则，协调各方面的利益，妥善化解矛盾，实现综合统一合理调度。

(4) 灵活性。河川径流的入库、电力负荷等信息具有随机性，所以水库必须灵活调节水库的蓄水量，尽可能实现高效科学合理利用水资源。

3. 水库调度内容

水库调度包括拟定各项水利任务的调度方式；编制水库调度规程、调度方案和年调度计划；确定面临时段（月、旬）水库蓄泄计划；确定日常实时操作规则。

1.4.12　水库的功能

1. 防洪功能

水库是各国防洪广泛采用的工程措施之一。在防洪区上游河道适当位置兴建能调蓄洪水的综合利用水库，利用水库库容拦蓄洪水，削减进入下游河道的洪峰流量，达到减免洪水灾害的目的。水库对洪水的调节主要有的错峰、削峰、滞洪三个作用。错峰主要是水库进行调蓄了以后，争取时间，让下游的洪水先走掉，这样就能避免两股洪水交错，减少洪水的流量，从而减小洪水规模，为下游争取时间，减轻灾害。削峰是指比较大的洪水进入水库后，通过水库的调节，使得出库的洪水量小于入库的洪水量。举个例子，如果水库入库的流量是 100 个单位，通过水库放出去的流量只有 50 个单位，削峰率就达到一半，这个就是削峰的作用。另外，水库通过调蓄削峰以后，一些洪水留在了水库里面，等区间洪水走掉后再慢慢放下来，这期间就把洪水滞留在水库，就是水库的滞洪作用。

2. 兴利功能

降落在流域地面上的降水（部分渗至地下），由地面及地下按不同途径泄入河槽后的水流，称为河川径流。由于河川径流具有多变性和不重复性，在年与年、季与季以及地区之间来水都不同，且变化很大。大多数用水部门，例如抗旱灌溉、发电供水、航运等都要求比较固定的用水数量和时间，它们的要求经常不能与天然来水情况完全相适应。人们为了解决径流在时间上和空间上的重新分配问题，充分开发利用水资源，使之适应用水部门的要求，往往在江河上修建一些水库工程。水库的兴利作用就是进行径流调节，蓄洪补枯，使天然来水能在时间上和空间上较好地满足用水部门的要求。

3. 环境生态

具有发电功能的水库在减少碳排放方面，承担着非常重要的角色。水能在转换为电能的过程中不发生化学变化，不排出有害物质，对空气和水体本身不产生污染，因此是一种取之不尽、用之不竭的清洁能源。水力发电对目前应对全球气候变化的意义十分重大。

4. 水面养殖

水库由于水位深、面积大、水质优的特点，是发展优质水产品的好场所。通常水库水质都是非常优良，pH 值为 7.0～8.5，溶解氧连续 24h、48h 都是每 5mg/L。水库的底泥的质量比湖泊、外荡池塘的质量标准优越，因为水库大都建造在深山之处中，或丘陵与山脉横接的低洼之处，有着绿色丛林和绿色草地的水库四周，自然生态环境优良。水库鱼类的饲料来源，主要是水库浮游生物、浮游植物、底栖动物，因此，水库养殖的各种鱼类大都符合无公害水产品标准，能够进入市场。

5. 旅游景观

水库具有丰富的风景资源，景观特征明显。水库的大坝呈现高峡出平湖的雄伟，是水库独特景观要素之一；水库一般在溪谷、江河中筑坝拦水而成，其周围常群山环抱，部分山体因水淹而成洲岛，原有的沟谷和山冈成为曲折的湖湾，形成翠峰环抱，洲岛浮水是水库独特景观要素之二。据初步统计，在我国512个各级风景名胜区中，以水库为主景或重要景点者占30%，依托于水库良好生态环境，水库旅游开发建设具有广阔的前景。

1.4.13 水库的负面影响

水库的负面影响表现在以下方面：

（1）增加库区地质灾害发生的频率。兴建水库可能会诱发地震，增加库区及附近地区地震发生的频率。山区的水库由于两岸山体下部未来长期处于浸泡之中，发生山体滑坡、塌方和泥石流的频率会有所增加。

（2）库区泥沙淤积。由于水坝拦截水势变缓和库尾地区回水影响，泥沙会在水库内尤其是大坝和库尾淤积。

（3）库区及下游的水质变差。库区水面面积大，大量的水被蒸发，土壤盐碱化使土壤中的盐分及化学残留物增加，从而使地下水受到污染，提高了下游河水的含盐量。

（4）对下游河道的影响。由于水势和含沙量的变化，改变下游河段的河水流向和冲积程度。

（5）对移民和库区风景、文物的影响。由于水位上升使库区被淹没，需要进行移民。兴建水库还导致库区的风景名胜和文物古迹被淹没，需要进行搬迁、复原等。

（6）气候的影响。库区蓄水后，水域面积扩大，水的蒸发量上升，因此会造成附近地区日夜温差缩小，改变库区的气候环境。

（7）对动植物的影响。水库大坝还会成为动物在上下游栖息地之间迁徙的障碍，新建的水坝常常有人工的"鱼道"或"鱼梯"。在没有水坝的河流，河流自然的泛滥支持着河岸周围特别丰富的生物种类，水库的建设减少了泛滥的发生，水坝拦截了滋养下游生态系统的泥沙沉积，有些物种无法在新的环境变化下存活，对依赖河流自然泛滥的生物种类产生负面影响。

第 2 章

河塘湖库管理概述

河塘湖库管理的核心是管理范围、管理主体、管理依据、管理内容，简言之就是管什么、谁来管、如何管。

2.1 管理范围

2.1.1 概念

河塘湖库管理范围是指法律规定对河塘湖库实施管理的适用范围，即行政主管部门行使河塘湖库管理权限的区域范围。

2.1.2 划定的重要性

要对河塘湖库进行管理，首先要明确要管的范围，即为了明确职责，确保河塘湖库安全，需要划定一定的河塘湖库的区域作为行政主管部门管理的范围。

日本《河川法》规定，河流管理者为了保护河岸或为了实施河流治理控制措施，可以在距河流区域边界一般不超过 50m 的地方划定一定的区域，作为河流保护区，在该范围内禁止一切挖掘土地以及其他改变土地形状的行为和新建或改建建筑物的行为。

管理范围的划定是水行政主管部门实施管理的基本条件，是进行依法监管、执法的基础和依据。管理范围不明确，界限不清，行政主管部门就没有明确的管理和执法范围，一旦发生纠纷，管理和执法就缺少依据。

开展管理范围的划定，一是为依法管理奠定基础，管理范围划定后，可以对法律法规规定的管理范围内的禁止性和限止性行为进行管理，保证了大坝及

两岸堤防湖（岸）的完好性；二是可避免因管辖范围不清而引起的水事纠纷和无序开发。

2.1.3 法律依据

1. 国家法律

划定管理范围，是《中华人民共和国水法》（以下简称《水法》）、《中华人民共和国水库大坝安全管理条例》（以下简称《水库大坝安全管理条例》）、《中华人民共和国防洪法》（以下简称《防洪法》）、《中华人民共和国河道管理条例》（以下简称《河道管理条例》）等水法律法规赋予行政主管部门的法定职责。

（1）《水法》第四十三条规定：国家对水工程实施保护。国家所有的水工程应当按照国务院的规定划定工程管理和保护范围。国务院水行政主管部门或者流域管理机构管理的水工程，由主管部门或者流域管理机构有关省、自治区、直辖市人民政府划定工程管理和保护范围。前款规定以外的其他水工程，应当按照省、自治区、直辖市人民政府的规定，划定工程保护范围和保护职责。

（2）《水库大坝安全管理条例》第十条规定：兴建大坝时，建设单位应当按照批准的设计，提请县级以上人民政府依照国家规定划定管理和保护范围，树立标志。已建大坝尚未划定管理和保护范围的，大坝主管部门应当根据安全管理的需要，提请县级以上人民政府划定。

（3）《防洪法》第二十一条规定：有堤防的河道、湖泊，其管理范围为两岸堤防之间的水域、沙洲、滩地、行洪区和堤防及护堤地；无堤防的河道、湖泊，其管理范围为历史最高洪水位或者设计洪水位之间的水域、沙洲、滩地和行洪区。流域管理机构直接管理的河道、湖泊管理范围，由流域管理机构会同有关县级以上地方人民政府依照前款规定界定；其他河道、湖泊管理范围，由有关县级以上地方人民政府依照前款规定界定。

（4）《河道管理条例》第二十条明确：有堤防的河道，其管理范围为两岸堤防之间的水域、沙洲、滩地（包括可耕地）、行洪区，两岸堤防及护堤地。无堤防的河道，其管理范围根据历史最高洪水位或者设计洪水位确定。

上述法规明确了以下几项内容：河道管理范围分为有堤防的河道和无堤防的河道两类进行划分，无堤防的河道应划定管理范围，有堤防的河道应当划定河道的管理及堤防的保护范围（堤防是水工程之一）；河道、湖泊管理范围划定的权限是流域管理机构或县级以上地方人民政府；水库管理范围划定的权限是县级以上地方人民政府。

2. 地方性法规

除国家层面的法律外，各地也制定了河塘湖库管理范围划定的地方性法规。一些地方性法规明确重要的江河湖库，管理范围划定的权限是省人民政府。

（1）《浙江省水工程安全管理条例》第二十八条规定：大型水库、大型水闸、东苕溪右岸西险大塘、钱塘江北岸堤塘和南岸萧绍堤塘以及跨设区的市的水利工程管理范围和保护范围，由工程所在地设区的市或者县级人民政府根据本条例第二十七条的规定提出划定方案，经省水行政主管部门审核后，报省人民政府批准。

（2）《云南省文山壮族苗族自治州水工程管理条例》第二十一条规定：自治州、县人民政府应当划定水工程管理范围和保护范围，设立标志，予以公示。对于湖泊通常是划定保护范围或湖泊规划控制范围。

（3）《江苏省湖泊保护条例》第八条规定：县级以上水行政主管部门应当会同有关部门按照湖泊保护规划划定湖泊的具体保护范围，设立保护标志。

（4）《云南省滇池保护条例》第五条明确：滇池保护范围分为一级、二级、三级保护区和城镇饮用水源保护区，一级、二级、三级保护区的具体范围由昆明市人民政府划定并公布，其中一级保护区应当设置界桩、明显标识。

（5）《武汉市湖泊保护条例》第八条明确：湖泊规划控制范围分为水域、绿化用地、外围控制范围。水行政主管部门负责对湖泊水域进行勘界，划定湖泊水域线，设立保护标志，标明保护范围和责任单位。湖泊绿化用地线和湖泊外围控制范围线由水行政主管部门会同园林、城乡规划等部门划定。

2.1.4　管理范围的尺度

《水法》《防洪法》《河道管理条例》均没有规定河塘湖库的具体管理范围，各地的地方性法规对的河塘湖库的管理范围尺寸作了规定，但各地的管理范围尺寸有较大差异。

《防洪法》规定：无堤防的河道、湖泊，其管理范围为历史最高洪水位或者设计洪水位之间的区域、沙洲、滩地和行洪区。《河道管理条例》明确：无堤防的河道，其管理范围根据历史最高洪水位或者设计洪水位确定。因此无堤防河

段管理范围的确定，法律确立了两个标准：一是历史最高洪水位线；二是河段设计洪水位。从管理实践来看，无堤防的河道管理范围，根据历史最高洪水位划定将会使管理范围很大，如浙江省的瓯江（浙江省境内第二大河），其管理范围若按历史最高洪水位确定，管理范围可达 500～1000m，按最高洪水位定界桩就很困难，起的警示效果也不明显。

陕西黄河河务局管理的黄河小北干流河段工程为无堤防河道，陕西黄河河务局根据龙门水文站资料记载，认定黄河小北干流河道管理范围，应以 1967 年 8 月 11 日发生的 21000m³/s 的洪水沿程水位为无堤防的河道管理范围划分依据。

北京延庆县人民政府《关于划定河道水利工程管理和保护范围的规定》（延政发字〔1991〕8 号）规定，无堤防河段，从上口内边线向外水平 5m 为护堤地，两岸护堤地之间为管理范围。

《云南省文山壮族苗族自治州水工程管理条例》第二十二条规定：水工程管理范围和保护范围按水平距离划定：①库区坝顶高程线以下的土地、水域和岛屿为管理范围；管理范围向上至库岸山脊分水线为保护范围。②大坝自建筑物边线向外划定。大型蓄水工程 200m 为管理范围，管理范围向外 300m 为保护范围；中型蓄水工程 150m 为管理范围，管理范围向外 200m 为保护范围；小型蓄水工程 80m 为管理范围，管理范围向外 100m 为保护范围。③河堤自建筑物边线向外 3～5m 为管理范围；管理范围向外 5～10m 为保护范围。城镇河堤的管理保护范围依据城乡规划划定。④渠道流量在 1m³/s 及以上的，自建筑物边线向外 1～3m 为管理范围；管理范围向外 2～5m 为保护范围。

《江苏省湖泊保护条例》第八条规定：湖泊保护范围为湖泊设计洪水位以下的区域，包括湖泊水体、湖盆、湖洲、湖滩、湖心岛屿、湖水出入口，湖堤及其护堤地，湖水出入的涵闸、泵站等工程设施。

浙江省地方标准《山塘运行管理规程》（DB33/T 2083—2017）明确山塘的管理范围按以下标准划定：①蓄水区：设计洪水位淹没线以下范围；②坝体：坝体两端向外水平延伸不少于 10m 的地带；③溢洪道：溢洪道边墙向外侧水平延伸不少于 3m 的地带；④背水坡脚：坝高不超过 10m 的，为背水坡脚向外水平延伸 10m 范围内地带；坝高超过 10m 的，为背水坡脚向外水平延伸坝高值范围内地带。

管理范围的大小主要取决于河塘湖库等级、安全管理的需要和各地的实际情况。具体划分，应当依照法律规定的权限和程序，结合当地实际而定。划的太大，与水行政主管部门的监管能力不相称，又不利于当地经济发展，特别是对于土地紧缺的地区也不现实；划的太小，不利于河道管理和堤防安全。

2.1.5　管理范围与保护范围

需要注意的是，从法律的规定来看，无堤防的河道只划定管理范围，水工程（堤防、水库等）要划定管理范围和保护范围，有堤防的河道、有护岸湖泊，因堤防、护岸也是水工程因此也要划管理和保护范围。

通常对管理范围内的土地尽可能进行征地，申领土地使用权证，简称确权，限于资金和财力，保护范围的土地一般不进行征用并确权。

2.1.6　技术标准

以重庆市为例，2013 年，重庆市水利局发布了《重庆市河道管理范围划界技术标准》（渝水河〔2013〕45 号），该标准明确了划界依据、划界流程、划界标准、桩（牌）设置、告示牌设置等内容（附录 1）。

（1）划界依据。划界依据包括：河道岸线利用与保护规划、城镇河道利用与保护规划、流域防洪规划、城市防洪规划及总体规划，洪水分析计算成果，已批准水利工程设计成果，以及其他相关文件。

（2）划界流程。划界流程包括：编制河道管理范围划界实施方案；绘制河道管理带状地形图及桩点大断面图；在带状地形图上标出河道管理线及管理线桩（牌）点；河道管理线桩（牌）点定点放样；河道管理线桩（牌）及告示牌制作与安装；编制河道管理范围划界报告；划界成果验收；资料整理归档并建立数据库。

（3）划界标准。划界标准包括：有河道岸线规划的河段以批准外缘控制线为准；无河道岸线规划和无水利工程的河段，以该河段防洪标准设计洪水位与岸坡的交线划定河道管理线；无河道岸线规划，有水利工程的河段，水利工程在批准的初步设计文件中明确了工程管理范围的，按其确定的管理范围划定；水利工程没有初步设计文件或在原设计文件中没有明确管理范围的，按照《重庆市水利工程管理条例》及河道岸线规划编制中的相关规定划定。

（4）桩（牌）设置。城市（镇）规划区桩（牌）间距不大于 500m。非城市

（镇）规划区桩（牌）间距不大于 1km。在下列情况应增设桩（牌）：重要下河通道（车行通道）；重要码头、桥梁、取水口、电站等涉河设施处；河道拐弯（角度小于 120°）处；水事纠纷和水事案件易发地段或行政界。在河道无生产、生活人类活动的陡崖、荒山、森林等河段，可根据实际情况加大间距。

（5）告示牌设置。城市规划区不少于 3 处，城镇规划区不少于 1 处。在下列情况应设置：穿越城镇规划区上、下游；重要下河通道（车行通道）；人口密集或人流聚集地点河岸。主城区及合川等个别区县局部不满足城市防洪标准的堤防河段，管理线桩（牌）不适宜设置在河道管理线应有高程的，可设置在现有堤防上，并结合"防汛五线"划定，在管理线桩（牌）对应上、下方的固定建筑物及构筑物上，根据需要，标出 100 年一遇、50 年一遇、20 年一遇、10 年一遇、5 年一遇洪水位线，或与警戒水位线、保证水位线混合标出，形成立体的特征水位。同时，在管理线桩（牌）附近设置的政府告示牌中，用文字说明河道管理线和当地防洪标准水位线高出管理线（牌）或告示牌的高度。

2.1.7 禁止和限制性活动

河塘湖库管理和保护范围的活动或建设可以划分为两大类：一类是禁止性活动或建设；另一类是经过水行政主管部门审批满足一定要求的情况下允许的活动或建设。

1. 河道（湖泊、堤防）

河道（湖泊、堤防）管理范围内的禁止性活动或建设，主要见于《水法》《防洪法》《河道管理条例》有关条款中。

（1）禁止性活动或建设有 11 大类。

1）禁止损毁堤防、护岸、闸坝等水工程建筑物和防汛设施、水文监测和测量设施、河岸地质监测设施以及通信照明等设施。

2）在防汛抢险期间，无关人员和车辆不得上堤；因降雨雪等造成堤顶泥泞期间，禁止车辆通行，但防汛抢险车辆除外。

3）禁止非管理人员操作河道上的涵闸闸门，禁止任何组织和个人干扰河道管理单位的正常工作。

4）在河道管理范围内，禁止修建围堤、阻水渠道、阻水道路；种植高秆农作物、芦苇、杞柳、荻柴和树木（堤防防护林除外）；设置拦河渔具；弃置矿渣、石渣、煤灰、泥土、垃圾等。

5）在堤防和护堤地，禁止建房、放牧、开渠、打井、挖窖、葬坟、晒粮、存放物料、开采地下资源、进行考古发掘以及开展集市贸易活动。

6）禁止围湖造田。禁止围垦河流，如确需围垦的应当进行科学论证，经省级以上人民政府水行政主管部门同意后，报省级以上人民政府批准。

7）禁止擅自填堵原有沟汊、储水洼淀和废除原有防洪围堤。

8）山区河道有山体滑坡、崩岸、泥石流等自然灾害的河段，禁止从事开山采石、采矿、开荒等危及山体稳定的活动。

9）在河道管理范围内，禁止堆放、倾倒、掩埋、排放污染水体的物体。禁止在河道内清洗装储过油类或者有毒污染物的车辆、容器。

10）在河道、湖泊管理范围内禁止建设妨碍行洪的建筑物、构筑物和从事影响河势稳定、危害堤防安全和妨碍行洪的活动。

11）边界河道未经有关各方达成协议或者水行政主管部门批准，禁止单方面修建排水、阻水、引水、蓄水工程以及河道整治工程。

（2）限制性活动或建设有 5 大类。

1）修建开发水利、防治水害、整治河道的各类工程和跨河、穿河、穿堤、临河的桥梁、码头、道路、渡口、管道、缆线等建筑物及设施，建设单位必须按照河道管理权限，将工程建设方案报送河道主管机关审查同意。

2）确需利用堤顶或者戗台兼做公路的，须经县级以上地方人民政府河道主管机关批准。

3）在河道管理范围内进行下列活动，必须报经河道主管机关批准；涉及其他部门的，由河道主管机关会同有关部门批准：采砂、取土、淘金、弃置砂石或者淤泥；爆破、钻探、挖筑鱼塘；在河道滩地存放物料、修建厂房或者其他建筑设施；在河道滩地开采地下资源及进行考古发掘。

4）在江河、湖泊新建、改建或者扩大排污口，应当经过有管辖权的水行政主管部门或者流域管理机构同意。

5）河道采砂实行许可制度。

2. 水库

水库管理和保护范围内的禁止限止性活动或建设，主要见于《水库大坝安全管理条例》《水法》《防洪法》有关条款中。

（1）禁止性活动或建设有 9 大类。

1）在汛期，水库不得擅自在汛期限制水位以上蓄水，其汛期限制水位以上的防洪库容的运用，必须服从防汛指挥机构的调度指挥和监督。

2）任何单位和个人不得侵占、毁坏大坝及其设施。

3）禁止在大坝管理和保护范围内进行爆破、打井、采石、采矿、挖沙、取土、修坟等危害大坝安全的活动。

4）非大坝管理人员不得操作大坝的泄洪闸门、输水闸门以及其他设施，禁止任何单位和个人干扰大坝的正常管理工作。

5）禁止在大坝的集水区域内乱伐林木、陡坡开荒等导致水库淤积的活动。禁止在库区内围垦和进行采石、取土等危及山体的活动。

6）禁止在坝体修建码头、渠道、堆放杂物、晾晒粮草。

7）任何单位和个人不得非法干预水库的调度运用。

8）禁止在饮用水水源保护区内设置排污口。

9）禁止在水库内弃置、堆放阻碍行洪的物体和种植阻碍行洪的林木及高秆作物。

（2）限制性活动或建设有两大类。

1）在大坝管理和保护范围内修建码头、鱼塘的，须经大坝主管部门批准，并与坝脚和泄水、输水建筑物保持一定距离，不得影响大坝安全、工程管理和抢险工作。

2）大坝坝顶确需兼做公路的，须经科学论证和县级以上地方人民政府大坝主管部门批准，并采取相应的安全维护措施。

3. 湖泊

各地出台的地方性法规，如《江苏省湖泊保护条例》《武汉市湖泊保护条例》《云南省滇池保护条例》《江西省鄱阳湖湿地保护条例》《杭州西湖风景名胜区管理条例》等，对湖泊保护范围或规划控制范围的活动作了规定。

《江苏省湖泊保护条例》规定：在湖泊保护范围内，禁止建设妨碍行洪的建筑物、构筑物。在城市市区内的湖泊保护范围内，禁止新建、扩建与防洪、改善水环境以及景观无关的建筑物、构筑物。禁止排放未经处理的或者处理未达标的工业废水；倾倒、填埋废弃物；在湖泊滩地和岸坡堆放、储存固体废弃物和其他污染物。

在湖泊保护范围内，依法获得批准进行工程项目建设或者设置其他设施的，不得有下列情形：缩小湖泊面积；影响湖泊的行水蓄水能力和其他工程设施的安全；影响水功能区划确定的水质保护目标；破坏湖泊的生态环境。在湖泊保护范围内建设跨湖、穿湖、穿堤、临湖的工程设施的，按照《防洪法》的规定履行报批手续。

4. 山塘

浙江省地方标准《山塘运行管理规程》（DB33/T 2083—2017）（附录 2）明确：山塘管理范围内不得从事堆放物料、爆破、违规建设建筑物等影响工程运行和危害工程安全的行为。确需新建建筑物、构筑物和其他设施的，应开展论证并办理审批工作。

2.1.8　管理和保护范围划定实例

某水库管理和保护范围划定实例

一、水库基本情况

某水库的工程任务以供水、灌溉、为主，结合发电、防洪等综合利用。是一座以灌溉、城市供水为主，兼有发电、防洪等综合效益的大（1）型水利工程。水库控制流域面积 1529km²，坝址多年平均径流量 18.6 亿 m³。该水库正常蓄水位 142.00m，相应库容 1291 亿 m³；校核洪水位（PMF）为 155.20m，相应总库容 18.24 亿 m³；设计洪水位（$P=0.2\%$）为 150.71m；防洪高水位（$P=5\%$）为 147.67m，相应库容 15.03 亿 m³；死水位 117.00m，死库容 5.95 亿 m³；移民高程 147.67m。水电站装机容量 4×50MW。该水库为多年调节水库，枢纽建筑物由大坝、溢洪道、水电站、泄洪隧洞等组成。项目于 1997 年 1 月动工建设，2001 年 12 月建成，2010 年 10 月水库通过竣工验收。

二、划界依据

本次划界依据《水法》《防洪法》《河道管理条例》《浙江省水利工程安全管理条例》《水利部关于开展河湖管理范围和水利工程管理与保护范围划定工作的通知》（水建管〔2014〕285 号）等法律法规及相关文件开展工作。

三、划界基础资料及精度控制

（1）以 1:2000 库区地形图为基础。

（2）划界的成果以坐标点形式给出，坐标点的精度要控制在两点之间弧度不小于 30°。

四、划界原则

（1）协调一致原则。划界应加强与温州市市域总体规划、乡镇规划中的土地利用规划相协调与衔接，以便于实施与管理。若水库划界与相关规划有冲突，按《浙江省水利工程安全管理条例》执行。

（2）以人为本的原则。管理范围与保护范围，可与库区居民实际分布、村庄布局规划相结合，在不影响水域功能的前提下，水域形态可适当调整。

（3）可控原则。为便于水库管理单位今后对水库的有效管理，管理范围线起始点及转角均标出控制点及控制点坐标。

（4）可操作性原则。划界方案成果是管理水利工程管理的基本依据，因此划界成果应便于操作。

（5）多方参与的原则。划界方案确定后，应征求有关部门及相关乡镇等方面的意见和建议。

五、划界范围

《浙江省水利工程安全管理条例》第二十七条规定：水库库区的管理范围为校核洪水位或者库区移民线以下的地带；保护范围为上述管理范围以外 50～100m 内的地带；大型水库大坝的管理范围为大坝两端以外不少于 100m 的地带（或者以山头、岗地脊线为界），以及大坝背水坡脚以外 100～300m 内的地带；保护范围为管理范围以外 50～100m 内的地带。

对照水库实际和法规要求，该水库库区管理范围确定为低于移民高程线以下范围，保护范围为管理范围外 50m 内的区域。该水库大坝管理范围确定为大坝两端以外 100m 的范围，大坝下游以桥为界的范围，保护范围为管理范围外 50m 内的区域。下游生活办公区以建筑物外墙为界，保护范围为管理范围外 100m 内的区域。

该水库为大型水库，属重要的防洪水库，其管理范围划定包括大坝及枢纽、水库库区等，其中水库库区包括已建道路、自然岸线等。

六、划界内容

根据法规和水库实际，该水库管理范围和保护范围划定如下：

1. 管理范围的划定

按照《浙江省水利工程安全管理条例》规定，水库库区的管理范围为校核洪水位或者库区移民线以下的地带。

本次管理范围线以水库移民水位线为界限。

本次划界后，该水库管理范围总面积约 $39.54km^2$，折合面积 $3954hm^2$（59310 亩）。

按照《浙江省水利工程安全管理条例》规定，大型水库大坝及枢纽的管理范围为大坝两端以外不少于100m的地带（水平投影距离，下同），以及大坝背水坡脚以外 $100\sim300m$ 内的地带。经与水库管理单位协商，考虑实施可能性，结合管理单位实际征用土地范围，划定大坝两端及背水坡管理线。

管理范围具体为：大坝右岸约 100m 处向东南延伸约 220m，至上坝道路，沿上坝道路外侧延伸至下游桥处，沿桥下游侧延伸；大坝左岸约 100m 处向东南延伸约 220m，沿上坝道路外侧延伸至下游距大坝背水坡脚约 700m 的桥处，与右岸管理线交汇。下游生活办公区，以建筑物外围墙为管理范围线。

2. 保护范围的划定

水库管理和保护范围见表1。

（1）大坝及枢纽：该水库大坝及枢纽的保护范围为管理范围线外 50m 内的地带，生活办公区的保护范围为管理范围线外 100m 内的地带。

（2）水库库区：水库库区保护范围为管理范围线外 50m 内的地带。

表1　　　　　　　　　　　　水库管理和保护范围一览表

类型	管 理 范 围	保 护 范 围
大坝及枢纽	大坝右岸约 100m 处处向东南延伸约 220m，至坝道路，沿上坝道路外侧延伸至下游桥处，沿桥下游侧延伸；大坝左岸约 100m 处向东南延伸约 220m，沿上坝道路外侧延伸至下游距大坝背水坡脚约 700m 的桥处，与右岸管理线交汇。下游生活办公区，以建筑物外围墙为管理范围线	大坝管理范围线外 50m 内范围，生活办公区为管理单位线外 100m 内范围
库区	库区低于移民高程线（20 年一遇洪水位 147.67m）以下范围	管理范围线外 50m 内范围

七、遗留问题

库区范围内共有 9 座水电站，其中两座水电站的部分建筑物高程低于移民水位，在汛期水位上升时，水库管理单位应及时向这两座水电站发布预警。

水库库尾地区的总体高程低于库区移民水位，在汛期水位上升时，水库管理单位应及时向镇发布洪水预警，提醒相关部门及时转移人口和财产，减少损失。

2.2 管理的特殊性

2.2.1 河道管理的特殊性

相比于水库、水闸、水电站等点状工程，线长、面广、量大是河道的特点之一。我国是世界上河流众多的国家之一，大小河流纵横密布。河流总长度约45万 km，面积 $100km^2$ 以上的河流有 5 万多条，$1000km^2$ 以上河流 2500 余条。河道自河源至河口，沿线不仅穿越不同的地形地貌，而且跨越不同的行政区域。以浙江省的河流为例，流域面积 $100km^2$ 以上的河流，绝大多数穿越两个以上县（市、区），长度都达 30 多千米，一般小河流的长度都在十几千米以上。

1. 影响的系统性

"我住长江头，君住长江尾，日日思君不见君，共饮长江水"（《卜算子》李之仪），虽然是一道爱情诗，却也形象地反映了河流上下联通互相影响的特性。河道是一个公共空间、天然的大系统，上下游、干支流联为一体，不可分割，某一局部河段的变化，可能引起河道上下游、左右岸的连锁反应。

2. 功能的多样性

河道具有行洪、排涝、航运、发电、供水、养殖、生态等多种功能。交通利用河道通航、架桥、建码头和港区；工业企业利用河道取水、排污；农业利用河道引水灌溉等，不同的行业对河道利用的角度不同，甚至有些相互冲突。上述的利用中，从量的角度来看，需要占用河道；从质的角度来看，污染河道；从生态的角度来看，影响和改变了河流的生态系统，降低了生境多样性和河流生态系统的服务功能。

3. 演变的缓慢性

水是流体，具有流体演变的规律。老子《道德经》中描述水："天下莫柔弱于水，而攻坚强者莫之能胜，以其无以易之。"水至柔，和刚性物体不同，河流水体可以自我调节。要像管理公路一样管理河道，是河道管理工作者的共同愿望，但河道的自然特性，决定了河道管理的特殊性。公路路基被占用了，就马上影响车辆通行，无法通车，其后果立刻显现，一个项目对洪水位的影响往往只有几厘米，对流速和流态的影响从数值上来看也很小，由于水流的流体特点，水流仍可以通过下切河床或冲刷对岸来达到冲淤平衡，满足行洪能力，占用河道的后果不会立刻显现。河流生态系统功能降低以至破坏，往往也是一个缓慢的发展过程，当人们发现其恶果时，可能情况已经变成不可逆转。比如当人们兴建两面光或三面光的堤防，对侧坡及河底进行混凝土衬砌，达到了人们认为坚固美观的要求。但由于两面光或三面光的堤防破坏了水体与岸坡、水体与河床的有机联系通道，本来在沙土、砾石等河床土层中生存的微生物找不到生存环境，水生植物和湿生植物无法生长，使得食物链中的两栖动物、鸟类及昆虫失去生存条件，在河道里找不到鱼类，在岸边看不到昆虫，由于河流生态系统遭受破坏，河流的自净能力也随之下降，而要恢复其功能的代价也是巨大的。河道的演变总体而言是一个缓慢的过程，局部影响不大，整体系统影响不明，是河道管理中面临的很现实又困惑的问题。

河道线长、面广、量大，其影响的系统性、功能的多样性、演变缓慢性是河道管理有别于其他工程的主要特点，管理河道必须要掌握河道的上述特点，才能提高实际管理的针对性和有效性。管理河道就要有效地协调控制人类在河道管理范围内的活动，使各行各业对河道的利用有序、适度，使河道不仅满足人们供水、灌溉、防洪、航运、发电及旅游需要，也要满足河流生态的需要，使河道发挥最大的综合功能，得以永续利用。

2.2.2　水库管理的特殊性

1. 安全第一

水库作为重要的水利工程枢纽，发挥着巨大的工程效益，承载着人民日常生活及工农业生产的艰巨任务。水库不仅为防汛抗洪调度，确保一方平安做出了巨大贡献，还要兼顾着灌溉、发电、人畜饮水的重任，稍有不慎则会给国家及人民带来难以预料的灾难，所以水库的安全就尤为重要，水库安全事关人民群众生命财产安全和社会稳定，水库大坝安全运行是管理的最基本目标。

2. 运行条件复杂

大坝的地基有岩基，也有土基。岩基中会遇到节理、裂隙、断层、破碎带、软弱夹层等地质构造；土基中可能遇到压缩性或会流动性大的土层。大坝的结构型式受地形、地质、水文、施工等条件影响，由于上、下游存在水位差，大坝一般要承受相当大的水压力作用，因此大坝及地基必须具有足够的强度、稳定性。高水头的泄水在做好消能防冲工作的同时，还应防止高速水流产生的气蚀、磨损等破坏；另外，渗流不仅增加了建筑物荷载，也可能造成建筑物失事。在多泥沙河流中，大坝受泥沙淤积产生的淤沙压力作用，同时在泄洪或发电时，还会受到泥沙的磨损作用，严重时将影响建筑物的正常工作甚至影响其寿命。

3. 施工难度大

修建的水库解决好施工导流和截流工作，截流、导流、度汛需要抢时间，争进度，大坝水下工程、地下工程多，施工条件差，施工干扰多，施工期限长，施工场地狭窄，交通运输困难，施工难度相当大。

4. 环境影响大

水库，尤其是大型水库，虽然具有显著的效益，但也会对环境造成负面影响，如蓄水区的土地淹没、移民、水生生态系统的破坏、建筑物上游泥沙淤积、下游河道冲刷、诱发地震等问题，需要进行严格的环境影响评价，并采取有效措施，保护环境。

5. 管理的多目标

水库工程具有多功能性的特点，这一特点使得水库在管理调度时要综合上下游各部门、河岸各方面的利益及安全，要遵循多目标保护、利用、治理的原则，协调各方面的利弊，妥善化解矛盾，实现综合统一的合理调度。

6. 失事后果严重

水库大坝作为蓄水、挡水的水工建筑物，其破坏和失事，往往会造成巨大灾害和损失。

2.2.3 湖泊管理的特殊性

1. 河湖关系复杂

湖泊一般有多条河流汇入，河湖关系复杂。

2. 水体流动缓慢

水体交换更新周期长，营养物质及污染物易富集，遭受污染后治理修复难度大。

3. 功能的多样性

湖泊具有维护区域生态平衡、调节气候、维护生物多样性等功能，湖泊水域岸线及周边普遍存在种植养殖、旅游开发等活动，管理保护不当极易导致无序开发。

4. 管理边界和责任确定困难

湖泊水体连通，边界监测断面不易确定，准确界定沿湖行政区域管理保护责任较为困难。

2.3　管理主体

2.3.1　水事管理的主体

按照水法律法规规定，水行政主管部门是河道、湖泊的主管机关。国务院水行政主管部门是全国河道、湖泊的主管机关，各省、自治区、直辖市的水行政主管部门是该行政区域的河道、湖泊主管机关。

（1）城市河道的管理。有些地方将城市河道划入市政基础设施管理。如《杭州市城市河道建设和管理条例》规定：市水行政主管部门是本市河道的主管部门，负责防汛统一调度和水资源的统一管理。市建设行政主管部门、市城市管理行政主管部门按照本条例规定分别负责本市城市河道的建设、保护管理工作。各区建设行政主管部门、城市管理行政主管部门分别负责本辖区内区管城市河道的建设、保护管理工作。

（2）湖泊的管理。我国湖泊不是由某个单一的部门集中实施管理，管理也因湖泊不同的功能而分属不同部门。除水利部门外，其他非水部门如渔业、交通、环保、卫生、国土、林业、矿产、旅游等有关部门都对湖泊实施一定的管理职能。

较大的湖泊通常由人民政府确定的管委会负责管理，特别是一些风景名胜的湖泊，如杭州西湖由杭州西湖风景名胜区管委会主管。

（3）水库大坝的管理。绝大部分的水库大坝都是由水行政主管部门进行管理，由于多种原因，也有由能源、建设、交通、农业等部门进行管理，但即使是由上述部门管理的水库大坝，水行政主管部门仍需对水库大坝实施安全监督管理。

（4）山塘的管理。主体更为多样，如有水利、农业、林业、旅游、建设、监狱为主管部门的各类山塘。

就事权划分而言，省和设区市水行政主管部门的职责是业务指导。县级水行政主管部门的职责主要是监督管理。当山塘位于设区市直接管理的区域内时，监督管理职责则由设区的市水行政主管部门承担。设区市或县级水利农业、林业、旅游、建设等有关部门和监狱负责其直属单位所有的山塘安全管理的监督检查。乡级人民政府和街道办事处负责本行政区域内农村集体经济组织、民营企业、社会组织、公民所有的山塘安全管理的监督检查。

山塘所有权人对山塘安全管理负直接责任，是山塘建设、综合整治、运行管理、巡查管护的管理单位或责任主体。

农村集体经济组织所有的山塘，所有权人是村经济合作社。未设立村经济合作社的村，所有权人是村民委员会；国有企业、民营企业、社会组织、公民所有的山塘，所有权人是其自身；监狱、农场、林场等事业单位所有的山塘，所有权人是其自身管理机构。

2.3.2　水事管理的依据

河塘湖库管理的依据，就是依法管理，依规管理。

法是有关河塘湖库管理的法律、法规、规范性文件。

规是河塘湖库管理的技术规范，也就是依据法规和技术规范进行管理。

1. 《水法》

1949 年以来，我国颁布了大量的水法规。1988 年公布施行的《水法》，是我国在调整水事关系方面的基本法律，并经数次修订，最新修订的《水法》于 2016 年 7 月 2 日在第十二届全国人民代表大会常务委员会第二十一次会议通过。

以宪法为宗旨，以《水法》根本，以《防洪法》《水库大坝安全管理条例》《河道管理条例》为中心，以及相关法律、法规、规章和规范性文件为补充，构成了我国河塘湖库管理的法规体系。

2. 国内水利工程标准

1949 年以来，我国制定了大量的水库、堤防、水闸、水电站等水利工程设计、施工、管理、运行的国家标准、行业标准，这些标准也有些涉及河道整治、河道涉河建筑物审批等方面的条款。

总体来看，河塘湖库建设方面的标准较齐全，但管理方面的国家标准、行业标准、技术标准较少。

近几年，部分省市制定了河塘湖库管理方面的地方标准。

3. 国际河流管理依据

据不完全统计，目前，全球有 200 多条河流属于国际性河流、湖泊。

国际水法是协调国际河流及水体的开发利用的法律。应许多国家的要求，由国际法协会制定的《国际河流水资源利用赫尔辛基规则》和由联合国国际法委员会制定的《国际水道非航行使用法》是国际水资源利用的基础性法律文件。

经过长期的发展，国际水法中形成了 7 个主要基本原则：公平合理利用原则，不造成重大危害原则，一般合作义务原则，互通信息与资料原则，维持与保护水资源及其生态系统原则，自由通航和补偿原则。自 19 世纪末至今，已在 200 多条国际河流中形成或签订了 300 多个有关国际河流水资源利用的条约或惯例。

我国拥有多条国际性河流，黑龙江、乌苏里江、鸭绿江、图们江、澜沧江、雅鲁藏布江等都流经多个国家。为了更好地保护和利用跨境水资源，我国已经和哈萨克斯坦、蒙古国等国签订了相关协定。

2.4　管理内容

按照我国的水行政管理体制，通常将筑坝造库、兴堤建闸等列入工程建设的范畴；将河塘湖库的功能的维护和保护列入管理的范畴。

本书主要阐述通常意义上河塘湖库管理，即河塘湖库的功能的维护和保护。

2.4.1　河道管理主要内容

河道管理主要内容有：河道等级划分；管理和保护范围、岸线划定；河道整治和堤防维修养护；清淤保洁和水质监测；涉河建设项目和采砂管理；河道执法和清障；规费征收等。

1. 河道等级划分

《河道管理条例》第六条规定，河道划分等级，河道等级标准由水利部制定。

划分河道等级是保障河道行洪安全和多目标综合利用，实现科学化、规范化管理的重要手段。不同等级河道的建设与管理由不同级别的部门分工负责，有利于分级管理，明确事权。

依据河道的自然规模（流域面积）及其对社会、经济发展影响的重要程度（主要是耕地、人口、城市规模、交通及工矿企业）等因素，1994 年 2 月水利部发布了《河道等级划分办法（内部试行）》（水管〔1994〕106 号），将河道划分为 5 个等级，即一级河道、二级河道、三级河道、四级河道、五级河道。明确一级、二级、三级河道由水利部认定；四级、五级河道由省、自治区、直辖市水利（水电）厅（局）认定。并首批认定了长江、黄河、淮河、海河、珠江、松花江、辽河、太湖、东南沿海流域的 18 条河道为全国一级河道，浙江省由水利部认定的一级河道是钱塘江富春江大坝以下河道。

各地对河道等级的划分不尽相同。有按事权划分的，也有按河道重要性划分的。上海市按事权将河道划分为市管河道、区（县）管河道、乡（镇）管河道；浙江省的河道划分为省级、设区的市级（以下简称市级）、县级、乡级河道 4 个等级。

2. 管理和保护范围、岸线的划定

有堤防的河道，其管理范围为两岸堤防之间的水域、沙洲、滩地（包括可耕地）、行洪区，两岸堤防及护堤地。无堤防的河道，其管理范围根据历史最高洪水位或者设计洪水位确定。管理范围划定后，由县级以上地方人民政府公布。

河道岸线由河道主管机关会同交通等有关部门报县级以上地方人民政府划定。城镇建设和发展不得占用河道滩地。城镇规划的临河界限，由河道主管机关会同城镇规划等有关部门确定。沿河城镇在编制和审查城镇规划时，应当事先征求河道主管机关的意见。河道岸线的利用和建设，应当服从河道整治规划和航道整治规划。计划部门在审批利用河道岸线的建设项目时，应当事先征求河道主管机关的意见。

3. 河道整治和堤防维修养护

按照流域综合规划、防洪标准和其他有关技术要求，通过整治维护堤防安全，保持河势稳定和行洪通畅。堤防上已修建的涵闸、泵站和埋设的穿堤管道、缆线等建筑物及设施，河道主管机关应当定期检查，对不符合工程安全要求的，限期改建。

4. 清淤保洁和水质监测

河道主管机关应当制定河道清淤保洁实施方案，落实保洁人员和任务，督促保洁清淤责任的落实，开展河道水质监测工作，并协同环境保护部门对水污染防治实施监督管理。

5. 涉河建设项目和采砂管理

修建开发水利、防治水害、整治河道的各类工程和跨河、穿河、穿堤、临河的桥梁、码头、道路、渡口、管道、缆线等建筑物及设施，建设单位必须按照河道管理权限，将工程建设方案报送河道主管机关审查同意。未经河道主管机关审查同意的，建设单位不得开工建设。建设项目经批准后，建设单位应当将施工安排告知河道主管机关。修建桥梁、码头和其他设施，必须按照国家规定的防洪标准所确定的河宽进行，不得缩窄行洪通道。桥梁和栈桥的梁底必须高于设计洪水位，并按照防洪和航运的要求，留有一定的超高。设计洪水位由河道主管机关根据防洪规划确定。跨越河道的管道、线路的净空高度必须符合防洪和航运的要求。确需利用堤顶或者戗台兼做公路的，须经县级以上地方人民政府河道主管机关批准。堤身和堤顶公路的管理和维护办法，由河道主管机关商交通部门制定。向河道、湖泊排污的排污口的设置和扩大，排污单位在向环境保护部门申报之前，应当征得河道主管机关的同意。

管理范围内采砂、取土、淘金，必须按照经批准的范围和作业方式进行。

6. 河道执法和清障

河道执法主要是两方面：一是对河道（堤防、湖泊）管理和保护范围内禁止性行为开展执法检查；二是对河道（堤防、湖泊）管理和保护范围内限制性行为是否符合水行政主管部门的批复开展执法检查。如对损毁堤防、护岸、闸坝等水工程建筑物和防汛设施、水文监测和测量设施、河岸地质监测设施以及通信照明等设施的行为按照水法律法规的规定进行责令其纠正违法行为、赔偿损失、采取补救措施外，可以并处警告、罚款；应当给予治安管理处罚的，按照《中华人民共和国治安管理处罚法》的规定处罚；构成犯罪的，依法追究刑事责任。

河道主管机关对河道管理范围内的阻水障碍物提出清障计划和实施方案，按照"谁设障，谁清除"的原则，由防汛指挥部责令设障者在规定的期限内清除。河道主管机关对壅水、阻水严重的桥梁、引道、码头和其他跨河工程设施提出意见并报经人民政府批准，根据国家规定的防洪标准，责成原建设单位在规定的期限内改建或者拆除。

7. 规费征收

河道工程修建维护管理费和采砂管理费两项。

受益范围明确的堤防、护岸、水闸、圩垸、海塘和排涝工程设施，河道主管机关向受益的工商企业等单位和农户收取河道工程修建维护管理费。在河道管理范围内采砂、取土、淘金，必须按照经批准的范围和作业方式进行，河道主管机关收缴纳。

2017 年财政部、国家发展和改革委员会《关于清理规范一批行政事业性收费有关政策的通知》（财税〔2017〕20 号），明确从 2017 年 4 月 1 日起，停止征收河道采砂管理费（含长江河道砂石资源费）。

2.4.2 水库的管理内容

水库的管理内容主要有：安全管理、维修养护、控制运用、应急管理等。

2.4.2.1 水库安全管理

水库安全管理包括：一是安全鉴定；二是工程检查；三是安全监测。

1. 安全鉴定

水库大坝实行定期安全鉴定制度。水库安全鉴定由水库主管部门负责组织，水库管理单位具体落实。安全鉴定依据《水库大坝安全鉴定办法》《水库大坝安全评价导则》（SL 258—2017）进行。水库初次蓄水运行 5 年内应进行 1 次大坝安全鉴定，以后每 6～10 年进行 1 次；遭遇特大洪水、强烈地震，或者工程发生重大事故、出现影响安全的异常现象时，应及时组织大坝安全鉴定。

水库大坝安全鉴定包括大坝安全评价、大坝安全鉴定技术审查和大坝安全鉴定意见审定 3 个基本程序。水库大坝安全评价的范围包括与水库运行安全直接相关的挡水建筑物、泄洪建筑物、输（放）水建筑物、工程边坡、近坝库岸、库区防渗、金属结构、机电设备、安全监测、管理设施等。水库大坝安全评价内容为工程质量、防洪能力、渗流安全、结构安全、抗震安全、金属结构安全及运行管理的复核与评价，并结合上述内容对大坝安全综合评价，根据需要补充开展必要的混凝土、金属结构、机电设备的检测和地质勘探、土工试验、隐患探测等工作。

大坝安全鉴定结论分为一类坝、二类坝、三类坝。结论为一类坝的，应按照鉴定意见进一步完善工程设施、落实管理措施。大坝鉴定为二类坝、三类坝的，在实施除险加固前，水库管理单位应加强检查与监测，及时修订水库安全应急预案，水库年度控制运用计划编制时应提出限制蓄水运行的意见。

2. 工程检查

工程检查分为日常巡查、汛前检查、年度检查和特别检查。

(1) 日常巡查。日常巡查内容包括水工建筑物、安全监测设施、边坡库岸以及闸门、启闭机等金属结构及其配套的电气设备、供电线路等。应定期开展，检查时间应符合下列要求：水库初蓄期，日常巡查每日不少于 1 次，并视情况加密巡查；水库运行期，水工建筑物、监测设施、边坡库岸等日常巡查频次根据坝型、运用水位确定日常巡查频次，闸门、启闭机等金属结构及其配套的电气设备及供电线路的日常巡检频次宜根据设备的操作运行情况确定，每月不少于 1 次，用于泄洪的设备一般每 10～15 日不少于 1 次。日常巡查采用现场检查的方法开展，视频监控可作为辅助手段。检查时宜根据水工建筑物、监测设施、边坡库岸特点，明确重点检查部位，采用全面检查与重点部位检查相结合的方式。对闸门、启闭机等金属结构及其配套的电气设备及供电线路，除外观检查外，还应结合辅助工具器材检测、通电测试或试运行等方式进行检查。

(2) 汛前检查。汛前检查应在当年汛前完成，除日常巡查内容外，还应对下列内容进行检查和评价：

1) 工程维修养护情况，包括上一次年度检查发现问题的维修、处理等情况。

2) 各类泄洪设施结构安全状况，闸门与启闭设备的保养维护、试运行等情况。供电线路、电气设备的安全状况，备用电源的保养维护和试运行情况。

3) 重要备品备件、备用电源燃料及其他防汛物资的储备情况。

4) 水文测报设施和水库管理信息系统的完好情况，水尺零高程是否按规定进行校测。

5) 防汛值班、水文监测、水库调度、应急管理等人员的落实情况。

(3) 年度检查。应在当年汛期结束以后开展。年度检查工作除日常巡查内容外，还应对水文监测、工程监测资料进行整编与初步分析，对当年汛期运行情况分析评价、提出下一年度工程维修养护建议。检查工作应符合以下要求：

1) 溢洪道消力池、大坝下游冲坑，宜抽干检查，也可采用技术手段进行检查。3～5 年未发生泄洪时，一般每 3～5 年检查 1 次。

2) 各类输（引、放）水洞（管）内部根据检查条件确定，一般每 3～5 年检查 1 次。

3）金属结构、启闭设施及电气设备一般投入运行后的 5 年内检测 1 次，以后每隔 6～10 年进行 1 次，包括金属结构的腐蚀状况、材料强度、焊缝质量以及机电设备的安全状况等。

（4）特别检查。在发生特别运用工况后，立即开展。特别运用工况主要指：

1）水库水位发生暴涨暴落或接近历史最高水位、设计洪水位、设计死水位，或者水库持续高水位运行。

2）发生有感地震等可能严重影响工程安全运行的情况。

3）发生险情。

3. 安全监测

安全监测包括水文监测、工程监测。

（1）水文监测。水库应根据调度和水文预报需要布设水文测站，建设水文自动测报系统，水库应设置坝前水位测站、坝址降水量观测站。库区应设置降水量测站。下游有明确的防洪控制断面的水库应设置水位站或流量站。水库宜设置蒸发站、入库与出库流量站。进行水文资料整编水文年鉴汇编刊并按管理权限向有关水文机构提交。

（2）工程监测。结合水库的实际情况布设监测项目。工程监测应遵循人员、仪器、时间、频次"四固定"原则。监测人员应及时根据仪器参数、计算公式等将电阻比、频率、电压等测值转换为监测物理量，监测成果由相关人员签名。每次监测应与前期监测成果进行对比，发现异常应复测并进行初步分析。水库自动化观测应每日不少于 1 次。自动化监测仪器每年应至少进行 1 次人工比测、校正和校准。自动化观测监测数据备份，汛期每 1 个月、非汛期每 3 个月不少于 1 次，同时将原始数据、整理核对成果刊印，经技术负责人签字后归档。整编分析中发现异常变化时，应组织专业技术人员进行分析，查明原因，及时采取措施并做好记录。一时难以查明原因或工程已出现异常的，应报告并采取相应措施。

在水库大坝的上游坝面及附近水域、坝顶、下游坝面；溢洪道、泄洪孔、泄洪洞等启闭机房和进出口一定范围；人工测读的水位尺等重要区域宜布设视频监视并做好视频资料的保存、记录工作。

2.4.2.2 水库的维修养护

水库的维修养护包括日常维护、专项维修。

（1）日常维护。日常维护包括每年均需要的定期和不定期开展维修养护项目，如绿化养护、卫生保洁、设备保养等。日常维护项目宜由具有相应能力的机构或企业承担实施。专业技术要求不高的（如保洁）维修养护项目可委托给个人，应签订协议或合同，明确工作内容、标准及职责。对委托机构或个人实施的维护项目应组织检查、考核、验收等工作。

（2）专项维修。项目应根据有关规定开展，或者根据检查确定而开展维修、更新改造。专项维修项目应编制工作方案或专项报告，合理选择确定项目承担单位。

维修养护要求水工建筑物维修养护要线直面平、轮廓鲜明，结构完整、运行正常。及时修复坝面出现的坑洼、雨淋沟、坑凹、局部破损或发现混凝土表面存在剥蚀、磨损、冲刷、风化或局部裂缝等可能影响工程耐久性的缺陷，排水沟（管）、集水井、廊道的杂物的淤泥、杂物清理；沥青不足或老化的补灌、更换。边坡与岸坡应能保持整体稳定、无松动、掉块、坍塌等现象。金属结构与机电设备设施齐全、保护有效、防腐及时、保洁到位、润滑良好、启闭灵活，使用正常、运行安全。闸门门体、门槽、行走支承结构防腐处理，止水设施更换，钢丝绳定期养护，室外设备除锈刷漆。监测设施定期率定、精度达标。自动化监测系统每年汛前维护。管理设施标牌醒目、清晰完整，交通便捷、安全通畅，环境整洁、庭院优美。

2.4.2.3　水库的控制运用

水库的控制运用主要内容包括：编报水库控运计划，编制洪水预报方案，开展洪水调度自评，拟定兴利调度方式。

（1）编报水库控运计划。水库应根据上一年的年度检查情况组织编制当年的水库控制运用计划，并在限期内报有关防汛指挥机构和水库行政主管部门审批。当水库调度相关条件或情况发生变化而影响水库调度的，应修订控运计划并报批。水库不得擅自在批准的控制水位以上蓄水运行。水库调度有关的原始资料和报告等，应按年度或者在洪水过后及时整理，经相关责任人的签字后归档。

（2）编制洪水预报方案。水库管理单位应编制洪水预报方案，明确洪水预报工作方式。当预报有强降雨或水库水位将超过控制水位时，水库应及时督促相关责任人和岗位人员进岗到位，检查泄洪设施进出口，对泄洪设施进行测试。

水库管理单位接到防汛指挥机构调度指令后，应立即核实并下达操作指令，发现调度指令与批准的控制运行计划不一致时，可根据实际情况提出书面意见，但不得影响该调度指令的执行。

（3）开展洪水调度自评。水库管理单位应组织开展洪水调度自评，编制年度防洪调度工作总结，并在年底之前上报水库主管部门和防汛抗旱指挥机构。

（4）拟定兴利调度方式。根据确定的水库开发任务，统筹兼顾，最大限度地利用水资源。在计划用水、节约用水的基础上，核定各用水部门供水量。水库应根据水库调节性能和各部门用水特点，明确供水、灌溉、生态等各级预警水位及相应的节水措施，拟定兴利调度方式。

2.4.2.4　水库的应急管理

水库的应急管理主要内容是编制应急预案，储备备用电源，开展应急监测，储备防汛物资。

（1）编制应急预案。水库主管部门应按照有关规定，组织水库管理单位编制水库安全应急预案，并报上级防汛指挥机构批准。水库工程安全状况等发生变化时，应修订并重新报批。

（2）储备备用电源。水库应设置可靠的供电系统。除系统供电、电站自发电外，还应配置柴油发电机作为备用电源。柴油发电机功率应满足泄洪闸门启闭、应急照明和防汛管理等需要。柴油发电机电源宜尽量靠近有关启闭设备，地面高程应能达到相应的防洪标准，供电线路布置合理、可靠。

（3）开展应急监测。发现异常、出现险情或其他突发事件时，管理单位应组织专人对存在隐患的部位进行连续监视和监测，并按规定报告有关情况。

（4）储备防汛物资。水库管理单位储备物资的种类、数量、方式应符合当地防汛指挥机构要求和有关规定。采用委托代储的，有关政策处理、物资调运流程应事先明确。制定防汛物资分布图、调运线路图，并在适当位置明示。现场一般应储备下列物资：

1）抢险物料包括：袋类、土工布、砂石、块石、铅丝、桩木、柴油等。

2）救生器材包括：救生圈（衣）、抢险救生舟等。

3）抢险器具包括：移动式发电机组、投光灯、便携式工作灯、电缆等。

4）备品备件包括：钢丝绳、手拉葫芦、油封、电动机等。

5）大坝为土石坝的，大坝附近应储备相应数量的土石料。

水库应建立物资出入库管理台账，明确各类物资的规格（品种）、数量及质保期。

2.4.3　湖泊的管理内容

1. 制订湖泊保护规划

湖泊保护规划的内容应当包括湖泊保护范围，禁止采砂、取土、采石的区域（湖泊禁采区），限制开发、利用的项目，防洪、除涝要求，水功能区划以及水质保护目标、措施，种植、养殖面积控制目标，退田（渔）还湖、退圩还湖方案，清淤措施等内容。

2. 公布湖泊保护名录

以江苏省为例，《江苏省湖泊管理条例》明确省人民政府应当将面积在 $0.5m^2$ 以上的湖泊、城市市区内的湖泊、作为城市饮用水水源的湖泊列入江苏省湖泊保护名录并公布。省人民政府可以对湖泊保护名录作出调整，并予公告。

3. 划定保护（控制）范围

划定湖泊保护（控制）范围，严格控制开发利用行为。如《江苏省湖泊管理条例》规定，湖泊保护范围为湖泊设计洪水位以下的区域，包括湖泊水体、湖盆、湖洲、湖滩、湖心岛屿、湖水出入口，湖堤及其护堤地，湖水出入的涵闸、泵站等工程设施；《武汉市湖泊保护条例》规定：湖泊规划控制范围分为水域、绿化用地、外围控制范围；《滇池保护条例》规定：滇池保护范围是以滇池水体为主的整个滇池流域，涉及五华、盘龙、官渡、西山、呈贡、晋宁、嵩明 7个县（区）2920km^2 的区域。滇池保护范围划分一级、二级、三级保护区和城镇饮用水源保护区。

4. 岸线管理和水资源保护

依据土地利用总体规划等，将湖泊岸线划分保护区、保留区、控制利用区、可开发利用区，明确分区管理保护要求，强化岸线用途管制和节约集约利用，严格控制开发利用强度，最大程度保持湖泊岸线自然形态。

落实最严格水资源管理制度，强化湖泊水资源保护。对湖泊取水、用水和排水全过程管理，控制取水总量，维持湖泊生态用水和合理水位。落实污染物达标排放要求，按照限制排污总量控制入湖污染物总量、设置并监管入湖排污口。入湖污染物总量超过水功能区限制排污总量的湖泊，应排查入湖污染源，实施限期整治方案，明确年度入湖污染物削减量，逐步改善湖泊水质；水质达标的湖泊，采取措施确保水质不退化。实施排污许可制度，将治理任务落实到湖泊汇水范围内各排污单位，加强对湖区周边及入湖河流工矿企业污染、城镇生活污染、畜禽养殖污染、农业面源污染、内源污染等综合防治。加大湖泊汇水范围内城市管网建设和初期雨水收集处理设施建设，提高污水收集处理能力。

5. 水环境整治与生态修复

按照水功能区区划确定各类水体水质保护目标，强化湖泊水环境整治，整治黑臭水体入湖河流和湖泊。对饮用水水源地的湖泊，开展饮用水水源地安全保障达标和规范化建设，确保饮用水安全。加强湖区周边污染治理，开展清洁小流域建设。结合防洪、供用水保障等需要，采取生物净化、生态清淤等措施，实行湖区综合整治力度，加大湖泊引水排水能力，增强湖泊水体的流动性，改善湖泊水环境。

实施湖泊健康评估，提升湖泊生态功能和健康水平。治理与修复生态恶化湖泊的，实施退田还湖还湿、退渔还湖，恢复河湖水系的自然连通。开展增殖放流，加强湖泊水生生物保护，提高水生生物多样性。建设湖泊生态岸线、滨湖绿化带、沿湖湿地公园和建设水生生物保护区。

6. 执法监管

依法取缔非法设置的入湖排污口，严厉打击废污水直接入湖和垃圾倾倒等违法行为。建立健全湖泊、入湖河流所在行政区域的多部门联合执法机制，完善行政执法与刑事司法衔接机制，打击涉湖违法违规行为。清理整治围垦湖泊、侵占水域以及非法排污、养殖、采砂、设障、捕捞、取用水等活动。整治湖泊岸线乱占滥用、多占少用、占而不用等问题。日常监管巡查制度，实行湖泊动态监管。布设入湖河流以及湖泊水质、水量、水生态等监测站点，建设信息和数据共享平台，不断完善监测体系和分析评估体系。利用卫星遥感、无人机、视频监控等技术，加强对湖泊变化情况的动态监测。

2.4.4 山塘的管理内容

山塘的管理内容主要有注册登记、运行管理、巡查管护、安全认定与评估、除险加固等。

1. 注册登记

山塘注册登记主要内容为主要技术经济指标资料山塘主管部门、乡级人民政府（街道办事处）应组织所有权人向县级水行政主管部门申报注册登记，并提交山塘注册登记表。

2. 运行管理

运行管理主要包括：山塘管理范围划定、山塘坝顶兼做公路的管理、安全监测、山塘经营活动的管理。

（1）山塘管理范围划定。山塘管理范围应划定管理范围并报经县级人民政府批准，由山塘主管部门或乡级人民政府（街道办事处）组织设置界桩和公告牌。任何单位和个人不得擅自移动、损坏界桩和公告牌。在山塘管理范围内不得增设与山塘安全管理无关的建筑物和构筑物，也不得进行爆破、打井、采石、采矿、取土、造坟等危害山塘安全的活动。

（2）山塘坝顶兼做公路的管理。山塘坝顶原则上不作为交通道路，只有满足必要的安全通行条件方可通行车辆。不具备通行条件的应当设置隔离设施。山塘坝顶确需兼做公路的，公路主管部门应设置相应的安全设施和交通标志、标线，采取相应的安全加固措施并承担日常维护。

（3）安全监测。高坝山塘和屋顶山塘所有权人必须按照国家和省有关技术标准，根据山塘安全监测和检查的实际需要，设置必要的安全监测设施。应设置安全监测设施但未设置的，或安全监测设施损坏失效的，应予以补设或修复。发现山塘有异常情况，应及时报告山塘主管部门、乡级人民政府（街道办事处），并采取防范和保护措施。

（4）山塘经营活动的管理。利用山塘开展旅游、养殖等经营活动，不得影响山塘运行，危害山塘安全，破坏生态环境。通过租赁、承包或使用权流转等方式利用山塘开展旅游、养殖等经营活动，经营者应当协助所有权人做好山塘安全管理有关工作，并通过合同予以约定。

3. 巡查管护

山塘所有权人负责山塘的日常运行管理工作，落实巡查管护人员和巡查管护经费。山塘巡查管护的范围包括：坝体、坝趾区、泄洪建筑物、输水建筑物、启闭设备、蓄水区岸坡、管理设施以及水体、水质等。具有供水功能的山塘，应通过观察山塘水生物、水源浊度以及嗅觉等感官性状，关注水体、水质，防范危及饮水安全的事件发生。

高坝山塘和屋顶山塘所有权人应健全日常维护、安全运行、应急处置等相关制度，加强日常巡查、维修养护、控制运行等工作，完善技术档案，规范操作规程，保障工程完好和运行安全。

4. 安全认定与评估

高坝山塘和屋顶山塘安全技术认定宜每 10 年进行 1 次，由山塘主管部门或乡级人民政府（街道办事处）组织认定工作。当遭遇特大洪水或工程发生重大事故或发生影响安全的异常现象后，应组织专门的安全技术认定。

认定的安全状况区分为危险山塘、病害山塘、正常山塘。普通山塘进行安全评估由山塘主管部门或乡级人民政府（街道办事处）组织。评估的安全状况区分为病害山塘、正常山塘。认定为危险山塘、病害山塘的，山塘主管部门或乡级人民政府（街道办事处）应限期进行综合整治或者报废处理。病害山塘也可以降低正常水位或增加泄洪能力运行。未进行综合整治或者报废处理的危险山塘，必须放空，不得继续蓄水。

山塘存在安全隐患，对公共安全或者生态环境构成严重威胁，应当报废的，由县级水行政主管部门组织技术论证，作出强制报废的决定，由山塘主管部门或乡级人民政府（街道办事处）组织制订报废实施方案并负责组织实施。

5. 除险加固

除险加固主要内容有复核坝顶高程和坝宽、溢洪道及放水涵（管）洞改造、渠道防渗完善对外的道路、落实责任等。

对坝高不够，坝宽偏小的情况，根据山塘级别，重新进行水文计算，复核设计洪水，确定坝顶高程和坝顶宽。对坝坡要按标准规定和坝坡稳定计算，确定坝的坡度及护坡结构。对土坝要进行坝体抗滑稳定分析复核，注意检查不均匀沉陷和裂缝出现。对于坝基渗漏大、坝体填土质量差的山塘，进行坝基防渗灌浆和坝体固结灌浆处理。

对溢洪道及放水涵（管）洞改造，溢洪道欠宽的，要按校核洪水的最大泄洪流量，确定溢洪道宽度和最大过水深度，以此来确定溢洪道宽度。溢洪道未衬砌的，要进行衬砌，保证溢洪道安全泄洪。

对放水斜涵（闸）管和平涵管漏水的处理，应根据山塘的特点采用相应的处理方案，进行防漏防渗加固，漏水严重的应进行封墙后另外开凿放水设施。

对渠道进行防渗处理，减少水量损失，提高渠道水利用系数，缩短放水时间及节约水量来确保灌区用水。

完善对外交通道路和通信设备，使抢险物资和人员迅速送达水库，是抢险工作的根本保证。落实责任。明确山塘防汛责任人，加强巡查。

第3章

涉 水 行 政 许 可

河塘湖库管理范围内活动、建设，分为禁止性行为和限制性行为，其中限制性行为必须经符合一定条件并经有审批权限的水行政主管批准后才能实施，简言之必须办理行政许可。

水行政主管部门实施的主要涉水行政许可有4项：涉河涉堤建设项目的许可、水土保持方案许可、取水许可、采砂许可。

3.1 主体与程序

3.1.1 概念

行政审批是现代国家管理社会政治、经济、文化等各方面事务的一种重要的事前控制手段。

从国内外行政管理的手段来看，行政审批普遍运用于许多行政管理领域，对于保障、促进经济和社会发展发挥了重要作用，成为一种国家管理行政事务的不可缺少的重要制度。根据统计，我国现有150多个法律、行政法规和规章对行政审批作出了规定，这些规定涉及国防、外交、公安、经济、城市管理等20多个领域、50多个行业。

2004年颁布《中华人民共和国行政许可法》（以下简称《行政许可法》）后，明确了行政许可的范围和概念，行政审批和行处许可是两个相近又有区别的概念，行政审批比行政许可的概念和范围更广泛，行政许可是行政审批的一种情况，对行政审批的主体、程序、对象有严格的规定。

行政许可是指行政机关根据公民、法人或者其他组织的申请，经依法审查，准予其从事特定活动的行为。

涉水行政许可是水行政主管部门根据公民、法人或者其他组织的申请，经依法审查，准予其从事涉水特定活动的行为。

3.1.2　许可事项设定

按照《行政许可法》的规定，法律法规可以设定行政许可的情况如下：

（1）法律可以设定行政许可。

（2）尚未制定法律的，行政法规可以设定行政许可。必要时，国务院可以采用发布决定的方式设定行政许可。

（3）尚未制定法律、行政法规的，地方性法规可以设定行政许可。

（4）尚未制定法律、行政法规和地方性法规的，因行政管理的需要，确需立即实施行政许可的，省、自治区、直辖市人民政府规章可以设定临时性的行政许可。临时性的行政许可实施满一年需要继续实施的，应当提请本级人民代表大会及其常务委员会制定地方性法规。地方性法规和省、自治区、直辖市人民政府规章，不得设定应当由国家统一确定的公民、法人或者其他组织的资格、资质的行政许可；不得设定企业或者其他组织的设立登记及其前置性行政许可。其设定的行政许可，不得限制其他地区的个人或者企业到本地区从事生产经营和提供服务，不得限制其他地区的商品进入本地区市场。

需要特别强调的是，涉水行政许可事项的设定，要符合上述的规定，有法律、行政法规、地方性法规、规章（临时性的行政许可），其他规范性文件一律不得设定行政许可。如果在许可实践中，仅以地方政府的规章设立某一行政许可事项并实施，将违反《行政许可法》。

按照《行政许可法》的规定，法律法规可以设定行政许可事项的情况如下：

（1）直接涉及国家安全、公共安全、经济宏观调控、生态环境保护以及直接关系人身健康、生命财产安全等特定活动，需要按照法定条件予以批准的事项。

（2）有限自然资源开发利用、公共资源配置以及直接关系公共利益的特定行业的市场准入等，需要赋予特定权利的事项。

（3）提供公众服务并且直接关系公共利益的职业、行业，需要确定具备特殊信誉、特殊条件或者特殊技能等资格、资质的事项。

（4）直接关系公共安全、人身健康、生命财产安全的重要设备、设施、产品、物品，需要按照技术标准、技术规范，通过检验、检测、检疫等方式进行审定的事项。

（5）企业或者其他组织的设立等，需要确定主体资格的事项。

（6）法律、行政法规规定可以设定行政许可的其他事项。

3.1.3　许可主体

行政许可由具有行政许可权的行政机关在其法定职权范围内实施。即行政许可的实施主体是行政机关，行政许可的实施主体必须具有行政许可权。

涉水行政许可的主体有水利部，流域管理机构，省、市、县各级水行政主管部门，也有部分涉水行政审批主体是管委会。如湖北省明确中国（湖北）自由贸易试验区武汉片区、襄阳片区、宜昌片区的涉水行政审批由各片区管委会负责审批。

3.1.4　许可事项

涉水行政许可事项名称和数量随着行政审批体制改革的推进，经历了由多到少、由繁到精、许可时限缩短的精简过程。

2001 年，国务院办公厅下发《关于成立国务院行政审批制度改革工作领导小组的通知》（国办发〔2001〕71 号），行政审批改革工作全面启动。行政审批改革的目的是把权力关进制度的笼子，确保行政许可的合法性、合理性、效能性、责任性、公开性。

1. 合法性

行政许可作为一项重要的行政权力，直接涉及公民、法人和其他组织的合法权益，合法性就是行政许可的主体、权限、程序、责任要有法律的规定，职权法定是行政许可的前提，禁止行政机关法委之外设定权力。

2. 合理性

设定行政许可，要符合市场经济发展的要求，有利于政府实施有效管理。通过市场机制能够解决的，由市场机制去解决；市场机制难以解决的，但通过中介组织、行业自律能够解决的，应当通过中介组织和行业自律去解决。

3. 效能性

合理划分和调整部门之间的行政审批职能，简化程序，减少环节，提高效率，强化服务，行政许可要规定时限，在限定期限内办结。

4. 责任性

按照"谁审批、谁负责"的原则，权责一致的原则，在赋予行政机关行政审批权时，规定其相应的责任。行政机关实施行政审批，应当依法对审批对象实施有效监督，并承担相应责任。行政机关不按规定的审批条件、程序实施行政审批甚至越权审批、滥用职权、徇私舞弊，以及对被许可人不依法履行监督责任或者监督不力、对违法行为不予查处的，审批机关的领导和直接责任人员必须承担相应的法律责任。

5. 公开性

行政机关行政审批权，要公开、公平、公正，行政审批的内容、对象、条件、程序必须公开；未经公开的，不得作为行政审批的依据。行政审批的条件、程序，要便于公民、法人和其他组织监督。行使行政审批权的行政机关，要加强对被许可人是否按照其取得行政许可时确定的条件、程序从事有关活动的检查监督。

自 2002 年 10 月，国务院取消 789 项行政审批项目（第一批），至 2019 年国务院已多次发文取消和下放行政许可事项。与之相应，各部委、省、市各级人民政府也进行了审批事项的取消和下放。

2016 年，水利部《关于下放部分生产建设项目水土保持方案审批和水土保持设施验收审批权限的通知》（水保〔2016〕310 号）明确由水利部审批水土保持方案和水土保持设施验收的生产建设项目中，除国务院审批（核准、备案）项目、跨省（自治区、直辖市）项目和水利项目外，其他生产建设项目的水土保持方案审批和水土保持设施验收审批权限下放至省级水行政主管部门。

2018 年，广东省水利厅根据《广东省人民政府关于将一批省级行政职权事项调整由各地级以上市实施的决定》（广东省人民政府令第 248 号，以下简称《决定》），将原由省水利厅实施的市辖区内不涉及跨市级行政区划的生产建设项目水土保持方案审批事项（不包括水利部下放后由省厅承接的事项）下放各地级市水行政主管部门实施。2019 年，广西壮族自治区人民政府《关于取消承接下放一批行政许可等事项的决定》（桂政发〔2019〕24 号），取消行政许可事项 9 项，承接行政许可事项 3 项，下放行政许可事项 2 项，清理规范行政审批必要条件的中介服务事项 1 项。

至 2019 年 6 月，由水利部（流域管理机构）承办的水行政许可事项共 17 项，水利部（流域管理机构）承办的水行政许可事项详见表 3-1。其中，水利部直接承办的水行政许可事项共 6 项，分别为：水利基建项目初步设计文件审批；生产建设项目水土保持方案审批；外国组织或个人在华从事水文活动的审批；国家基本水文测站设立和调整审批；水利工程建设监理单位资质认定；水利工程质量检测单位资质认定（甲级）审批。其余水行政许可，均授权各流域管理机构审批。

表 3-1　　　　　　　水利部行政许可事项一览表（截至 2019 年 6 月）

序号	项目名称	设定依据
1	水工程建设规划同意书审核	《中华人民共和国水法》第十九条："建设水工程，必须符合流域综合规划。在国家确定的重要江河、湖泊和跨省、自治区、直辖市的江河、湖泊上建设水工程，未取得有关流域管理机构签署的、符合流域综合规划要求的规划同意书的，建设单位不得开工建设；在其他江河、湖泊上建设水工程，未取得县级以上地方人民政府水行政主管部门按照管理权限签署的、符合流域综合规划要求的规划同意书的，建设单位不得开工建设。水工程建设涉及防洪的，依照防洪法的有关规定执行；涉及其他地区和行业的，建设单位应当事先征求有关地区和部门的意见。" 《中华人民共和国防洪法》第十七条："在江河、湖泊上建设防洪工程和其他水工程、水电站等，应当符合防洪规划的要求；水库应当按照防洪规划的要求留足防洪库容。前款规定的防洪工程和其他水工程、水电站未取得有关水行政主管部门签署的、符合防洪规划要求的规划同意书的，建设单位不得开工建设。"
2	不同行政区域边界水工程批准	《中华人民共和国水法》第四十五条："……在不同行政区域之间的边界河流上建设水资源开发、利用项目，应当符合该流域经批准的水量分配方案，由有关县级以上地方人民政府报共同的上一级人民政府水行政主管部门或者有关流域管理机构批准。" 《中华人民共和国河道管理条例》第十九条："省、自治区、直辖市以河道为边界的，在河道两岸外侧各 10 公里之内，以及跨省、自治区、直辖市的河道，未经有关各方达成协议或者国务院水行政主管部门批准，禁止单方面修建排水、阻水、引水、蓄水工程以及河道整治工程。"
3	水利基建项目初步设计文件审批	《国务院对确需保留的行政审批项目设定行政许可的决定》（国务院令第 412 号）附件第 172 项"水利基建项目初步设计文件审批。实施机关：县级以上人民政府水行政主管部门。"
4	取水许可	《中华人民共和国水法》第七条："国家对水资源依法实行取水许可制度和有偿使用制度。国务院水行政主管部门负责全国取水许可制度和水资源有偿使用制度的组织实施。"第四十八条："直接从江河、湖泊或者地下取用水资源的单位和个人，应当按照国家取水许可制度和水资源有偿使用制度的规定，向水行政主管部门或者流域管理机构申请领取取水许可证，并缴纳水资源费，取得取水权。"《取水许可和水资源费征收管理条例》第三条："县级以上人民政府水行政主管部门按照分级管理权限负责取水许可制度的组织实施和监督管理。"第十四条："取水许可实行分级审批。"

续表

序号	项目名称	设定依据
5	江河、湖泊新建、改建或者扩大排污口审核	《中华人民共和国水法》第三十四条："禁止在饮用水水源保护区内设置排污口。在江河、湖泊新建、改建或者扩大排污口，应当经过有管辖权的水行政主管部门或者流域管理机构同意。"
6	非防洪建设项目洪水影响评价报告审批	《中华人民共和国防洪法》第三十三条："在洪泛区、蓄滞洪区内建设非防洪建设项目，应当就洪水对建设项目可能产生的影响和建设项目对防洪可能产生的影响作出评价，编制洪水影响评价报告，提出防御措施。洪水影响评价报告未经有关水行政主管部门审查批准的，建设单位不得开工建设。"
7	河道管理范围内建设项目工程建设方案审批	《中华人民共和国水法》第三十八条："在河道管理范围内建设桥梁、码头和其他拦河、跨河、临河建筑物、构筑物，铺设跨河管道、电缆，应当符合国家规定的防洪标准和其他有关的技术要求，工程建设方案应当依照防洪法的有关规定报经有关水行政主管部门审查同意。" 《中华人民共和国防洪法》第二十七条："建设跨河、穿河、穿堤、临河的桥梁、码头、道路、渡口、管道、缆线、取水、排水等工程设施，应当符合防洪标准、岸线规划、航运要求和其他技术要求，不得危害堤防安全、影响河势稳定、妨碍行洪畅通；其工程建设方案未经有关水行政主管部门根据前述防洪要求审查同意的，建设单位不得开工建设。"
8	河道管理范围内有关活动（不含河道采砂）审批	《中华人民共和国河道管理条例》第二十五条："在河道管理范围内进行下列活动，必须报经河道主管机关批准；涉及其他部门的，由河道主管机关会同有关部门批准：（一）采砂、取土、淘金、弃置砂石或者淤泥；（二）爆破、钻探、挖筑鱼塘；（三）在河道滩地存放物料、修建厂房或者其他建筑设施；（四）在河道滩地开采地下资源及进行考古发掘。"
9	河道采砂许可	《中华人民共和国水法》第三十九条："国家实行河道采砂许可制度。河道采砂许可制度实施办法，由国务院规定。"《中华人民共和国河道管理条例》第二十五条："在河道管理范围内进行下列活动，必须报经河道主管机关批准；涉及其他部门的，由河道主管机关会同有关部门批准：（一）采砂、取土、淘金、弃置砂石或者淤泥；……"
10	长江河道采砂许可	《中华人民共和国水法》第三十九条："国家实行河道采砂许可制度。河道采砂许可制度实施办法，由国务院规定。"《长江河道采砂管理条例》第九条："国家对长江采砂实行采砂许可制度。河道采砂许可证由沿江省、直辖市人民政府水行政主管部门审批发放；属于省际边界重点河段的，经有关省、直辖市人民政府水行政主管部门签署意见后，由长江水利委员会审批发放；涉及航道的，审批发放前应当征求长江航务管理局和长江海事机构的意见。省际边界重点河段的范围由国务院水行政主管部门划定。"
11	生产建设项目水土保持方案审批	《中华人民共和国水土保持法》第二十五条："在山区、丘陵区、风沙区以及水土保持规划确定的容易发生水土流失的其他区域开办可能造成水土流失的生产建设项目，生产建设单位应当编制水土保持方案，报县级以上人民政府水行政主管部门审批，并按照经批准的水土保持方案，采取水土流失预防和治理措施。"第二十六条："依法应当编制水土保持方案的生产建设项目，生产建设单位未编制水土保持方案或者水土保持方案未经水行政主管部门批准的，生产建设项目不得开工建设。"

序号	项 目 名 称	设 定 依 据
12	外国组织或个人在华从事水文活动的审批	《中华人民共和国水文条例》第七条："外国组织或者个人在中华人民共和国领域内从事水文活动的，应当经国务院水行政主管部门会同有关部门批准，并遵守中华人民共和国的法律、法规；在中华人民共和国与邻国交界的跨界河流上从事水文活动的，应当遵守中华人民共和国与相关国家缔结的有关条约、协定。"
13	国家基本水文站设立和调整审批	《中华人民共和国水文条例》第十四条："国家重要水文测站和流域管理机构管理的一般水文测站的设立和调整，由省、自治区、直辖市人民政府水行政主管部门或者流域管理机构报国务院水行政主管部门直属水文机构批准。其他一般水文测站的设立和调整，由省、自治区、直辖市人民政府水行政主管部门批准，报国务院水行政主管部门直属水文机构备案。"
14	专用水文测站的审批	《中华人民共和国水文条例》第十五条："在国家基本水文测站覆盖的区域，确需设立专用水文测站的，应当按照管理权限报流域管理机构或者省、自治区、直辖市人民政府水行政主管部门直属水文机构批准。"
15	国家基本水文测站上下游建设影响水文监测工程的审批	《中华人民共和国水文条例》第三十三条："在国家基本水文测站上下游建设影响水文监测的工程，建设单位应当采取相应措施，在征得对该站有管理权限的水行政主管部门同意后方可建设。因工程建设致使水文测站改建的，所需费用由建设单位承担。"
16	水利工程建设监理单位资质认定	《国务院对确需保留的行政审批项目设定行政许可的决定》（国务院令第412号）附件第171项："水利工程建设监理单位资质认定。实施机关：水利部。"
17	水利工程质量检测单位资质认定	《国务院对确需保留的行政审批项目设定行政许可的决定》（国务院令第412号）附件第165项"水利工程质量检测单位资质认定。实施机关：水利部、省级人民政府水行政主管部门、流域管理机构。"

对于省级水行政主管部门行政许可事项的名称和数量，各省也有不同。

湖北省省级水行政主管部门承办的水行政许可事项共7项：取水许可；江河、湖泊新建、改建或者扩大排污口审核；水利工程质量检测单位资质认定（乙级）；生产建设项目水土保持方案审批；洪水影响评价审批；河道采砂许可；水利基建项目初步设计文件审批。其中，中国（湖北）自由贸易试验区武汉片区、襄阳片区、宜昌片区的取水许可审批由各片区管委会负责。

陕西省省级水行政主管部门承办的水行政许可事项共10项：取水许可；水利工程质量检测单位资质认定（乙级）；挖掘、占用、利用、跨（穿）越水工程设施建设活动审批；占用农业灌溉水源、设施审批；在大坝管理和保护范围内修建码头、鱼塘许可；省级立项的生产建设项目水土保持方案审批；其他一般水文测站的设立和调整审批；大中型水利水电工程移民安置规划审核；洪水影响评价审批；城市建设填堵水域、废除围堤审核。

浙江省省级水行政主管部门承办的水行政许可事项共 5 项：生产建设项目水土保持方案（报告书）审批；取水许可、涉河涉堤建设项目审批；水利工程质量检测单位资质认定；水利工程管理范围内新建建筑物、构筑物；其他设施审批。

3.1.5　许可程序

根据《行政许可法》的有关规定和涉水项目管理的特点，涉水项目许可程序通常包括：申请与受理、现场踏勘、审查决定、监督检查、竣工验收。

在许可实践中，对涉河项目许可的程序有些不同的理解。一种意见认为，涉河项目的许可程序为申请与受理、现场踏勘、审查决定，也就是审查决定完成后，项目的许可就完成了，而竣工验收应当再许可一次。行政许可法的立法目的之一是要解决行政机关原来存在的"只审批、不监督，只收费、不服务"的情况，许可项目审查决定后的监督检查和竣工验收理应作为涉河项目许可一系列环节的组成部分，如果竣工验收再许可一次，程序繁杂，既增加了行政相对人的办事环节，又不利于提高行政效率。

1. 申请与受理

在河塘湖库范围内从事建设项目的单位或个人向有管辖权的水行政主管部门提出申请，当申请时材料齐全的，应即予受理，当材料不齐全的，应一次性告知需补正的材料。

申请时需提供的材料：申请报告；建设项目所依据的文件；有关评估材料，如涉河涉堤项目防洪评价报告书（表）；取水项目水资源论证报告书（报告表、登记表）、生产建设项目水土保持方案报告书（报告表、登记表）；涉及第三人合法水事权益的，提供与第三人签订的协议。

2. 现场踏勘

申请受理后应进行现场踏勘，主要任务是在现场核实拟建建设项目涉水的实际情况，项目周边一定范围是否涉及第三方水事权益等。通常视项目实际情况，也可由编制评估材料的中介机构进行现场踏勘。

3. 审查决定

审查涉水项目是否符合相应条件并作出予以许可或不予许可的决定。审查内容主要考虑以下方面：

（1）是否符合江河流域综合规划和有关的国土及区域发展规划，对规划实施有何影响。

（2）对水利行洪、防洪调度、河势稳定、水流形态、水质、冲淤变化、防汛抢险、堤（岸）防和其他水工程安全无不利影响，或影响较小尚可采取补救措施。

（3）建设项目是否符合相应的水利技术标准。

（4）是否影响第三人合法的水事权益等。

现行的法律、法规、规章并未规定审批涉水建设项目应当听证。但如水行政主管部门在审查涉水建设项目时，认为涉水建设项目涉及重大的公共利益，行政机关应当向社会公告，并举行听证；或水行政主管部门在审查时认为涉水建设项目与他人之间重大利益关系的，应当告知申请人、利害关系人享有要求听证的权利；申请人、利害关系人在被告知听证权利之日起 5 日内提出听证申请的，水行政主管部门应当在 20 日内组织听证。

对于涉水建设项目许可的期限规定，各地不尽相同，《行政许可法》规定，行政机关应当自受理行政许可申请之日起 20 日内作出行政许可决定。行政许可采取统一办理或者联合办理、集中办理的，办理的时间为 45 日，听证所需时间不计算在规定的期限内。近年来，按照行政审批改革的要求，各地审批大大提速，审批时限压缩，通常省级许可的项目的期限最长为 12 个工作日，市、县许可的项目通常为 3～5 个工作日，还有当日事当日毕的即办件。

水行政主管部门在规定期限对符合条件的申请，作出予以许可的决定，对不符合的作出不予许可的决定。水行政主管部门对建设单位的申请进行审查后，作出不予许可的决定，应当说明理由和依据，建设单位对决定持有异议的，可按照《中华人民共和国行政复议法》的有关规定申请行政复议。

4. 监督检查

监督检查主要包括两方面：一是上级水行政主管部门对下级水行政主管部门实施涉水建设项目行政许可的监督检查，主要监督检查下级行政机关实施行政许可的主体、程序、内容是否合法，以便及时纠正行政许可中行政机关的违法行为；二是实施涉水建设项目许可的水行政主管部门，监督检查对被许可人从事涉水建设项目的活动。

5. 竣工验收

涉水建设项目竣工后，经验收合格后，方可启用。

3.2 涉河涉堤建设项目的许可

3.2.1 概念

河道（包括湖泊、人工水道、行洪区、蓄洪区、滞洪区）管理范围内的建设项目简称涉河涉堤建设项目。

河道管理范围内建设项目的许可，是指水行政主管部门根据公民、法人或者其他组织的申请，经依法审查，准予其在河道管理范围内进行项目建设。

在实际工作中，一些线型项目，如公路、铁路等，管线不仅跨穿越河道，还跨穿越水库、山塘。《水库大坝安全管理条例》第十七条明确禁止在坝体修建码头、渠道、堆放杂物、晾晒粮草。在大坝管理和保护范围内修建码头、鱼塘的，须经大坝主管部门批准，并与坝脚和泄水、输水建筑物保持一定距离，不得影响大坝安全、工程管理和抢险工作。上述条例仅对在大坝管理和保护范围内修建码头、鱼塘的作了规定，对公路、铁路、管线等项目需跨穿越水库未作规定。

在许可实践中，往往将跨穿越水库的线型项目一并纳入涉河项目进行审批。

基于上述实际情况，将涉及河道（包括湖泊、人工水道、行洪区、蓄洪区、滞洪区）及水库山塘管理范围内的建设项目统称为涉水项目更为确切，也更符合许可实际的需求。

3.2.2 法律依据

1. 《中华人民共和国水法》

《中华人民共和国水法》第三十八条：在河道管理范围内建设桥梁、码头和其他拦河、跨河、临河建筑物、构筑物，铺设跨河管道、电缆，应当符合国家规定的防洪标准和其他有关的技术要求，工程建设方案应当依照防洪法的有关规定报经有关水行政主管部门审查同意。

2. 《中华人民共和国防洪法》

(1)《中华人民共和国防洪法》第二十七条：建设跨河、穿河、穿堤、临河的桥梁、码头、道路、渡口、管道、缆线、取水、排水等工程设施，应当符合防洪标准、岸线规划、航运要求和其他技术要求，不得危害堤防安全、影响河势稳定、妨碍行洪畅通；其工程建设方案未经有关水行政主管部门根据前述防洪要求审查同意的，建设单位不得开工建设。前款工程设施需要占用河道、湖泊管理范围内土地，跨越河道、湖泊空间或者穿越河床的，建设单位应当经有关水行政主管部门对该工程设施建设的位置和界限审查批准后，方可依法办理开工手续；安排施工时，应当按照水行政主管部门审查批准的位置和界限进行。

（2）《中华人民共和国防洪法》第三十三条：在洪泛区、蓄滞洪区内建设非防洪建设项目，应当就洪水对建设项目可能产生的影响和建设项目对防洪可能产生的影响作出评价，编制洪水影响评价报告，提出防御措施。洪水影响评价报告未经有关水行政主管部门审查批准的，建设单位不得开工建设。在蓄滞洪区内建设的油田、铁路、公路、矿山、电厂、电信设施和管道，其洪水影响评价报告应当包括建设单位自行安排的防洪避洪方案。建设项目投入生产或者使用时，其防洪工程设施应当经水行政主管部门验收。

3.《中华人民共和国河道管理条例》

《中华人民共和国河道管理条例》第十一条：修建开发水利、防治水害、整治河道的各类工程和跨河、穿河、穿堤、临河的桥梁、码头、道路、渡口、管道、缆线等建筑物及设施，建设单位必须按照河道管理权限，将工程建设方案报送河道主管机关审查同意。未经河道主管机关审查同意的，建设单位不得开工建设。

4.《水库大坝安全管理条例》

《水库大坝安全管理条例》第十七条：禁止在坝体修建码头、渠道、堆放杂物、晾晒粮草。在大坝管理和保护范围内修建码头、鱼塘的，须经大坝主管部门批准，并与坝脚和泄水、输水建筑物保持一定距离，不得影响大坝安全、工程管理和抢险工作。

3.2.3　防洪评价与洪水影响评价

2004年和2014年水利部先后发布了《河道管理范围内建设项目防洪评价报告编制导则（试行）》（水利部办建管〔2004〕109号）和《洪水影响评价报告编制导则》（SL 520—2014）。两者的差别在于适用对象和审批层次有所不同。

编制涉及河道堤防的建设项目防洪评价报告时，应按照《河道管理范围内建设项目防洪评价报告编制导则（试行）》（水利部办建管〔2004〕109号）要求进行编制，报告的主要内容包括概述、基本情况、河道演变、防洪评价计算、防洪综合评价、防治与补救措施、结论与建议，以及相关的附图、附表、专题报告、规划用地文件等附件。涉及河道堤防建设项目的许可主体是流域机构、省、市、县有审批权限的水行政主管部门，防洪评价报告是河道管理范围内建设项目许可的技术支撑。

《洪水影响评价报告编制导则》（SL 520—2014）规定：本标准适用于洪泛区、蓄滞洪区内非防洪建设项目的洪水影响评价及其报告的编制。《防洪法》第二十九条明确：洪泛区是指尚无工程设施保护的洪水泛滥所及的地区。蓄滞洪区是指包括分洪口在内的河堤背水面以外临时贮存洪水的低洼地区及湖泊等。洪泛区、蓄滞洪区和防洪保护区的范围，在防洪规划或者防御洪水方案中划定，并报请省级以上人民政府按照国务院规定的权限批准后予以公告。

在实际工作中，由于洪泛区的概念和范围太宽泛，并且在防洪规划或者防御洪水方案中一般只划定蓄滞洪区，因此在许可实际工作中通常只对蓄滞洪区内的建设项目的编制《洪水影响评价报告》。报告的主要内容包括概述、基本情况、洪水影响分析计算、建设项目对防洪的影响评价、洪水对建设项目的影响评价、消除或减轻洪水影响的措施、结论与建议，以及相关的附表、附图、专题报告、规划用地文件等附件。涉及蓄滞洪区的建设项目的许可主体是水利部、流域机构、省、市、县有审批权限的水行政主管部门，洪水影响评价报告是涉及蓄滞洪区内的建设项目许可的技术支撑。

根据《国务院关于取消和调整一批行政审批项目等事项的决定》（国发〔2015〕11 号），对编制防洪影响评价报告的单位没有资质强制要求。申请人有技术能力可按要求自行编制，也可委托有关机构编制。即只要有业务条件、有技术能力，编报的报告符合编写大纲和技术标准即可。

3.2.4 许可权限

涉河涉堤建设项目审批权限分流域机构、省、市、县 4 级。水利部《河道管理范围内建设项目管理的有关规定》（1992 年发布 2017 年修正）明确，在以下河道管理范围内的建设项目由水利部所属的流域机构实施管理，或者由所在省、自治区、直辖市的河道主管机关根据流域统一规划实施管理：

（1）在长江、黄河、松花江、辽河、海河、淮河、珠江主要河段的河道管理范围内兴建的大中型建设项目，主要河段的具体范围由水利部划定。

（2）在省际边界河道和国境边界的河道管理范围内兴建的建设项目。

（3）在流域机构直接管理的河道、水库、水域管理范围内兴建的建设项目。

（4）在太湖、洞庭湖、鄱阳湖、洪泽湖等大湖、湖滩地兴建的建设项目。

其他河道范围内兴建的建设项目由地方各级河道主管机关实施分级管理。分级管理的权限由省、自治区、直辖市水行政主管部门会同计划主管部门规定。各省结合本地的实际情况明确了审批权限，如河北省规定由河北省省级水行政主管部门的河道管理范围内的建设项目是：潴龙河、南拒马河、白沟河、滏阳新河、滏东排河、北澧（新）河、子牙河、子牙新河、南运河、南排河、北排河、清凉江、老大清河等河道省境内全段，以及滦河大黑汀水库以下、滹沱河岗南水库（含）以下、滏阳河艾辛庄枢纽以下河段；省直属工程，岗南水库、黄壁庄水库、桃林口水库、省河系管理机构直接管理的水闸枢纽；设区市、省直管县（市）边界河道，跨设区市、省直管县（市）河道边界上下游各 10km 范围内。

国务院或国家防汛抗旱总指挥部决策运用的蓄滞洪区、洪泛区内的大中型建设项目以及跨流域的建设项目的洪水影响评价报告由水利部负责审批。

流域防汛抗旱总指挥部商地方人民政府决策运用和对流域防洪有重要作用的蓄滞洪区、洪泛区内的大中型建设项目以及本流域内跨省级行政区域的建设项目的洪水影响评价报告由流域机构负责审批，并报水利部备案。

其他建设项目的洪水影响评价报告由地方水行政主管部门负责审批，并报有关流域机构备案。地方分级审批权限及国家蓄滞洪区名录外的蓄滞洪区、洪泛区由各省（自治区、直辖市）水行政主管部门确定，报有关流域机构备案。

3.2.5 规程标准

在河道管理范围内修建建设项目，对河势稳定和河道行洪、输水等功能的发挥影响很大。河道是一个天然的大系统，上下游、干支流联为一体，不可分割，某一局部河段的变化，都可能引起河道上下游、左右岸的连锁反应，"上游一弯变，下游弯弯变"是河道演变的整体性的具体表现。

涉及水库的项目对水库大坝的等建筑物的影响及水库库容的占用，都可能影响水库的安全和运行。特别是防洪方面，无论是建设期，还是运行期，都会涉及工程对河道水库的行洪防洪的安全问题，以及工程自身在汛期的防洪安全问题。因此有必要建立许可制度，规范建设项目的建设，加强事前监管，有效避免建后再作处理的问题，减少不必要的经济损失。

目前水利部尚未制定统一的涉河项目审批的技术规程、标准，如跨河桥梁与两岸堤防是平交还是立交？如立交，净空应预留多少，允许的桥梁阻水面积是多少，桥轴线与主流的交角范围是多少等。在涉河涉堤建设项目许可中少有可以参照的控制参数，水利部门和建设单位交涉时缺少令人信服的理由和依据且各地掌握的尺度不一，存在随意性、经验性、人为性，致使审批无序，甚至给防汛安全带来隐患，不利于规范、科学管理，例如：某跨河桥梁建成后，桥梁覆盖部位净空不能满足防汛车辆通行的要求；某跨河桥梁在审批中没有考虑今后堤防加高加固的因素，使堤防加高加固无法实施等。因此，制定涉河项目许可的控制参数和规定十分必要和迫切。

目前，水利部太湖流域管理局、上海市、浙江省、江苏省等地及机构在实际工作中制定了涉水审批的技术标准（附录 3～附录 9），可供各地涉河项目的许可技术审查参考价值：

（1）《上海市跨、穿、沿河构筑物河道管理技术规定（试行）》（沪水务〔2007〕365 号）提出了跨、穿、沿河构筑物涉及河道的具体控制参数。

（2）《浙江省涉河桥梁水利技术规定（试行）》（2008）明确了涉河桥梁布置、涉河桥梁控制参数等要求和指标。

（3）《黄河河道管理范围内建设项目技术审查标准（试行）》（黄建管〔2007〕48 号）。

（4）《太湖流域重要河湖管理范围内建设项目水利技术规定（试行）》（苏市水〔2012〕139 号），对跨河桥梁、穿湖临湖路桥、穿越河湖的隧道管线、临湖避风港和湖区生态修复类项目、取土清淤类项目提出控制性参数的要求。

（5）《河道管理范围内建设项目技术规程》（DB44/T 1661—2015）。

（6）《涉河建设项目防洪评价和管理技术规范》（SZDB/Z 215—2016）。

（7）《苏州市河道湖泊管理范围内建设项目水利技术规定（试行）》（苏市水〔2018〕105 号）。

3.3　水土保持方案许可

3.3.1　概念

水土保持，是指对自然因素和人为活动造成水土流失所采取的预防和治理

措施。我国疆域广阔，地形起伏，山地丘陵约占全国陆地面积的2/3。复杂的地质构造、多样的地貌类型、暴雨频发的气候特征、密集分布的人口及生产生活的影响，导致水土流失类型复杂，面广量大，成为我国重大的环境问题。水土保持是我国生态文明建设的重要组成部分，是江河治理的根本，是山丘区小康社会建设和新农村建设的基础工程，事关国家生态安全、防洪安全、饮水安全和粮食安全。

水土资源是人类赖以生存和发展的基础性资源。根据《全国水土保持规划（2015—2030年）》的数据，2015年我国水土流失面积仍有294.91万km²，占我国陆地面积的30.7%，严重的水土流失导致水土资源破坏、生态环境恶化、自然灾害加剧，威胁国家生态安全、防洪安全、饮水安全和粮食安全，是我国经济社会可持续发展的突出制约因素。总体分析，我国水土流失以轻中度侵蚀为主，其中轻中度水力侵蚀面积占水力侵蚀总面积的78%。水蚀主要集中在蒙、滇、川、陕、晋、甘、黔、黑等省（自治区）；风蚀主要集中在西部的新、蒙、青、甘、藏等省（自治区）。东北黑土区、西南石漠化地区土地资源保护抢救的任务十分迫切，革命老区、少数民族地区、贫困地区严重的水土流失尚未得到有效治理。近十年来国家水土保持投入明显增长，根据《中国水土保持公报（2017年）》，全国共完成水土流失治理面积5.90万km²，其中新修基本农田（包括坡改梯）42.66万hm²、营造水土保持林152.07万hm²、经济果木林62.82万hm²、种草42.62万hm²、封禁治理192.22万hm²、保土耕作等治理面积97.48万hm²，其中国家水土保持重点工程完成7894km²。水土流失综合治理竣工小流域1329条。但水土流失防治任务仍然十分艰巨且治理难度逐步增大，水土流失防治投入仍不能满足生态建设需要。

为了明确国家级水土流失防治重点，实施分区防治，有效地预防和治理水土流失，促进经济社会的可持续发展，2013年水利部印发《全国水土保持规划国家级水土流失重点预防区和重点治理区复核划分成果》（办水保〔2013〕188号）文件中明确，全国共划分了23个国家级水土流失重点预防区以及17个国家级水土流失重点治理区。各省依据本地实际情况划定了本省水土保持重点预防区和重点治理区。水利部对国家级水土流失重点预防区和重点治理区开展动态监测。2017年，水利部组织开展了16个国家级重点预防区的动态监测，监测面积46.60万km²，其中水土流失面积18.45万km²。

制订水土保持方案是进行水土保持工作的前提，水土保持方案需依规通过许可。水土保持方案许可是指在山区、丘陵区、风沙区以及水土保持规划确定的容易发生水土流失的其他区域开办可能造成水土流失的生产建设项目，生产建设单位编制水土保持方案（报告书、报告表、登记表），水行政主管部门根据生产建设单位的申请，经依法审查批准其水土保持方案，准予其从事生产建设项目。

3.3.2　法律依据

《中华人民共和国水土保持法》第二十五条第一款明确：在山区、丘陵区、风沙区以及水土保持规划确定的容易发生水土流失的其他区域开办可能造成水土流失的生产建设项目，生产建设单位应当编制水土保持方案，报县级以上人民政府水行政主管部门审批，并按照经批准的水土保持方案，采取水土流失预防和治理措施。第二十五条第三款明确：水土保持方案经批准后，生产建设项目的地点、规模发生重大变化的，应当补充或者修改水土保持方案并报原审批机关批准。水土保持方案实施过程中，水土保持措施需要作出重大变更的，应当经原审批机关批准。第二十六条明确：依法应当编制水土保持方案的生产建设项目，生产建设单位未编制水土保持方案或者水土保持方案未经水行政主管部门批准的，生产建设项目不得开工建设。

各省出台的地方性法规对水土保持方案的许可也作了规定。如《山东省水土保持条例》第二十二条规定：在山区、丘陵区、风沙区以及水土保持规划确定的容易发生水土流失的其他区域，开办扰动地表、损坏植被、挖填土石方等可能造成水土流失的生产建设项目，生产建设单位应当编制水土保持方案。第二十三条明确：依法应当编制水土保持方案的生产建设项目，环境保护部门在审批环境影响评价文件时，必须有经水行政主管部门审查同意的水土保持方案。依法应当编制水土保持方案的生产建设项目，生产建设单位未编制水土保持方案或者水土保持方案未经水行政主管部门批准的，生产建设单位不得开工建设。

3.3.3　许可权限

生产建设项目水土保持方案许可权限分水利部、省、市、县 4 级。

2016 年水利部印发了《水利部关于下放部分生产建设项目水土保持方案审

批和水土保持设施验收审批权限的通知》（水保〔2016〕310 号）、《水利部办公厅关于印发〈部批水土保持方案下放权限项目清单〉的通知》（办水保〔2016〕203 号），将部分属于原水利部审批水土保持方案的生产建设项目的水土保持方案审批和水土保持验收审批权限下放至省级水行政主管部门。通知明确，原应由水利部审批水土保持方案和验收水土保持设施的生产建设项目中，除国务院审批（核准、备案）项目、跨省（自治区、直辖市）项目和水利项目外，其他生产建设项目的水土保持方案审批和验收权限下放至省级水行政主管部门。《开发建设项目水土保持方案编报审批管理规定》（1995 年水利部令第 5 号发布，2005 年水利部令第 24 号、2017 年水利部令第 49 号修改）规定，水行政主管部门审批水土保持方案实行分级审批制度，县级以上地方人民政府水行政主管部门审批的水土保持方案，应报上一级人民政府水行政主管部门备案。中央立项，且征占地面积在 50hm^2 以上或者挖填土石方总量在 50 万 m^3 以上的开发建设项目或者限额以上技术改造项目，水土保持方案报告书由国务院水行政主管部门审批。中央立项，征占地面积不足 50hm^2 且挖填土石方总量不足 50 万 m^3 的开发建设项目，水土保持方案报告书由省级水行政主管部门审批。地方立项的开发建设项目和限额以下技术改造项目，水土保持方案报告书由相应级别的水行政主管部门审批。水土保持方案报告表由开发建设项目所在地县级水行政主管部门审批。跨地区的项目水土保持方案，报上一级水行政主管部门审批。

至 2019 年 6 月，生产建设项目水土保持方案水利部的许可权限为：国务院或者国务院投资主管部门、行业管理部门审批、核准、备案，且征占地面积在 50hm^2 以上或者挖填土石方总量在 50 万 m^3 以上的生产建设项目的水土保持方案；跨省（自治区、直辖市）级行政区域的生产建设项目的水土保持方案。

福建省规定由省级水行政主管部门审批的生产建设项目的水土保持方案权限为：水利部审批权限下放的生产建设项目的水土保持方案；省级以上人民政府批准相关规划核准的生产建设项目的水土保持方案；跨设区市的生产建设项目的水土保持方案。

浙江省规定由省级水行政主管部门审批的生产建设项目的水土保持方案权限为：中央立项，占地面积不足 50 万 m^2 且挖填土石方总量不足 50 万 m^3 的项目。在省水土保持规划划定的山区、丘陵区和容易发生水土流失的其他区域，开办涉及土石方开挖、填筑或者堆放、排弃等生产建设项目，符合以下条件之一的：涉及省界或跨设区市边界的；占地面积 50hm² 以上或者挖填土石方总量 50 万 m³ 以上且涉及国家级、省级水土流失重点预防区和重点治理区的。

2017 年，全国共审批生产建设项目水土保持方案 32310 个。其中，水利部审批生产建设项目水土保持方案 53 个，涉及水土流失防治责任范围 531.01km²，设计拦挡弃土弃渣量 7.43 亿 m³；各省（自治区、直辖市）共审批生产建设项目水土保持方案 32257 个，其中省级审批 2341 个、市级审批 7644 个、县级审批 22272 个，涉及水土流失防治责任范围 10985.06km²，设计拦挡弃土弃渣量 59.88 亿 m³。全国共验收了 7856 个生产建设项目水土保持设施。其中，水利部组织验收 30 个，地方水行政主管部门验收 7632 个，生产建设单位自主验收 194 个并向相关水行政主管部门进行了报备。各流域管理机构对 547 个在建部管生产建设项目进行了水土保持监督检查。

3.3.4　水土保持方案形式

水土保持方案报告的形式分报告书、报告表、登记表 3 种形式。

从国家法律层面来看，只规定了水土保持方案报告书和报告表两种形式。

《中华人民共和国水土保持法实施条例》第十四条规定：在山区、丘陵区、风沙区修建铁路、公路、水工程，开办矿山企业、电力企业和其他大中型工业企业，其环境影响报告书中的水土保持方案，必须先经水行政主管部门审查同意。在山区、丘陵区、风沙区依法开办乡镇集体矿山企业和个体申请采矿，必须填写"水土保持方案报告表"，经县级以上地方人民政府水行政主管部门批准后，方可申请办理采矿批准手续。

一些省份根据实际情况和行政审批改革的需要，明确了水土保持方案报告应分为报告书、报告表、登记表 3 种形式。如《浙江省水土保持条例》第十九条规定：在省水土保持规划划定的山区、丘陵区和容易发生水土流失的其他区域，开办涉及土石方开挖、填筑或者堆放、排弃等生产建设项目，生产建设单位应当按照下列规定编制水土保持方案：占地面积 10hm² 以上或者挖填土石方总量 5 万 m³ 以上的，应当编制水土保持方案报告书；占地面积 5hm² 以上不足 10hm² 并且挖填土石方总量不足 5 万 m³，或者挖填土石方总量 1 万 m³ 以上不足 5 万 m³ 并且占地面积不足 10hm² 的，应当编制水土保持方案报告表；占地面积不足 5hm² 并且挖填土石方总量不足 1 万 m³ 的，应当填写水土保持登记表。第二十四条规定：新建产业集聚区、开发区、工业园区等园区，园区管理机构应当依据控制性详细规划统一编制水土保持方案报告书，按照规划审批权限报相应的水行政主管部门审批。在已经按照水土保持方案报告书完成场地平整的区域内，开办涉及土石方开挖、填筑或者堆放、排弃等生产建设项目，可以填写水土保持登记表，报园区所在地县（市、区）人民政府水行政主管部门备案。

《山东省生产建设项目水土保持方案编报评审管理办法》（鲁水政字〔2016〕10 号）第四条明确：水土保持方案分为水土保持方案报告书和水土保持方案报告表。占地面积不足 1hm² 且土石方量不足 1 万 m³ 的生产建设项目，编制水土保持方案报告表，其他生产建设项目应当编制水土保持方案报告书。

《福建省水土保持条例》第十九条规定：在山区、丘陵区、风沙区以及水土保持规划确定的容易发生水土流失的其他区域开办可能造成水土流失的生产建设项目，占地面积在 3hm² 以上或者挖填土石方总量在 3 万 m³ 以上的，应当编制水土保持方案报告书。占地面积小于 3hm²，大于 3000m²，或者挖填土石方总量小于 3 万 m³，大于 3000m³ 的，应当编制水土保持方案报告表。占地面积在 3000m² 以下或者挖填土石方总量在 3000m³ 以下的，应当填报水土保持登记表。

报告书的内容和深度高于报告表，报告表的内容和深度高于登记表，报告书报告表需要专家评审后经水行政主管部门批复，登记表直接备案。

3.3.5 水土保持补偿费

国家层面出台了 3 个文件。

（1）2014 年，《财政部 国家发展改革委 水利部 中国人民银行关于印发〈水土保持补偿费征收使用管理办法〉的通知》（财综〔2014〕8 号）第五条规定：在山区、丘陵区、风沙区以及水土保持规划确定的容易发生水土流失的其他区域开办生产建设项目或者从事其他生产建设活动，损坏水土保持设施、地貌植被，不能恢复原有水土保持功能的单位和个人（以下简称缴纳义务人），应当缴纳水土保持补偿费。

第十一条规定：免征水土保持补偿费有 7 种情形。

1）建设学校、幼儿园、医院、养老服务设施、孤儿院、福利院等公益性工程项目的。

2）农民依法利用农村集体土地新建、翻建自用住房的。

3）按照相关规划开展小型农田水利建设、田间土地整治建设和农村集中供水工程建设的。

4）建设保障性安居工程、市政生态环境保护基础设施项目的。

5）建设军事设施的。

6）按照水土保持规划开展水土流失治理活动的。

7）法律、行政法规和国务院规定免征水土保持补偿费的其他情形。

第十二条明确：除本办法规定外，任何单位和个人均不得擅自减免水土保持补偿费，不得改变水土保持补偿费征收对象、范围和标准。

（2）2014 年，《关于水土保持补偿费征收费标准（试行）的通知》（发改价格〔2014〕886 号）明确：水土保持补偿费收费标准的上限或具体标准，收费具体标准由各省、自治区、直辖市价格主管部门、财政部门会同水行政主管部门根据本地实际情况制定。依据这一文件，部分省出台了本省的具体收费标准。

（3）2017 年，《国家发展改革委　财政部关于降低电信网码号资源占用费等部分行政事业性收费标准的通知》（发改价格〔2017〕1186 号）对 2014 年出台的收费标准进行了下调，下调后水土保持补偿费收费标准为：

1）对一般性生产建设项目，按照征占用土地面积一次性计征，东部地区由不超过 2 元/m^2（不足 1m^2 的按 1m^2，下同）降为不超过 1.4 元/m^2，中部地区由不超过 2.2 元/m^2 降为不超过 1.5 元/m^2，西部地区由不超过 2.5 元/m^2 降为不超过 1.7 元/m^2。对水利水电工程建设项目，水库淹没区不在水土保持补偿费计征范围之内。

2）开采矿产资源的，建设期间，按照征占用土地面积一次性计征，具体收费标准按照上述规定执行。开采期间，石油、天然气以外的矿产资源按照开采量（采掘、采剥总量）计征。石油、天然气根据油、气生产井（不包括水井、勘探井）占地面积按年征收，每口油、气生产井占地面积按不超过 2000m^2 计算；对丛式井每增加一口井，增加计征面积按不超过 400m^2 计算，每年收费由不超过 2 元/m^2 降为不超过 1.4 元/m^2。各地在核定具体收费标准时，应充分评估损害程度，对生产技术先进、管理水平较高、生态环境治理投入较大的资源开采企业，在核定收费标准时应按照从低原则制定。

3）取土、挖砂（河道采砂除外）、采石以及烧制砖、瓦、瓷、石灰的，根据取土、挖砂、采石量，由按照 0.52 元/m³ 计征（不足 1m³ 的按 1m³ 计，下同）降为按照 0.3～1.4 元/m³ 计征。对缴纳义务人已按前两种方式计征水土保持补偿费的，不再重复计征。

4）排放废弃土、石、渣的，根据土、石、渣量，由按照 0.5～2 元/m³ 计征降为按照 0.3～1.4 元/m³ 计征。对缴纳义务人已按前三种方式计征水土保持补偿费的，不再重复计征。

3.4 取水许可

3.4.1 概念

1. 取水许可

取水是指利用闸、坝、渠道、人工河道、虹吸管、水泵、水井以及水电站等取水工程或者设施直接从江河、湖泊或者地下取用水资源。

取水许可是指取用利用闸、坝、渠道、人工河道、虹吸管、水泵、水井以及水电站等取水工程或者设施直接从江河、湖泊或者地下取用水资源的单位和个人，除法律规定的情形外，向有审批权限的水行政主管部门提出申请应当申请领取取水许可证，并缴纳水资源费。

2. 无需办理取水许可的情形

《取水许可和水资源费征收管理条例》规定了 5 种不需要办理取水许可的情形，具体如下：

（1）农村集体经济组织及其成员使用本集体经济组织的水塘、水库中的水的。

（2）家庭生活和零星散养、圈养畜禽饮用等少量取水的。

（3）为保障矿井等地下工程施工安全和生产安全必须进行临时应急取（排）水的。

（4）为消除对公共安全或者公共利益的危害临时应急取水的。

（5）为农业抗旱和维护生态与环境必须临时应急取水的。

第（3）项、第（4）项规定的取水，应当及时报县级以上地方人民政府水行政主管部门或者流域管理机构备案；第（5）项规定的取水，应当经县级以上人民政府水行政主管部门或者流域管理机构同意。

3. 少量取水的限额

对于少量取水的限额，各地均有不同的规定和要求，由省、自治区、直辖市人民政府规定，例如：

（1）浙江省，《浙江省取水许可和水资源费征收管理办法》（浙江省人民政府令第 352 号）第五条规定，家庭生活和畜禽饮用等日取地表水 10m³ 或者地下水 5m³ 以下的不需要办理取水许可证和缴纳水资源费。

（2）内蒙古自治区，《内蒙古自治区取水许可和水资源费征收管理实施办法》（内蒙古自治区人民政府令第 155 号）第六条规定：为家庭生活和零星散养、圈养畜禽饮用年取水 1000m³ 以下的不需要办理取水许可证和缴纳水资源费。

（3）贵州省，《贵州省取水许可和水资源费征收管理办法》（贵州省人民政府令第 99 号）第五条明确，家庭生活、零星散养、圈养畜禽饮用等月取水量在 100m³ 以下的取水，不需要办理取水许可证和缴纳水资源费。

3.4.2　法律依据

（1）《中华人民共和国水法》第七条：国家对水资源依法实行取水许可制度和有偿使用制度。第四十八条：直接从江河、湖泊或者地下取用水资源的单位和个人，应当按照国家取水许可制度和水资源有偿使用制度的规定，向水行政主管部门或者流域管理机构申请领取取水许可证，并缴纳水资源费，取得取水权。但是家庭生活和零星散养、圈养畜禽饮用等少量取水的除外。

（2）《取水许可和水资源费征收管理条例》第三条：县级以上人民政府水行政主管部门按照分级管理权限，负责取水许可制度的组织实施和监督管理。

3.4.3　许可权限

取水许可权限分流域管理机构、省、市、县 4 级。

跨省级行政交界河流（湖泊、水库）上取水的，取水口跨行政区域布置的，由流域管理机构审批。如太湖流域及东南诸河范围内涉及跨省、直辖市行政区

的取水许可，由太湖流域管理局负责审批。水利部《关于授予长江水利委员会取水许可管理权限的通知》（水政资〔1994〕438号）和《国务院关于取消一批行政许可事项的决定》（国发〔2017〕46号）明确：由长江水利委员会进行取水许可的权限为：长江、金沙江、汉江干流以及其他跨省、自治区、直辖市河流、湖泊的指定河段限额以上的取水；国际跨界河流的指定河段和国际边界河流限额以上的取水；省际边界河流、湖泊限额以上的取水；跨省、自治区、直辖市行政区域的取水；由国务院或者国务院投资主管部门审批、核准的长江流域内大型建设项目的取水；长江水利委员会直接管理项目丹江口水库、陆水水库等库区的取水。

湖北省明确省级水行政主管部门取水许可审批权限为：工业和城镇生活取用地表水，长江干流日取用水量5万m³以上，汉江、清江干流日取用水量3万m³以上，其他河流日取用水量10万m³以上，农业灌溉和生态引水设计取用地表水流量10m³/s以上的；取用地下水，日取用水量5000m³以上或者年设计取用水量100万m³以上，其中取用矿泉水、地热水日取用水量3000m³以上或者年设计取用水量50万m³以上的；发电取用水，水电厂总装机5万kW以上，火力（含生物质能）发电总装机30万kW以上的。跨市级行政区域取用水的。

《贵州省取水许可和水资源费征收管理办法》规定：由省人民政府水行政主管部门进行的审批权限为：在本省行政区域内属于长江流域的乌江、三岔河、六冲河、清水河、芙蓉江、赤水河、清水江、舞阳河和珠江流域的黄泥河、北盘江、濛江、都柳江、南盘江、红水河的干流河段取水的；在市（州、地）边界河流、湖泊和跨市（州、地）行政区域河流、湖泊取水的；由省审批、核准、备案的建设项目的取水；取用地下水日取水量在5000m³以上的。

3.4.4 水资源论证报告

《水利部关于印发〈简化整合投资项目涉水行政审批实施办法（试行）〉的通知》（水规计〔2016〕22号）明确：将取水许可和建设项目水资源论证报告书审批两项整合为"取水许可审批"，即取水的单位或个人在向水行政主管部门申请办理取水许可时一并提交水资源论证报告。

水资源论证报告分报告书和报告表两种形式。各地对编制水资源报告书和报告表的划分标准不尽一致。

《江苏省建设项目水资源论证报告表（试行）》（苏水资〔2015〕17 号）规定：取用地表水 10 万 m³/年以下、浅层地下水 1 万 m³/年以下、自来水或工业水厂及其他非传统水源 20 万 m³/年以下的可编制水资源论证表。同时，适用报告表的还应具备 3 个条件：非火电、化工、造纸、冶金、纺织、建材、食品、机械等高耗水行业；用水工艺比较简单，取水水域附近无敏感目标，取水口不设置在饮用水源一级、二级保护区内；不设置入河排污口，或退水进入污水处理厂集中处理。明确报告表审查审批工作程序。报告表审查审批权限与取水许可审批权限一致，原则采取函审或网络审查的方式，经审查修改并由专家组组长复核签署意见后，正式提交有管辖权的水行政主管部门审查审批。

《浙江省建设项目水资源论证报告表（试行）》（浙水保〔2017〕38 号）明确：对日取水量在 200m³ 以下的地下取水、水力发电总装机 1000kW 以下的取水，以及年取用地表水 50 万 m³ 以下、5 万 m³ 及以上的建设项目填报告表 1，年取用地表水 5 万 m³ 以下的或者建设项目所在的工业园区等区域已经通过水资源论证的填报告表 2。报告表 1 和报告表 2 的差别是表 2 不需要专家签字。对编制报告表 1 的项目，在实际工作中各地也有请专家函审的方式。

3.4.5　水资源费与水资源税

根据《水法》《取水许可和水资源费征收管理条例》的规定，取水的单位或个人应当缴纳水资源费。

2017 年，《财政部　税务总局　水利部〈扩大水资源税改革试点实施办法〉的通知》（财税〔2017〕80 号）明确：自 2017 年 12 月 1 日起在北京、天津、山西、内蒙古、山东、河南、四川、陕西、宁夏等 9 个省（自治区、直辖市）扩大水资源税改革试点，原缴纳水资源费的情形改革为缴纳水资源税。

3.4.6　取水许可证

《取水许可和水资源费征收管理条例》第二十五条规定：取水许可证有效期限一般为 5 年，最长不超过 10 年。有效期届满，需要延续的，取水单位或者个人应当在有效期届满 45 日前向原审批机关提出申请，原审批机关应当在有效期届满前，作出是否延续的决定。

新申请取水单位是在取水设施验收后颁发取水许可证，换证或变更的取水许可随重新取得取水许可批准文件一起颁发取水许可证。

3.5 涉河桥梁许可实例

3.5.1 桥梁基础知识

1. 概念

桥梁是供车辆、行人、渠道、管线等跨越河流时使用的建筑物。

2. 组成

桥梁由桥梁上部结构、桥梁下部结构和桥梁防护建筑物组成。图3-1为桥梁组成示意图。

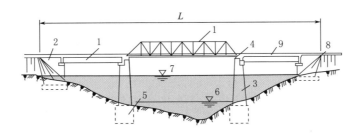

图3-1　桥梁组成示意图

1—上部结构；2—桥台；3—桥墩；4—支座；5—基础；6—低水位；

7—设计水位；8—锥体填方；9—桥面

（1）桥梁上部结构主要功能是承担线路荷载，跨越障碍。由桥面系、主要承重结构和支座组成。

1）桥面系。桥面系一般由桥面、纵梁和横梁组成。公路桥和城市桥的桥面包括桥面铺装及桥面板两部分。

2）主要承重结构。作用是承担上部结构所受的全部荷载并传给支座。例如桁架梁桥中的主桁，实腹梁桥中的主梁，拱桥中的拱肋（拱圈）等。

3）支座。支座设于桥台（墩）顶部，支承上部结构并将荷载传给下部结构。

（2）桥梁下部结构主要功能是支持桥梁上部结构并将荷载传给地基。由桥台、桥墩及桥梁基础组成，桥台和桥墩一般合称墩台。

1）桥台。桥台位于桥梁的两端，支承桥梁上部结构，并使之与路堤衔接的建筑物，其功能是传递上部结构荷载于基础，并抵抗来自路堤的土压力。

2）桥墩。桥墩位于多孔桥梁的中间部位，支承相临两跨上部结构的建筑物，其功能是将上部结构荷载传至基础。

3）桥梁基础。桥梁基础是桥梁最下部的结构，上承墩台，并将全部桥梁荷载传至地基。

（3）桥梁防护建筑物是为保护桥墩、桥台、桥头路基等所修建的构筑物，主要包括桥台两侧的翼墙或锥体护坡通航河流桥墩防撞设施及在桥的上游和下游设置的导流堤、防洪堤、丁坝、护岸工程设施等。

上部结构底缘以下的空间界限称为桥下净空。从桥面或轨底（铁路桥）到上部结构底缘的垂直距离称为桥梁建筑高度，由桥面或轨底到低水位的垂直距离称为桥梁高度。

沿桥梁中心线，两岸桥台侧墙尾端之间的水平距离（无桥台的桥为桥面系的行车道长度）称为桥梁全长或总长度 L（公路桥）。在桥台挡碴墙间的长度称为桥梁长度（铁路桥）。

在墩台边缘之间，沿设计水位量计的长度（不计墩台的厚度）称为净跨度，净跨度的总和称桥梁孔径。位于两个支座中心的水平距离称为计算跨度。跨度越大则内力也越大，主要承重结构的尺寸也变大，设计和施工的要求也高。

桥梁横向的总宽度一般指两栏杆内侧之间的水平距离。铁路桥由轨道股数决定；公路桥行车道、中间隔离带、人行道宽度决定。

3. 分类

桥梁分类方式众多，主要有以下几类：

（1）按主要承重结构体系分。有梁式桥、拱桥、悬索桥、刚架桥、斜张桥和组合体系桥等，前三种是桥梁的基本体系。

（2）按上部结构的建筑材料分。有木桥、石桥、混凝土桥、钢筋混凝土桥、预应力混凝土桥、钢结构桥和组合梁桥等。组合梁桥，是由两种不同建筑材料结合而成的桥，通常指用钢梁和钢筋混凝土桥面板结合而成的桥。此外，还有用轻质混凝土、铝合金、玻璃钢等建筑材料建造的桥梁。

（3）按用途分。有公路桥、铁路桥、公铁两用桥、城市桥。

（4）按桥面位置分。有上承式桥、中承式桥、下承式桥和双层桥。将桥面

布置在主要承重结构之上的称为上承式桥，在主要承重结构下缘附近的称为下承式桥；介于上下缘之间的称为中承式桥；上下缘均设桥面的称为双层桥。

（5）按桥梁平面的形状分。有正交桥、斜桥和弯桥。正交桥的桥梁中心线和主河槽的流向正交。斜桥的中心线和主河槽流向斜交。斜交的度数一般用桥梁的中心线和支承线的法线交角表示。斜桥受力和构造都较复杂，用材料也多。弯桥是主要承重结构轴线顺着线路曲线布置的桥，其受力和构造也较复杂；为便于行车，桥面应按线路要求设置超高及加宽。

（6）按桥梁长度分。可分为特大桥、大桥、中桥和小桥。公路桥按多孔跨径总长或单孔跨径进行的分类。铁路桥按桥梁长度分类。公路桥按桥梁长度分类见表3-2。铁路桥按桥梁长度分类见表3-3。

表3-2   公路桥按桥梁长度分类表

桥 梁 分 类	多孔跨径总长 L/m	单孔跨径 L_0/m
特大桥	$L \geqslant 500$	$L_0 \geqslant 100$
大桥	$100 \leqslant L < 500$	$40 \leqslant L_0 < 100$
中桥	$30 < L < 100$	$20 \leqslant L_0 < 40$
小桥	$8 \leqslant L \leqslant 30$	$5 \leqslant L_0 < 20$

注：单孔跨径系指标准跨径；梁式桥、板式桥为多孔标准跨径的总长；拱式桥为两岸桥台内起拱间的距离；其他型式桥梁为桥面系车道长度。

表3-3   铁路桥按桥梁长度分类表

桥 梁 分 类	桥梁长度 L/m
特大桥	$L > 500$
大桥	$100 < L \leqslant 500$
中桥	$20 < L \leqslant 100$
小桥	$L \leqslant 20$

4. 形式

桥梁按其结构型式和受力情况可分为梁桥、拱桥、悬索桥、刚架桥、组合体系桥等形式。

（1）梁桥。梁桥是以受弯为主的主梁作为主要承重构件的桥梁。主梁可以是实腹梁或者是桁架梁（空腹梁）。

根据实腹梁的截面形式可分为板梁、T形梁或箱形梁等。按照主梁的静力图式，梁桥又可分为简支梁桥、连续梁桥和悬臂梁桥。简支梁桥示意图、连续梁桥示意图、悬臂梁桥示意图分别如图 3-2～图 3-4 所示。

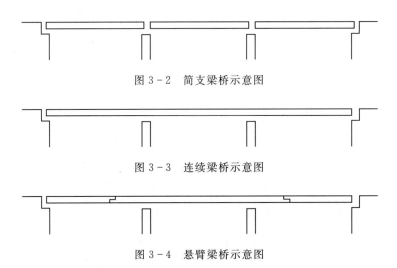

图 3-2 简支梁桥示意图

图 3-3 连续梁桥示意图

图 3-4 悬臂梁桥示意图

（2）拱桥。拱桥是以承受轴向压力为主的拱（称为主拱圈）作为主要承重构件的桥梁。图 3-5～图 3-7 分别为无铰拱桥示意图、两铰拱桥示意图、三铰拱桥示意图。

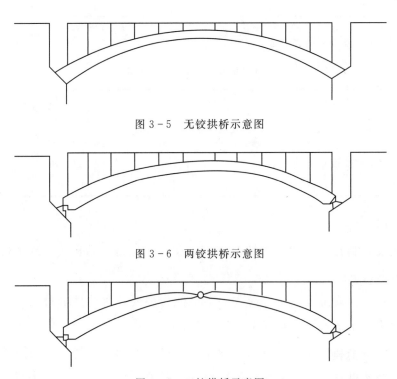

图 3-5 无铰拱桥示意图

图 3-6 两铰拱桥示意图

图 3-7 三铰拱桥示意图

（3）悬索桥。悬索桥又名吊桥，是以承受拉力的缆索或链索作为主要承重构件的桥梁。悬索桥由悬索、索塔、锚碇、吊杆、桥面系等部分组成。悬索桥的主要承重构件是悬索，它主要承受拉力，一般用抗拉强度高的钢材（钢丝、钢绞线、钢缆等）制作。图 3-8 为悬索桥示意图。

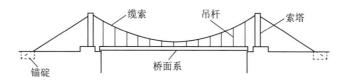

图 3-8 悬索桥示意图

（4）刚架桥。刚架桥指桥梁上部结构的梁和墩台固结成整体，形成刚架的桥梁。刚架构件既承受弯矩，也承受轴向力。刚架桥可以做成单跨或连续多跨。

（5）组合体系桥。由两种基本体系相互组合而成的组合体系桥梁。组合体系桥梁形式很多，最常用的有拱梁组合的系杆拱桥和索梁组合的斜拉桥。图 3-9 为组合体系桥梁示意图。

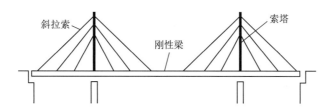

图 3-9 组合体系桥梁示意图

3.5.2 建桥对河道的影响

建桥对河道的影响主要有流态改变、壅水、冲刷等。

1. 流态改变

建桥后，桥位河段的水流和泥沙运动十分复杂桥位河段的水流变化大体可简化为如图 3-10 所示（图 3-10 中弗劳德数 $Fr<1.0$ 为缓流河段，弗劳德数 $Fr>1.0$ 为急流河段）。建桥前水流从上游急剧收缩流入桥孔，桥孔稍下游形成收缩断面，该处有效过水断面面积最小，流速最大，冲刷最深，该段水流流速的大小和方向急剧变化，流速梯度大，床面切应力大，泥沙运动强烈，床面冲刷明显，收缩断面再向下游，水流逐渐扩散，在一段距离后恢复到天然状态。

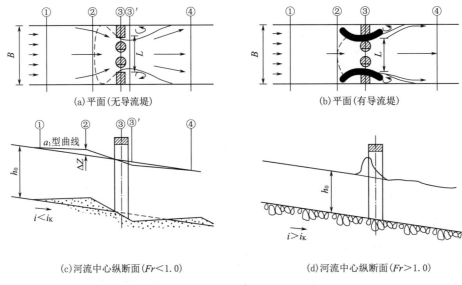

(a)平面(无导流堤)　　　　　　　　　　(b)平面(有导流堤)

(c)河流中心纵断面(*Fr*<1.0)　　　　　　(d)河流中心纵断面(*Fr*>1.0)

图 3-10　为建桥引起河道变化示意图

图 3-10 中，建桥前河流的水面宽度为 B，桥孔长度为 L，正常水深（均匀流水深）为 h_0。由于桥孔对水流的压缩，从桥位上游相当远处的断面①起，水面就开始壅高，并呈 a_1 型壅水曲线，无导流堤时直到桥位上游大约一个桥孔长度处的断面②（有导流堤时则为上游堤端附近），达到最大壅水高度 ΔZ。水流接近桥孔时，急剧收缩而呈"漏斗"状，无导流堤时直到桥位下游附近的断面③′，有导流堤时则到桥位中线断面③，水面最窄，流速最大，形成桥位河段的"颈口"，称为收缩断面。收缩断面下游，水流又逐渐扩散，到断面④才恢复原状态。并且在水流收缩段的主流与河段之间，由于水流分离现象，桥台上下游两侧将形成回水区。

在壅水范围内，水流流速减小，挟沙能力降低，泥沙沉积。最大壅水断面的下游，水流流速增大，挟沙能力加强，河床发生冲刷，而且收缩断面处的河床冲刷最严重。

2. 壅水

建桥后，水流受到桥孔压缩，桥前上游形成壅水，其壅起的水面高度称为壅水高度，其最大值称最大壅水高度，水面线抬升的范围称影响范围。设计水位条件下，桥梁阻水结构在垂直于水流方向上的投影面积与河道过水断面面积之比。

3. 冲刷

建桥后分为一般冲刷和桥墩局部冲刷。桥墩压缩水流，河道中单宽流量增加，桥孔上游水流急剧集中流入桥孔，局部水面坡降和流速加大，导致河床产生一般冲刷；在桥墩处，由于流向桥墩的水流受到桥墩阻挡，桥墩周围的水流结构发生急剧变化，水流在桥墩周围产生强烈涡流，形成局部范围的冲刷坑。同时在桥墩附近形成复杂的水流流态，导致桥墩周围出现局部冲刷。

3.6 涉河桥梁审批技术要点

本节所阐述的主要针对冲淤变化和流速较大的大江大河，对一些平原河道或小规模河道，其审批可主要考虑梁底标高，桥梁跨径及桥下河底高程几个因素。

1. 桥位

桥位对河势稳定、河床冲淤变化、堤防（岸）的安全关系重大，因此对水利部门而言，桥梁的审批首先要考虑的是桥位是否合适。

桥位应选择在河道顺直稳定、河床地质良好且河槽能通过大部分设计流量的河段。不宜选择在险工险段，不稳定的河汊，河床冲淤严重、水流汇合口、急湾、卡口的河段。桥位布置不得影响水文测验，应避开水文观测断面，以免影响水文资料的连续性。桥位布置应避开治涝、灌溉、供水等工程设施，以保证工程设施的安全运行。

如浙江省曹娥江百官老公路桥大桥为四孔拱桥，桥梁位于曹娥江弯道，由于桥墩的阻水作用，加剧了弯道凸岸的淤积，凸岸的两个桥孔淤积严重，河段行洪不畅。为改善淤积情况，增加行洪能力，采取在凹岸建丁坝将主流挑向凸岸的工程措施，但丁坝建后的作用不明显，曹娥江百官老公路桥仍然是行洪的卡口。

水文观测断面和观测设施一般已有较长的连续观测记录，这些资料是分析河道特性进行相关水利计算的基础数据，为维持记录的连续性和代表性，涉河桥梁应避开观测区域。为保证治涝、灌溉、供水等工程设施的安全运行，桥位应避开治涝、灌溉、供水等工程设施。

对于跨越重要河段的桥梁应当要求建设单位在较大的范围内作桥位方案比

较，并委托有资质的单位进行专题的行洪分析论证，使其尽可能减少对水利的负面影响。当然桥位的最终确定需要考虑路线走向、经济、技术等多方面的因素。浙江省杭州市绕城高速公路南线需跨越钱塘江下游河口段，钱塘江下游河口段为强涌潮河段，河床为粉砂土，两岸海塘是保护省会杭州市和萧绍平原的重要屏障，鉴于该河段的重要性，在绕城高速公路南线工程可行性研究阶段曾作了三个桥位方案的比较。

2. 桥梁防洪标准

桥梁防洪标准应不低于堤防规划的防洪标准。

桥梁的设计中有公路或铁路的行业标准，一般而言，桥梁的设计标准较高，不存在防洪设计洪水频率低于现状堤防防洪标准的情况，但由于审批时考虑不周，浙江省也曾出现跨河桥梁的防洪设计洪水频率低于堤防规划标准的情况，给堤防的达标建设造成困难。因此审批中应当复核并明确桥梁防洪标准应不低于堤防规划的防洪标准。

3. 梁底标高

桥梁梁底标高应考虑堤防防汛抢险、管理维修、今后加高加固的需要。桥梁施工前，对桥梁覆盖范围的堤防，应按堤防的规划标准进行建设。防汛通道与梁底的净高应满足防汛抢险车辆通行的净高要求。当桥梁梁底与堤顶的净高不能满足防汛抢险车辆通行的净高要求时，应在堤背坡设置防汛通道及上下堤的交通坡道。

桥梁梁底标高是影响桥梁造价的重要因素之一，也是涉河桥梁审批中需重点考虑的参数。从桥梁与堤防的交叉形式来看，有立交和平交两种情况。桥梁梁底与堤顶净高控制尺寸可采用以下两种处理方式：对特别重要的河道，堤顶与梁底的净高不得低于 4.5m，这样既不影响防汛抢险车辆的通行，又能满足堤防日常巡查、维修养护的需要；如桥梁梁底与堤顶净空确实不能满足高于 4.5m 的要求，则要求桥梁梁底与堤顶达到人行通道 2.2m 的净高要求，以确保堤防的日常巡查和维修养护，同时在堤防背水坡脚修筑路堤，桥梁梁底与堤顶净高一般不低于 4.5m，以确保防汛抢险车辆的通行。桥梁梁底防汛通道净空一般不低于 4.5m，是以运载抢险物资的大型拖车作为防汛抢险车辆来确定的数据，在审批中应因地制宜，根据堤防所在河段的交通、作业场地、已购的防汛抢险车辆车型，来确定桥梁梁底防汛通道净空数据，但总的原则是桥梁梁底与防汛通道之间的净空要确保防汛抢险车辆的通行。

对一般河道，允许桥梁梁底与堤顶平交。如果防汛通道不设在堤顶，应在堤防背水坡脚修筑路堤，路堤与梁底的净高要防汛车辆通行。如防汛通道设在堤顶，可不考虑在堤防背水坡脚修筑防汛通道。

绝大部分桥梁是永久性建筑，考虑造价因素，桥梁设计中尽可能降低标高，因此桥梁建成后，桥梁与堤顶的净空很难满足机械或人员进场施工的需要，因此在桥梁完工前应对桥梁覆盖部位的堤防按规划标准进行加高加固，一次性实施到位。

4. 墩台轴线

墩台沿水流方向的轴线宜与主流正交。从防洪角度来看，墩台沿水流方向的轴线与主流正交，不会形成挑流，有利于洪水的下泄，避免桥墩的挑流对堤防（岸）的冲刷。但河流高、中、低水位的流向常不一致，要求轴线与各种水位主流正交有时是不可能的，中、高洪水的造床作用和对两岸堤防（岸）的影响较低水位时大，墩台沿水流方向的轴线宜与中、高洪水主流流向正交。

5. 桥墩布置

桥墩布置应避开主槽，主槽是主要的过水通道，桥墩布置应避开主槽，既利于行洪，也有利于河势稳定。如主槽较宽而无法跨越时，则应增加主跨间距以减小对行洪的影响，在主槽摆动剧烈的河段，应根据深泓线摆动范围布设桥孔，尽可能使得深泓线在桥孔内。

迎水坡和堤顶是堤防工程稳定和安全运用的主要部位，桥墩不应布置在迎水坡和堤顶，以免产生不良影响，当桥墩需要布置在堤身背水坡时，必须满足堤身抗滑和渗流稳定的要求。

6. 桥梁承台

绝大多数桥梁设有承台，承台的迎水面宽度大于桥墩，如要求承台埋设在床面下，实际施工上有一定的困难，而且增加的造价也较大。由于近底水流流速较小，允许主槽处承台出露河床，但宜在平均低潮（水）位以下，边滩的承台顶高程宜在滩面以下。在规划中需要疏浚的河段，承台顶高程应相应降低。承台及墩柱型式宜采用流线型，使桥墩附近水流流态顺畅。

根据浙江省 30 座桥梁的统计，承台顶高程的埋置深度多数在平均低水

（潮）位以下。

7. 桥梁集中排水

桥梁集中排水应避开堤身（岸），以免雨水排放造成堤身（岸）冲刷，影响堤防（岸）安全。

8. 阻水面积百分比

允许桥梁占用过水断面面积和最大壅水高度，是桥梁审批中需考虑的重要定量指标。

跨越Ⅰ级、Ⅱ级堤防桥梁的阻水面积百分比不宜大于 5%，不得超过 7%。跨越Ⅲ级及以下堤防及无堤防的河道桥梁的阻水面积百分比不宜大于 6%，不得超过 8%。

9. 最大壅水高度

最大壅水高度是指壅水沿程分布中的最大值。对于不允许越浪的河道江（海）堤，桥墩阻水引起的最大壅水高度应控制在堤顶安全超高值的 10% 以内；对于允许越浪的江（海）堤最大壅水高度应在堤顶安全超高值的 20% 以内。

在堤防工程设计中，由于水文观测资料系列的局限性、河流冲淤变化、主流位置改变、堤顶磨损和风雨侵蚀等，设计堤顶高程有一定的安全加高值。建桥引起的水位壅高降低了堤防的安全加高值，降低了堤防的防洪能力，建桥引起的水位壅高也必须控制在堤防安全超高值的一定幅度内，以防止降低堤防的防洪能力。

10. 壅水叠加

新建桥梁的沿程壅水与已建桥梁等建筑物的壅水叠加后的壅水值，对于不允许越浪的河道江（海）堤，该值应控制在堤顶安全超高值的 10% 以内；对于允许越浪的江（海）堤最大壅水高度应在堤顶安全超高值的 20% 以内。

11. 流态变化

建桥后设计洪水下泄时堤脚前沿流速增幅应控制在 5% 以内。

建在分汊河段上的涉河桥梁不得影响分汊河道分流比性质的变化，应维持原河段泄洪能力主次的分配特点。

建桥以后，由于桥墩阻水缩窄水流，有可能使堤脚前沿流速增加。根据浙江省 30 座已建桥梁引起的流速变化定床物理模拟和数值模拟研究，堤脚前的流速增大值控制在 5% 以内，不会对堤脚安全造成大的影响。

12. 堤脚冲刷

建桥以后，由于桥墩阻水压缩水流，使堤脚前沿流速增加。桥位附近的河床发生冲刷。根据物理模型试验的数据，冲刷坑的横向尺度约为桥墩（直径）的 3～4 倍，因此规定边墩离堤脚距离宜为边墩宽度（直径）的 3～4 倍，以减少桥墩冲刷坑对堤防稳定的影响，边墩有承台的宜为承台的 3～4 倍。

设计洪水条件下建桥引起的堤脚冲刷（一般冲刷和桥墩局部冲刷坑造成的冲刷），应控制在 0.5m 以内。

13. 其他

涉河桥梁除满足上述规定外，还应对壅水、冲刷、流态变化等造成的影响采取补救措施，以消除不利影响。

涉河桥梁施工栈桥及围堰等临时建筑物，应在汛前拆除。如不能拆除，应采取度汛措施，并征得水利主管部门同意，以确保河道防洪安全。

涉河桥梁建设不得影响第三方的合法水事权。

3.7 涉河桥梁审批示例

甬台温铁路位于浙江省东部地区，与正在规划建设的温福铁路、福厦铁路和厦深铁路共同形成一条长三角通往珠三角的快速通道。设计列车时速为 200km/h，甬台温铁路工程项目总投资为 155.3 亿元，沿线地形复杂，穿越众多山区性河流和平原水网，基中有灵江特大桥、永宁江特大桥。

3.7.1 甬台温铁路灵江特大桥

1. 基本情况

灵江特大桥全桥长度为 2185.3m，采用 (43×32)m 箱梁＋(65+3×108+65)m 连续梁＋(8×32)m 箱梁＋(2×24)m 箱梁，基础为钻孔灌注桩。北接实体路基，南接黄毛山隧洞。沿途在灵江左案跨越 83 省道，右岸跨红光路。灵江大桥共计 58 个桥墩。河道内的桥墩编号为 20～48 号，共设 28 孔，桥墩为桩基承台式桥墩，桥墩顺水流方向厚度为 3.0～3.8m，长度为 8.6～8.8m。

椒江是浙江省第三大水系，流域面积 5370km²，自西向东横贯境内。灵江系椒江干流，上游永安溪、始丰溪汇于三江村后称灵江，永安溪为灵江主流，发源于缙云、仙居两县交界的天堂尖，集水面积 2702km²，于白水洋、罗渡入境。始丰溪发源于磐安县大盘山主峰东麓，集水面积 1610km²，于杜潭岭入境。至临海市三江村，两溪汇合。上游山区面积占 4/5，植被率低，地形陡，落差大，滩多流急。三江村至永宁江汇入处三江口为灵江干流，长 46.7km，为感潮河段。有大田港、义城港两大支流汇入，区域面积 1058km²。

灵江洪峰流量大，洪、潮相顶，加之庙龙港段峡谷阻洪，水患常发。临海城区及大田、义城一带，是历史上易洪区。

灵江两岸在台风季节经常形成大暴雨而产生洪水，加上这一区域地势低洼，又受暴潮顶托，洪水下泄受阻，在平原和沿江一带造成洪涝灾害。在梅雨季节虽有暴雨洪水出现，但量级一般不大，造成的洪涝灾害也较轻。

灵江两岸农田灌溉、人民生活和工业用水已得到解决，但是灵江上游山区面积大，过境洪水量大峰高，下游又受潮水顶托，加上河道弯曲狭窄，当洪水位超过沿江两岸堤岸高程时，洪水就侵入平原。上游已建水库控制面积小，对灵江防洪作用不显著。

2. 防洪评价主要成果

（1）建桥后，大桥上游 10 年一遇、20 年一遇、50 年一遇洪水位最大壅水高度分别为 0.09m、0.12m、0.20m；壅水长度 1800m、2400m、4000m。

（2）建桥后，大桥遇 10 年一遇、20 年一遇、50 年一遇洪水桥墩阻水面积分别为 17.67%、17.88%、18.18%。

（3）采用二维水利计算模型，对灵江大桥修建后的流势影响分析计算表明，建桥后流速加大，减少过流量占建桥前过流量的比例为 1.54%～2.98%。此段河道地势平坦，受潮水影响时河道主槽位于灵江右岸，但当洪水自上游冲击而下时，受河段上方弯道的影响，计算结果显示洪水冲刷主要是灵江左岸的滩地。

（4）将桥桥墩轴线修改成同水流方向顺直布置后，大桥遇 10 年一遇、20 年一遇、50 年一遇洪水位最大壅水高度分别为 0.07m、0.90m、0.15m；壅水长度 1400m、1800m、3500m；阻水面积分别为 9.04%、9.12%、9.24%；50 年一遇洪水流速由 2.4m³/s 下降到 2.18m³/s，减少了对堤防的冲刷。灵江特大桥壅水计算成果见表 3-4，灵江特大桥桥墩轴线修正后壅水计算成果见表 3-5。图 3-11 所示为灵江特大桥所占行洪断面图（与河流走向正交投影后）。

表 3-4　　　　　　　　　　　灵江特大桥壅水计算成果表

重现期/年	流量/(m³·s⁻¹)	建桥前		建桥后		壅水高度/m	壅水长度/m	阻水面积/m²	阻水面积比例/%
		水位/m	过水面积/m²	水位/m	过水面积/m²				
10	9250	4.31	5803.4	4.40	4852.7	0.09	1800	1025.3	17.67
20	11050	4.59	6100.4	4.71	5109.8	0.12	2400	1090.2	17.88
50	13400	5.07	6610.4	5.27	5575.0	0.20	4000	1201.7	18.18

表 3-5　　　　　　　　灵江特大桥桥墩轴线修正后壅水计算成果表

重现期/年	流量/(m³·s⁻¹)	建桥前		建桥后		壅水高度/m	壅水长度/m	阻水面积/m²	阻水面积比例/%
		水位/m	过水面积/m²	水位/m	过水面积/m²				
10	9250	4.31	5803.4	4.38	5345.3	0.07	1400	524.4	9.04
20	11050	4.59	6100.4	4.68	5629.5	0.09	1800	556.2	9.12
50	13400	5.07	6610.4	5.22	6142.1	0.15	3000	610.8	9.24

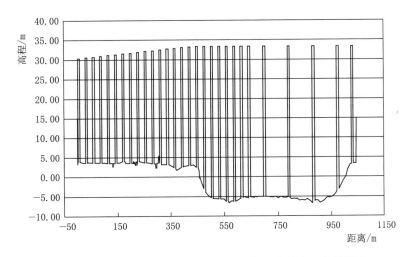

图 3-11　灵江特大桥所占行洪断面图（与河流走向正交投影后）

3. 审批技术要点

审批时主要应考虑如下技术要点：

（1）桥位。桥梁所在位置在灵江下游，马头山—灯盏里河段。桥梁上游和下游河道均为大弯段，桥梁处于两弯道的连接段，河道比较顺直。原则同意桥位布置。

（2）防洪标准。灵江特大桥设计防洪标准百年一遇，高于灵江大桥左右岸

堤防规划防洪标准（20 年一遇）。

（3）桥轴线。灵江特大桥于河流走向斜交，桥墩顺水流向的轴线和水流呈斜交 32°，对行洪影响大。要求对桥轴线修正，按照与水流方向一致来布置。

（4）梁底标高。灵江特大桥右岸为红光路，左岸为 83 省道，该堤防用于保护戎旗等耕地。灵江大桥左右岸堤防规划防洪标准 20 年一遇，堤顶高程 6.50m，桥梁跨堤防处设计梁底高程 24.41m，与堤顶净空高度 17.91m，满足堤防防汛抢险、日常维修养护、今后加高加固的需要。

（5）桥墩布置及承台。桥墩墩面为半圆头尾型，形态基本可行。灵江特大桥 37～47 号桥墩位于河道主槽，阻水严重，要求增大跨径至，将 32m 箱梁改为 65m，减少对主槽的占用。灵江大桥左岸以 32m 箱梁连接，孔跨间距过密，大洪水期间左岸为洪水主流，应将箱梁改为 65m 一跨，以减少水位壅高和河道冲刷。

（6）阻水面积比例。建桥后，大桥遇 10 年一遇、20 年一遇、50 年一遇洪水桥墩阻水面积比例分别为 17.67％、17.88％、18.18％。阻水严重，要求调整桥轴线，按照与水流方向一致来布置。考虑此处现状为无堤防河道，调整桥轴线后，大桥遇 10 年一遇、20 年一遇、50 年一遇洪水阻水面积比例分别为 9.04％、9.12％、9.24％，基本可行。

（7）最大壅水高度。建桥后，大桥上游 10 年一遇、20 年一遇、50 年一遇洪水位最大壅水高度分别为 0.09m、0.12m、0.20m；壅水长度为 1800m、2400m、4000m；考虑此处现状为无堤防河道，调整桥轴线，按照与水流方向一致来布置后，大桥上游 10 年一遇、20 年一遇、50 年一遇洪水位最大壅水高度分别为 0.07m、0.9m、0.15m；壅水长度为 1400m、1800m、3500m，基本可行。

（8）其他。大桥建成后，桥梁处流速加大，流态复杂，要求对桥梁基础及桥梁上游 500m，下游 1000m 范围内堤防进行加固，确保桥梁和两岸堤防安全。桥梁施工期间，涉河桥梁施工栈桥及围堰等临时建筑物，应在汛前拆除。如不能拆除，应采取度汛措施，做好防护度汛方案。建桥后，对桥址处及上下游河道进行观测，发现问题及时采取补救措施。

3.7.2　甬台温铁路永宁江特大桥

1. 基本情况

永宁江特大桥位于永宁江下游河口段埭东村增福寺，永宁江大桥处为感潮

河道，上游受洪水影响，下游受河口大闸控制和潮位顶托，潮流有涨潮落潮，大潮小潮的变化，径流有洪枯季节之分，流速流向和泥沙运动变化异常复杂。大桥处的永宁江河宽约为150m，以淤泥质河床为主，较易冲刷。永宁江为潮汐型宽浅河流，现状最深处高程基本为−4.50m。

永宁江干流发源于括苍山脉的大寺尖下，由西向东流经宁溪、长潭水库、潮济、黄岩等地，至三江口与灵江汇合后，由椒江承泄入海。其中潮济以下为感潮河段。长潭以上有半岭溪、柔极溪、宁溪等溪流汇入长潭水库。长潭水库以下各支流除九溪外，均建有挡潮排涝闸。长潭水库建成于1962年，控制永宁江流域面积的49.6%。本流域除长潭水库外，还有西江上的佛岭和秀岭两座水库，总库容分别为1728万 m³ 和1695万 m³，控制集水面积分别为18.3km² 和14.0km²。永宁江口已建成永宁江大闸，开始挡潮蓄，永宁江干流常水位为2.60m。

永宁江特大桥全桥长度为2491m，采用 (9×24)m 整孔箱梁＋(39×3)m 整孔箱梁＋(40+64+40)m 连续梁＋ (3×32)m 整孔箱梁＋(2×24)m 整孔箱梁＋(2×32)m 整孔箱梁，基础为钻孔灌注桩，大桥处的桥墩为桩基承台式桥墩。桥墩顺水流方向厚度为3.0m，长度为8.4m。

永宁江特大桥所占行洪断面图如图3−12所示。

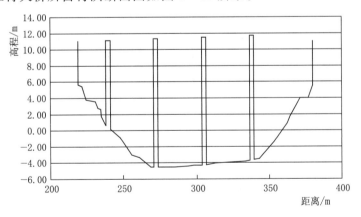

图3−12　永宁江特大桥所占行洪断面图

2. 防洪评价主要成果

(1) 建桥后，大桥上游10年一遇、20年一遇、50年一遇洪水位最大壅水高度分别为0.07m、0.09m、0.10m，壅水长度分别为700m、900m、1000m。

(2) 建桥后，大桥上游10年一遇、20年一遇、50年一遇洪水桥墩阻水面积比例为 9.15％、9.14％、9.11％，减少过流量占建桥前过流量的比例 1.2％左右。

（3）大桥建成后，桥下流速加大，流态复杂。

永宁江特大桥壅水计算成果见表 3-6。

表 3-6　　　　　　　　　　永宁江特大桥壅水计算成果表

重现期 /年	流量 /(m³·s⁻¹)	建桥前		建桥后		壅水高度 /m	壅水长度 /m	阻水面积 /m²	阻水面积 比例/％
		水位 /m	过水面积 /m²	水位 /m	过水面积 /m²				
10	1000	3.78	892.7	3.85	820.3	0.07	700	81.7	9.15
20	1100	3.85	902.8	3.94	832.4	0.09	900	82.5	9.14
50	1200	3.93	943.8	4.03	844.7	0.10	1000	85.9	9.11

3. 审批技术要点

审批时主要应考虑如下技术要点：

（1）桥位。永宁江特大桥桥位附近河段蜿蜒弯曲，但桥位处永宁江河宽较宽，约为 150m，桥位基本可行。

（2）防洪标准。永宁江特大桥设计防洪标准百年一遇，高于永宁江大桥左右岸堤防设计防洪标准（20 年一遇）。

（3）桥轴线。永宁江特大桥桥梁轴线与水流方向正交，无需作调整。

（4）梁底标高。永宁江特大桥跨河处左右岸防洪标准 20 年一遇，堤顶设计高程 5.40m，桥梁设计梁底高程 9.10m，堤顶与梁底净空高度不能满足防汛车辆通行 4.5m 的要求，应在堤防背水坡侧傍堤修筑路堤，并保持至少 4.5m 高的净空，以满足堤防交通，防汛抢险、管理维修的方面的要求。

（5）桥墩布置及承台。永宁江特大桥桩基、承台建于现状河底高程以下，桩基和承台不妨碍行洪。桥墩面为半圆头尾型，基本可行。永宁江大桥的 23 号和 27 号桥墩位于河道的堤岸上，由于永宁江两岸堤防为粉质黏土和淤泥质黏土土堤，铁路设计列车时速达 200km/h，运行期震动对堤防稳定不利，要求调整桥墩间距，使桥墩避开堤防范围。

（6）阻水面积百分比。建桥后，大桥上游 10 年一遇、20 年一遇、50 年一遇洪水桥墩阻水面积比例为 9.15％、9.14％、9.11％，减少过流量占建桥前过流量的比例 1.2％左右，基本可行。

（7）最大壅水高度。建桥后，大桥上游 10 年一遇、20 年一遇、50 年一遇洪水位最大壅水高度分别为 0.07m、0.09m、0.10m，壅水长度分别为 700m、

900m、1000m，基本可行。

（8）其他。大桥建成后，桥梁处流速加大，流态复杂，要求对桥梁上游500m，下游1000m范围内堤防进行加固，确保两岸堤防安全。桥梁施工期间，涉河桥梁施工栈桥及围堰等临时建筑物，应在汛前拆除。如不能拆除，应采取度汛措施，做好防护度汛方案，建桥后，对桥址处及上下游河道进行观测，发现问题及时采取补救措施。

第4章

河 道 采 砂

4.1 管理主体及内容

4.1.1 概念

河道采砂是指在河道管理范围内开采砂、石、土、淘金的行为。

天然河流中都含有一定的泥沙。河流中的泥沙就其来源而言,分为两类:一类是从流域地表冲蚀而来的;另一类是从原河床冲起的。河流中的泥沙分为推移质和悬移质两类,推移质是泥沙中较粗的部分,悬移质是较细的部分。河流泥沙一部分沉积在河床,大部分经河流的搬运作用汇流入海,也有部分沉积在低洼湖泊地带。河流含沙的多少用河流含沙量表示,河流含沙量即单位体积河水中的泥沙质量。

采砂管理是指为防止在河道内滥采、乱挖砂石导致的毁滩塌岸、河势恶化对河道防洪和航运安全造成影响,通过技术、经济、行政、法律等手段规范河道采砂行为的管理工作。

4.1.2 管理主体

河道较大规模采砂始于 20 世纪 80 年代,河道采砂涉及水利、交通、海事、公安等诸多部门。在管理上一直存在主体不清、责任不明的问题。

《河道管理条例》第二十五条规定:在河道管理范围内采砂、取土、淘金、弃置砂石或者淤泥弃置砂石,必须报经河道主管机关批准;涉及其他部门的,由河道主管机关会同有关部门批准。

《中华人民共和国矿产资源法实施细则》第二条规定：矿产资源是指由地质作用形成的，具有利用价值的，呈固态、液态、气态的自然资源。据此划分，河道砂石也是矿产资源。并对如何办理采矿许可证及征收矿产资源费作了规定。

《航道管理条例》《内河交通安全管理条例》等交通法规规定采砂船需要办理水上水下施工作业许可证。

按上述法律法规规定，河道采砂需要办理采砂许可证、采矿许可证、水上水下施工作业许可证，但采砂许可后管理的责任又很难区分清楚。

鉴于长江采砂的特殊重要性，2001 年国务院颁布了《长江河道采砂管理条例》，条例明确长江宜宾以下干流河道内的长江采砂管理，实行地方人民政府行政首长负责制。沿江县级以上地方人民政府水行政主管部门具体负责本行政区域内长江采砂的管理和监督检查工作。长江航务管理局负责长江航道管理工作，长江海事机构负责长江交通安全的监督管理工作。公安部门负责长江水上治安管理工作，依法打击长江采砂活动中的犯罪行为。

《长江河道采砂管理条例》颁布后，一些省份参照《长江河道采砂管理条例》的规定，由政府制定规章，对河道采砂主体等予以明确。2004 年颁布的《陕西省河道采砂管理办法》明确：河道采砂管理实行人民政府行政首长负责制。2016 年颁布的《江西省河道采砂管理条例》明确：河道采砂管理实行人民政府行政首长负责制，县级以上人民政府应当加强对本行政区域内河道采砂管理工作的领导，建立河道采砂管理的督察、通报、考核、问责制度，健全和完善河道采砂管理协调机制，及时处理河道采砂管理中的重大问题。乡镇人民政府应当协助上级人民政府及其有关部门做好辖区内采砂船舶（机具）集中停放、河道采砂纠纷调处、采区现场监督等河道采砂管理工作。

鉴于河道采砂管理除涉及水法外还涉及其他相关的法律，在实践中矛盾较多的实际情况，单个部门难以实施管理的情况，2015 年 7 月水利部、国土资源部、交通运输部成立河道采砂管理合作机制领导小组，并于 2015 年 8 月联合印发了《关于进一步加强河道采砂管理工作的通知》，明确了三部门的工作：水利部会同国土资源部、交通运输部等部门负责除长江宜宾以下干流河道之外的全国河道采砂监督管理工作。水利部对河道采砂影响防洪安全、河势稳定、堤防安全负责；国土资源部对保障河道内砂石资源合理开发利用负责；交通运输部对河道采砂影响通航安全负责。水利部、国土资源部、交通运输部等部门要组织开展联合执法打击。

4.1.3 法律法规

《水法》第三十九条规定：国家实行河道采砂许可制度。河道采砂许可制度实施办法，由国务院规定。在河道管理范围内采砂，影响河势稳定或者危及堤防安全的，有关县级以上人民政府水行政主管部门应当划定禁采区和规定禁采期，并予以公告。

《河道管理条例》第二十五条明确：在河道管理范围内进行采砂、取土、淘金、弃置砂石或者淤泥，必须报经河道主管机关批准；涉及其他部门的，由河道主管机关会同有关部门批准。第四十条规定：在河道管理范围内采砂、取土、淘金，必须按照经批准的范围和作业方式进行，并向河道主管机关缴纳管理费。收费的标准和计收办法由国务院水利行政主管部门会同国务院财政主管部门制定。

各省市制定了河道采砂的地方性法规。

4.1.4 采砂机械

河道采砂有水采和旱采两种方式。20 世纪 70 年代末，开始有经营性采砂活动，由于技术经济水平的限制，作业方式通常是 5～8t 的小型水泥船，利用锄头、畚箕、铁锹加铁丝网筛子进行人工开采，采挖量较少。20 世纪 80 年代中期出现用水泥船加小型吸砂泵的作业方式。20 世纪 90 年代中后期，随着经济的发展，砂石需求量急剧上升，出现了抓斗式采砂船、链斗式采砂船和大型真空泵采砂船，采砂规模和采砂量迅速扩大。大型真空泵吸砂船和中型抓斗式、链斗式采砂船是目前大中型河道较普遍使用的采砂机械，小河道中普遍使用小型吸砂船。旱采一般采用铲车直接在边滩上开采。

通常床沙组成不同，开采机械也不同。砂石粒径较粗，卵砾石含量高，一般采用抓斗式、链斗式采砂船；砂石较细，如为中细砂或粉细砂，以真空泵吸砂开采为主。

小型采砂船主要有小型链斗式和吸管式两种，均无穿透能力，采砂能力小，效率低。

中型链斗式采砂船，主要通过铁畚头进行采砂作业，每只船配备多个铁畚头，工作原理如同自行车链条，通过一个钢架围成一圈，由柴油机带动大小齿轮转动，将动力传给铁畚头，多个铁畚头循环作业，将砂石挖起并携带至船上，铁畚头链条长 26m 左右，铁畚头载砂 150kg 左右，链斗式采砂船直接挖取河床表层床沙，挖深小，破坏河床的程度远小于大型真空泵吸砂船。链斗式采砂船如图 4-1 所示。

图 4-1　链斗式采砂船

大型真空泵吸砂船 1000kW 功率的双泵"吸砂王"，每小时吸砂可达千余吨。吸砂泵采砂船功率大，吸管长，可以穿透河床表层的黏土或淤泥，伸入砂层开采，利用柴油机动力将砂水混合物吸至船上，可伸入河床表层以下 10～12m，按水下河床稳定坡度 1：20～1：14 计算，影响半径可达 160～220m，对河床的破坏力很大。鉴于大型真空泵吸砂船对河床破坏力很大，部分地区在采砂许可的审批时对采沙船的功率，吸管长度和管径等都有明确的限制。

4.1.5　采砂管理的任务和内容

采砂管理的主要任务是：保障河势稳定、防洪安全、通航河段的通航安全，保障重要水工程设施安全，查处违法行为，维护采砂者的合法权益。

采砂管理的主要内容有：编制采砂规划；实施采砂许可；进行巡查监管；采砂收费及终止等。

1. 编制采砂规划

采砂规划的主要内容包括：明确禁止开采、限制开采、可以开采的区域和可以开采的数量、期限。

编制河道采砂规划时要通过实地勘察、测量，摸清河道砂石分布情况，根据河道防洪和航道通航要求等划定河道采砂期和禁采期。确定砂石可采范围、可采砂河段和禁采砂河段和可采砂量，对采砂方式和弃料堆放处理方式提出要求。

各省出台的地方性法规对采砂规划的批准权限进行了规定。如《浙江省河道管理条例》明确：县（市、区）水行政主管部门应当会同同级国土资源主管部门做好河道砂石资源的调查，编制河道采砂规划，报经本级人民政府批准并公告后实施。规划采砂的河道同时属于航道的，编制河道采砂规划还应当同时会同同级交通运输主管部门。采砂规划涉及上下游、左右岸边界河段的，由相关的水行政主管部门协商划定采砂河段，报共同的上一级人民政府水行政主管部门备案；协商不成的，由共同的上一级人民政府水行政主管部门划定。

2. 实施采砂许可

按照现行的法律法规，国家实行河道采砂许可制度。河道砂石属国家所有，在河道管理范围内采砂，必须报经河道主管机关批准；涉及其他部门的，由河道主管机关会同有关部门批准。

采砂许可权限分流域管理机构、省、市、县 4 级。

浙江省采砂许可权限分为市、县 2 级，其中市直管河道管理范围内的采砂由设区市水行政主管部门办理；其他采砂许可由所在地县水行政主管部门办理。

广东省规定河道采砂权限为地级以上市、县级两级人民政府水行政主管部门。市级水行政主管部门权限许可包括：东江从龙川枫树坝起，经河源、惠州至东莞石龙头的干流河道；西江从广西交界起，经云浮、肇庆至三水思贤滘的干流河道；北江从韶关武江、浈江交汇处起，经清远、三水思贤滘至紫洞的干流河道；珠江三角洲河道从东莞石龙头起，经东江北干流、南支流至珠江虎门大桥止的干流河道；从三水思贤滘西滘口起，经西江干流、西海水道、磨刀门水道至磨刀门珠海大桥止的干流河道；从三水思贤滘起，经顺德水道、沙湾水道至珠江虎门大桥止的干流河道；韩江从梅州三河坝起，经潮州、东溪、西溪至汕头北港村、东海岸大道外砂桥的干流河道；鉴江从信宜文昌水陂起，经高州、化州、吴川至沙角旋的干流河道。其他河道的采砂由县级水行政主管部门许可。

3. 进行巡查监管

进行采砂行为的日常巡查监管，主要内容如下：

（1）采砂是否经许可批准，是否持有合法有效的采砂许可证。

（2）检查采砂许可证是否过期，是否存在买卖、转让、涂改、伪造等问题。

（3）采砂场作业的地点、范围、时间、作业方式、开采量是否与许可的要求相符合；是否存在超深，超范围开采的问题；砂石料堆放、弃料处理方式以及沙坑回填平整是否符合要求。

（4）采砂船舶、机具、人员是否与许可的要求相符合。

（5）检查采砂场安全生产是否符合安全生产要求，是否建立安全生产责任管理制度。

（6）砂石料运输车辆是否按指定的进出场路线行驶，是否采取扬沙降尘措施。

（7）检查是否存在危害水利工程、等工程设施的非法行为等。

依照有关法律法规，查处非法采砂行为，维护正常的水事秩序。

4. 采砂收费及终止

在采砂管理的历史中，曾经根据《河道管理条例》《长江河道采砂管理条例》及各省、自治区、直辖市制定的地方性法规收取河道采砂管理费或河道砂石资源费。

2017年《财政部　国家发展改革委关于清理规范一批行政事业性收费有关政策的通知》（财税〔2017〕20号）明确：从2017年4月1日起，停止征收河道采砂管理费（含长江河道砂石资源费）。

4.2 采砂管理的重要性

4.2.1 砂石是河床的组成部分

我国众多江河内蕴藏着丰富的砂石，河流中的沙石是构成河床的基本物质，是保持河床相对稳定的基本要素。河道是水流与河床的矛盾统一体，二者按河流动力学的客观规律相互制约，使河道处于动态平衡。在一定的水流条件下，河道的水沙处于相对平衡状态，如果河段来沙量大，河道将发生淤积；来沙量小，河道将发生冲刷。河道砂石的运移或开挖将会影响水流的形态和河势的稳定。

河道采砂必须尊重水沙运动的客观规律，如果把河道中的砂石视为单纯的矿产资源或建筑材料，实质上是割裂了水沙相互作用的客观规律，因此对河道砂石要有一个全面的认识，不能把河道中的砂石视为单纯的矿产资源或建筑材料。河道砂石首先是河床的组成部分，是河势演变的重要因子，其次才是建筑材料。影响河道演变的主要因素有 4 方面：河段的来水量及其变化过程；河段的来沙量、来沙组成及其变化过程；河段的比降；河段的河床形态及地质情况。河道采砂直接影响河段的砂量、来沙组成、河段的比降、河床形态及地质情况，进而影响河道演变，因此河道采砂与河道演变关系十分紧密。

4.2.2　砂石是主要的建筑材料

根据《建筑用砂》（GB/T 14684—2011）、《建筑用卵石、碎石》（GB/T 14685—2011）的规定，建设用砂分为天然砂和人工砂两类，天然砂包括河砂、湖砂、山砂及淡化海砂；人工砂包括机制砂、混合砂。河道砂石经过水流的冲刷、搬运，在坚固性、含泥量等方面都优于其他砂源，是天然的优质砂源。河流泥沙按其粒径大小可分为石、砂、泥三大类，通常采砂所需要的是沙类中的粗砂至中砂。经济的迅速发展，对作为建材用的河砂需求量持续增长。市场需求与砂石资源的供给存在矛盾，增加了采砂管理的难度。

4.2.3　无序采砂危害严重

河道在长期演变过程中，通过水流与河床泥沙的相互作用，形成了动态平衡。当河段的来沙量与输沙量动态平衡时，就能保持河道的稳定，当河段的来沙量与输沙量不平衡时，河床就发生冲刷或淤积。因此何地何时开采河道砂石，开采多少，如何开采，与两岸堤防的安全、河势的稳定以及防洪安全密切相关。适量、适度采砂，既支持经济建设，又能疏浚河道有利行洪。但盲目、超量、无序采砂，却引发出防洪、涉河建筑物安全等一系列问题。

1. 影响防洪和涉河建筑物的安全

河道采砂后，增加了河道容积，扩大了过水断面，有助于洪水位的降低，但无无序采砂则影响防洪和涉河建筑物的安全。从砂源分布规律看，好砂常分布于凹岸。临近江堤开采砂石使深泓贴岸，堤基透水层外露，洪水时江堤容易出现翻砂鼓水险情；同时堤身相对高度加大，岸坡变陡，易引起堤岸坍塌，危及堤防安全。盲目超量采砂使涉河建筑物的基础外露，影响河道上的桥梁、码头、管线、缆线的安全运行。如钱塘江的浦沿三厂取水管,1998 年 5 月因周围过度采砂,曾被损坏。

2. 影响河势稳定

河道在长期演变过程中,通过水流与河床泥沙的相互作用,以及丁坝、顺坝、鱼嘴等整治建筑物稳定河势、约束水流,已形成了相对稳定的河床形态,无序的非法采砂,开采量过大,河床泥沙得不到补充,河床大幅度降低,往往导致河道深泓线发生摆动,破坏河床形态及河道整治工程,改变局部河段泥沙输移的平衡,对河势稳定带来不利影响。例如:20 世纪 90 年代钱塘江小桐洲至鹿山长 19km 河段,因采砂造成河床下降达 63m,深泓线平面摆动 400~600m,占河宽的 1/2,使一些岸段的岸线坍至离堤脚仅 10m;江苏镇江某处江心洲采砂前两岸的分流比是 6∶4,大量的港口、取水口建在水流量大的一岸,由于滥采乱挖江砂,致使泥沙淤积,恶化了港口的运行条件,河道分流比变为 4∶6,使得原来水流量大的一岸水流减少,港口废弃,取水口无水可取,国家财产损失严重。

3. 影响通航安全

我国主要河流是通航的黄金水道。滥采乱挖挤占主航道、占据锚地、干扰助航设施的正常运用,影响航道安全运行。2001 年,鄂赣边界由于非法采砂曾造成碍航 22h,严重影响了航道安全。

4. 影响水生态环境

我国的一些主要河流水生物丰富。长江中下游干流河道中就有鱼类 200 多种,如著名的中华鲟、白鳍豚、扬子鳄等国家重点保护的江海奇珍。滥采乱挖由于采砂量过大,且多在主河道迎流部位及江心洲滩,引起河床发生变化,破坏水生生物栖息地,从而影响水生生物的生存和繁衍,在鱼类繁殖期采砂,则会严重影响鱼类资源的补充。

5. 影响水质和水景观

采砂船生活废污水和废油排入江中,对水质造成一定污染。采砂弃渣任意堆置,大大小小的砂堆使河道成为"千岛河",破坏了水景观。图 4-2 为采砂弃渣。

6. 国家资源流失

非法采砂使得大量河道砂石资源被廉价或无偿开采,导致国家资源的流失。

图4-2 采砂弃渣

7. 社会稳定问题

由于采砂的利益驱使，一些地区采砂者为争抢砂源常常发生打架斗殴。采砂的高利益诱使各类人员云集采砂场，参与河道采砂不法分子对抗河道采砂执法活动、殴打围攻河道采砂执法人员，甚至有些采砂业主雇用涉黑势力参与河道采砂经营，影响社会稳定。

4.3 采砂规划编制

4.3.1 编制的必要性

制定采砂规划，是维护河势稳定、保障防洪和通航安全的需要。河道砂石是河床的重要组成部分，与河势稳定、防洪和通航安全及其他涉河建筑物的安全关系密切，缺乏采砂规划的指导，将带来行洪安全、河势稳定等问题。

（1）合理开发利用砂石资源的需要。在河道泥沙中，起造床作用的主要为颗粒较粗的推移质，而开采的砂也属于推移质，无限制地采砂势必引起砂石资源的枯竭。通过采砂规划明确可采量，适量、适度采砂，可以遏制无限制、掠夺式地开采砂石，既支持经济建设，又能维持河床冲淤的动态平衡。

（2）实施河道采砂管理的需要。通过采砂规划划定禁采区、可采区、可采量等控制性数据，是科学指导采砂许可的需要，是协调采砂矛盾的依据，可避免管理的盲目性。

（3）维护水环境、水生态的需要。通过采砂规划的编制，可以将一些水生物密集或有重要价值的水生物的区域，划为禁采区，并按照水功能区、水环境功能区的要求，对采砂弃渣、采砂船只的油污、垃圾等的排放等提出控制意见，防止无序采砂对生态环境的不利影响。

4.3.2 编制标准

2008 年水利部发布了《河道采砂规划编制规程》（SL 423—2008）。一些地方还根据当地采砂的实践，制定了采砂规划编制的地方标准，2004 年 8 月，河北省质量技术监督局发布了《河北省河道采砂规划报告编制导则》，该导则对采砂规划编制的基本要求和内容作了规定，可作为各地编制采砂规划的参考。

4.3.3 编制原则

1. 符合法规

采砂规划应符合相关的法律、法规的规定和要求。

2. 符合规划

采砂规划作为水利规划中的专业规划，应符合流域综合规划、防洪规划，并与有关规划相协调。

3. 确保安全

通过规划的编制明确禁止在堤防、护岸工程、在险工险段、饮用水水源及取水口附近开采砂石、禁止在跨河、穿河、临河建筑物和军事、通信、水文监测设施附近开采砂石的具体数据；控制采砂范围和深度，避免因砂石开采引起航道变迁，造成碍航和影响沿江港口、码头的正常作业。保障防洪安全、通航安全、饮用水安全、涉河建筑物和设施的安全。

4. 因势利导

采砂规划应符合河道河势演变规律，合理有计划地确定采砂相关事宜。

5. 总量控制

采砂必须根据来砂量、输砂量和河段的基本情况，在保证河床基本稳定的情况下，确定可开采的总量。砂石的开采必须考虑河道泥沙的补给情况，避免进行掠夺性和破坏性的开采，做到砂石资源的可持续利用。

6. 统筹兼顾

采砂规划应同治河、清障、护岸、固堤相结合，做到上下游、左右岸统筹兼顾，分期有序开采。避免上下游、左右岸由于河道采砂产生水事矛盾。

7. 保护生态

维护水生态环境，重点保护的珍稀水生动物栖息地和繁殖场所、主要经济鱼类的产卵场、重要的水产原种场、洄游性鱼类的主要洄游通道等。

4.3.4　主要内容

河道采砂规划的主要内容是确定禁采区、可采区、禁采期、可采期、可采砂量、年度采砂控制总量；砂场布置、可采区内采砂船只的控制数量、采砂机具和作业方式的原则要求。

（1）划定禁采区。禁采区包括：堤防、护岸、管道、缆线等涉河建筑物及水文测流断面上下游的一定范围划为禁采区；影响通航安全的河段；"窄、弯、急"等可能引起河势发生较大变化的河段；自然保护区、重要生物栖息地和繁殖场；饮用水水源地。禁采区分为纵向禁采区与横向禁采区，纵向禁采区是指沿河道长度方向的禁采区域，主要依据河势特点及沿江建筑物的分布状况、水生物等保护的需要将某一河段划为禁采区。横向禁采区是指河道宽度方向的禁采区域，主要考虑堤防（海塘）安全需要进行划定。其尺度范围一般要考虑 3 方面：按堤防（海塘）抗滑稳定要求所需的堤（塘）前宽度；采砂作业时的影响范围；安全的富裕宽度。

（2）划定可采区。禁采区以外的区域为可采区。

（3）明确可采砂量及年度采砂总量。对可采区进行地质钻孔，根据规划河流（河段）的水文特性、泥沙特性、泥沙补给分析、河床组成、砂石资源的分布范围、埋藏深度、砂石料的厚度，确定可采砂量。

（4）明确开采方式。规定采砂方式及采砂机，确定采掘机械、筛分机械、运输机械等的型号和数量。规定采砂设备的主要参数，如吸砂泵功率、吸砂管管径、长度等。

（5）砂场布置。确定砂场分布、范围、开采深度、控制高程、可开采总量、

年控制开采量等。

采砂规划报告应有必要的附图，包括河道位置图、河道砂源分布图、河道可采区和禁采区范围图等。

4.4 非法采砂探析

4.4.1 原因探析

非法采砂是采砂管理的难题，形成非法采砂有多种因素，其主要因素有高额利润、违法成本低、资源减少与采砂能力过剩三方面。

1. 高额利润

江（河、湖）砂是优良的建筑材料，市场需求量很大，而开采江砂直接成本低，采砂由于具有高额的经济效益，投入少、产出多，非法采砂存在着巨大的利润空间。高额利润，是非法采砂屡禁不止的根源之一。

2. 违法成本低

根据《长江河道采砂管理条例》规定，对非法采砂最高仅可处以 30 万元罚款，相对于非法采砂的暴利而言，罚不抵过，行政处罚与刑事制裁有效衔接机制尚未建立，对非法采砂者难以起到威慑作用。

除长江采砂外，其他河道违法采砂，依据《水法》《河道管理条例》进行处罚。依据《水法》《河道管理条例》除责令停止违法行为，采取补救措施外，只能给予警告、罚款、没收非法所得等 3 种行政处罚。责令停止违法行为、警告、采取补救措施、没收非法所得，实际效果差，又难以操作。比较容易操作的罚款，罚款额度是 1 万元以上 5 万元以下，和非法采砂的巨大暴利相比，明显缺乏打击力度。

河道采砂面广线长，非法采砂流动性大，且往往在行政区域交界处和夜间偷采，需投入较多的人力进行监督检查，而部分的采砂管理和执法部门没有配备车辆和船只，通信工具相对落后，非法采砂者往往有较先进的采砂设备和通信工具，可以对采砂管理人员进行反监控。水政执法人员缺乏保护自身安全的执法工具和相应的保障措施（如人身意外伤害保险等），自身安全也受到非法采砂者的威胁，不少执法人员有畏难情绪，违法成本低，执法成本高是采砂管理的难题。

3. 资源减少与采砂能力过剩

从全国的情况来看，20 世纪 80 年代各地普遍进行砂石开采，到 90 年代采砂进入高峰，经过近 40 年的开采，各地砂源普遍减少，砂石资源枯竭，使得采砂船多砂源少的矛盾日益突出。采砂船只数量众多，开采能力严重过剩，不仅造成资金积压、设备闲置，也给采砂管理部门造成了一定的压力。广东水利厅调查表明，广东每年对砂的需求量高达到 8000 万 m^3，但是目前广东主要大江大河流每年可供的砂量只有 2000 万 m^3，珠江三角洲很多河段基本无砂可采。僧多粥少的局面，导致采砂业主间的不正当竞争和偷采行为屡禁不止。一些河段已形成了造船厂、采砂船、运砂船、砂场的产业链，固定资产达十几亿元，涉及从业人员近万，但砂石经多年开采已趋枯竭，客观禁采势在必行，但如处理不当，有可能引发社会稳定问题，由于砂少船多，部分省对一些河段采取砂船分批轮流采砂。

砂石资源日益减少与采砂能力过剩的矛盾，就全国范围来看，也是一个普遍的现象，为减少各方面的矛盾，确立平衡过渡、逐年减少采砂机和开采量的管理方式十分必要。近年来，有些省份的一些河段已经实行了禁采。

4.4.2　非法采砂入刑

由于水利行业现有的法律法规惩治力度有限，为加大对非法采砂惩戒力度，水利部和各地将非法采砂严重违法行为纳入非法采矿、破坏性采矿刑事制裁范围，积极推动非法采砂入刑工作。

1. 依据

2016 年 11 月，最高人民法院、最高人民检察院联合下发《关于办理非法采矿、破坏性采矿刑事案件适用法律若干问题的解释》（法释〔2016〕25 号）（以下简称《解释》）。《解释》明确：未依据有关规定取得相关许可证，在河道管理范围内采砂，情节严重的，以非法采矿罪定罪处罚，并对定罪量刑标准及有关法律适用问题作了规定。

《解释》共十六条，主要包括 3 方面内容：一是非法采矿罪、破坏性采矿罪的定罪量刑标准；二是非法采砂行为的定性处理和入罪标准；三是矿产资源犯罪所涉及的从重处罚、单位犯罪、共同犯罪、术语界定、价值认定等实体问题和违法所得、犯罪工具的处理及专门性问题鉴定等程序问题。

2. 认定

《水法》第三十九条第一款规定："国家实行河道采砂许可制度。河道采砂许可制度实施办法，由国务院规定。"目前，国务院尚未对河道采砂许可制度实施办法作出统一规定，仅通过长江河道采砂管理条例明确了长江宜宾以下干流河道内从事开采砂石的许可办法。《长江河道采砂管理条例》第九条第一款、第二款规定：国家对长江采砂实行采砂许可制度；河道采砂许可证由沿江省、直辖市人民政府水行政主管部门审批发放；属于省际边界重点河段的，经有关省、直辖市人民政府水行政主管部门签署意见后，由长江水利委员会审批发放；涉及航道的，审批发放前应当征求长江航务管理局和长江海事机构的意见。省际边界重点河段的范围由国务院水行政主管部门划定。据此，长江干流河道采砂实行"一证"，即长江河道采砂许可证由长江水利委员会和沿江省、直辖市人民政府水行政主管部门审批发放（省际边界重点河段由长江水利委员会发放）。而全国许多省份实行的是采砂许可证与采矿许可证"双证"制度。

按照现行的管理体制，河道采砂管理既有实行实行"一证"管理的区域，又有实行"两证"管理的区域。

由于"两证"之间没有先后之分，取得其中一个证并非申领另一个证的前置程序，且实践中经常会出现取得其中一个证但无法取得另一个证的情形。《解释》第四条第一款规定在河道管理范围内采砂，具有下列情形之一，以非法采矿罪定罪处罚：依据相关规定应当办理河道采砂许可证，未取得河道采砂许可证的；依据相关规定应当办理河道采砂许可证和采矿许可证，既未取得河道采砂许可证，又未取得采矿许可证的。也就是说，对于实行"一证"管理的区域，以是否取得该许可证为认定非法采矿的标准；对于实行"两证"管理的区域，只要取得一个许可证的，即不能认定为非法采矿，不宜以非法采矿罪论处。

3. 量刑标准

非法采砂是非法采矿的类型之一，适用非法采矿罪的定罪量刑标准。此外，非法采砂行为具有特殊性。对在河道管理范围内非法采砂行为予以刑事规制，除了其对砂资源的破坏外，更为重要的是非法采砂行为对河势稳定和防洪安全的危害。严格规范河砂开采的目的，不仅仅是维护其经济价值，更重要的是维护防洪安全和生态安全等公共利益。因此，不应单纯以矿产品价值作为非法采砂的入罪标准，还应当同时考虑非法采砂行为对防洪安全的危害。为了有效防范非法采砂对防洪安全的危害，应当实现刑法防线的适度前移，在非法采砂行为影响河势稳定，危害防洪安全，但尚未达到危害公共安全程度时加以规制。基于上述考虑，《解释》第四条第二款规定：严重影响河势稳定，危害防洪安全的，应当认定为刑法第三百四十三条第一款规定的"情节严重"。

《解释》明确 5 类情形应当认定为刑法第三百四十三条第一款规定的"情节严重"：一是开采的矿产品价值或者造成矿产资源破坏的价值在十万元至三十万元以上的；二是在国家规划矿区、对国民经济具有重要价值的矿区采矿，开采国家规定实行保护性开采的特定矿种，或者在禁采区、禁采期内采矿，开采的矿产品价值或者造成矿产资源破坏的价值在五万元至十五万元以上的；三是两年内曾因非法采矿受过两次以上行政处罚，又实施非法采矿行为的；四是造成生态环境严重损害的；五是其他情节严重的情形。

4.5　规程标准

河道采砂管理是一项技术性较强的工作，除需要行政管理的法规外，采砂的技术管理也十分重要。采砂的许可、采砂的拍卖、采砂的现场监管等都需要有科学的、规范的指导。

4.5.1　全国性的采砂技术规范

《河道采砂规划编制规程》（SL 423—2008）是第一个全国性的采砂规划编制规程。规程共 8 章 7 节 65 条和 1 个附录，主要技术内容有总则、术语、基本资料、河道演变与泥沙补给分析、采砂分区规划、采砂影响分析、规划实施与管理等，适用于全国的重要江河及其主要支流、湖泊水系的主要河道或其河段采砂规划的编制。其他河流及湖泊采砂规划的编制可参照执行。

4.5.2　地方性的采砂技术标准

2004 年，河北省质量技术监督局发布了《河北省河道采砂规划报告编制导则》（DB13/T 544—2004），这是第一个地方性的采砂规划编制技术规程。

2006 年，广东省水利厅发布了《广东省河道采砂规范化管理暂行规定》，该规定对河道采砂许可发证、河砂可采区与禁采区的划定、河道断面测量和河砂评审专家组、省许可发证河道河砂可采区划定程序、河道采砂申请人条件、河道采砂申请须提交的资料、河道采砂申请程序及办理期限、河道采砂申请审查的内容、河道采砂许可方式及采砂期限、河道采砂执法与管理、执法监督、河道采砂规费收缴、河道采砂统计制度 13 方面的内容作了全面、详细、具体的规定，基本包括目前河道采砂管理涉及的内容。

2006 年，咸阳市水利局下发了《咸阳市河道采砂管理标准》。

2014 年，广东省水利厅印发《广东省水利厅关于主要河道采砂现场的监督管理办法》（粤水建管〔2014〕51 号）对采砂现场的监督监控设备、采砂监理制和驻点管理制等作了规定。2016 年，广东省水利厅印发《广东省水利厅关于主要河道堆砂场规划设置和管理的办法》（粤水规范字〔2016〕1 号），这是针对堆砂场出台的专门管理标准，对堆砂场布局、位置、高程、堆砂场进出场道路明确了有关技术和管理要求。

2017 年河北省质量技术监督局河北省水利厅《河道采砂安全生产技术规范》（DB13/T 2549—2017）。这是国内首个河道采砂安全生产地方标准。

随着河道采砂企业的不断增加，采砂规模的不断扩大，采砂安全问题日益突出。做好河道采砂安全生产工作，对保障河道行洪安全、促进企业发展和维护社会稳定具有重要意义。

第 5 章

保 洁 和 清 淤

我国《水法》《防洪法》《河道管理条例》《水库大坝安全管理条例》等水法律法规中对清淤作了专门规定，但均未有专门对保洁的条文规定，随着经济的不断发展，城市化进程的加快，产业结构的调整等因素，近年来全国不少河塘湖库遭受水葫芦等河面漂浮物和河道底泥的侵害，保洁和清淤已成为河塘湖库管理的一项日常工作。

一些省份出台了地方性法规，对河塘湖库的保洁和清淤作了规定。

5.1 保洁清淤的重要性

5.1.1 概念

保洁是对河塘湖库漂浮物进行清理，清淤是指清除河塘湖库底泥。

清淤和疏浚是在工程上较为接近的术语，通常将浚深、加宽航道、港口、码头、船坞、吹填造地、填海等较大规模的水下土石方开挖工程称为疏浚，清、挖河塘湖库底泥的水下工程称为清淤。

保洁和清淤的目的是为有效清除河塘湖库漂浮物和淤泥，扩大河道过水能力，增加水库湖塘的防洪兴利库容，解决河塘湖库漂浮物和淤泥中的污染物释放引起水体的污染，美化景观，恢复水域的正常功能。

为适应经济和社会发展的需要，一些地方将保洁和清淤纳入立法之中，作为河塘湖库管理的法定内容之一。

《江苏省河道管理条例》将湖泊、水库、人工水道、行洪区、蓄洪区、滞洪区的淤积监测、清淤疏浚和保洁纳入法定职责。

《苏州市河道管理条例》规定：市管河道和县管河道的水面保洁，根据属地管理的原则，分别由市和县级市、区水行政主管部门或者河道管理机构，按照市场化运作方式确定保洁单位或者个人，并负责检查、考核工作。镇村河道的水面保洁由各镇人民政府组织实施，并接受上级水行政主管部门的检查、考核，单位和封闭式管理住宅小区内河道的水面保洁由产权人或者使用人负责。

《宁波市河道管理条例》规定：河道保洁按照管理权限分级建立责任制，河道保洁责任包括清除河面杂草、漂浮物和河岸垃圾等。

《绍兴市区河道管理办法》，将河道疏浚与保洁单列一章，并明确规定了市区河道保洁的要求、保洁的责任机构等内容。

《浙江省河道管理条例》第三十条明确：县（市、区）水行政主管部门应当对本行政区域内河道定期进行淤积情况监测，并根据监测情况制定清淤疏浚年度计划，报经本级人民政府批准后实施。清淤疏浚年度计划应当明确清淤疏浚的范围和方式、责任主体、资金保障、淤泥处理等事项。淤泥利用应当经无害化处理，符合保护环境和保障人体健康、人身安全的要求。第三十一条规定：县（市、区）水行政主管部门应当制定本行政区域内的河道保洁实施方案，报经本级人民政府批准后实施。河道保洁实施方案应当明确保洁责任区、保洁单位的条件和确定方式、保洁要求和保洁费用标准、保洁经费筹集和监督考核办法等内容。第三十二条要求：河道保洁单位应当按照河道保洁责任要求，落实保洁人员和任务，保证责任区范围内的河道整洁。河道内的病死动物及病死动物产品，保洁单位应当运送至无害化处理公共设施运营单位进行无害化处置。县（市、区）水行政主管部门可以确定专门的保洁单位对河道内的病死动物及病死动物产品进行统一打捞和运送。县（市、区）水行政主管部门应当加强河道保洁工作的监督检查，督促保洁责任的落实。

5.1.2 清淤保洁的重要性

我国的许多城市和乡村依江傍河，与人们的生活休戚相关。由于水体富营养化等原因，我国南方一些省份河塘湖库淤积和水面漂浮物积聚，带来行洪排涝受阻、水质污染、水环境恶化等一系列问题，引起社会各界的关注。

1. 保障防洪安全和兴利效益
河塘湖库淤积和水面漂浮物积聚，侵占河道行洪断面和湖塘库的防洪和兴利库容，水葫芦等水面漂浮物堵塞河道，使水位上升，特别是遭遇暴雨洪水时，水葫芦等水面漂浮物积聚水库大坝、拦河水闸等水工建筑物坝前，致使水位上升急剧，危及防洪安全。如 1998 年四川省遂宁市琼江上游遭遇暴雨袭击，跑马滩水库库区的水葫芦随洪水下泄到老鹰岩大桥的河段堆积，严重阻塞河道后，导致水位上升，直接威胁到安居大桥、国道和沿江城镇的安全，跑马滩水库区多段航道断航，当地群众只得绕道而行。江河湖库淤积，致使调蓄容量减少，行洪排涝和抗旱能力下降，致使出现小雨量，高水位的情况。

2. 保障饮用水源安全

我国居民饮用水源大部分取之于河道水库，河塘湖库分布有大量的取水口，河塘湖库淤泥是内源污染的重要原因，水葫芦等漂浮物降低水的溶解氧的浓度，增加水中二氧化碳的浓度，恶化水质，影响供水安全。

3. 保障水工建筑物安全运行

水葫芦有非常发达的水下根系，这些根系夹带着垃圾等水上漂浮物，"吃水"可达 1m 多深，严重影响水电站发电的水位高度。水葫芦还威胁到船闸和升船机的安全，漂进升船机内的水葫芦，会使升船机的卧倒门的水封不严密，一旦江水顺着卧倒门的水封泄漏，会使升船机升降失去平衡。生长在闸门顶上的水葫芦往往与闸门上方的制动感应触头争"高低"，感应器接触到水葫芦后，闸门的纠偏开关将停止运作。因漂浮物的影响船闸无法运行的事件屡有发生，如 2017 年 6 月 30 日，浙江省钱塘江桐庐航区虽解除了前期降雨影响的封航，但由于富春江船闸上游引航道堆积了大量垃圾漂浮物，船闸仍无法通航条件。图 5-1 为富春江船闸积聚的漂浮物。

4. 保护景观

我国河塘湖库很多是风景秀丽的旅游景点，由于长期的面源和点源污染，河塘湖库底泥沉积了大量的氮、磷、重金属等污染物，这些污染物直接影响水生动植物的生长和水体的自净能力，甚至发生水体黑臭的情况，影响水体的观感和两岸景观。

5. 保护生态环境

水葫芦等漂浮物覆盖水面，造成水体与外界阳光及空气的隔绝，使水体中的溶解氧减少，降低光线对水体的穿透能力，影响水底生物的生长，造成其他需氧动物的大量死亡，引起水生态环境恶化。

图 5-1 富春江船闸积聚的漂浮物

一株水葫芦可以在 90 天内繁殖出 25 万株单体幼苗，且在区内成为优势物种，造成其他水生植物减少甚至消亡；水葫芦等漂浮物腐烂后又对水体造成二次污染，引发新的生态灾害，影响水生态安全。

开展清淤保洁对保障行洪排涝畅通、供水水质安全、发挥防洪和兴利功能，确保水工建筑物的安全和效益、改善城乡水环境具有重要的作用。

5.2 水葫芦的特性及治理

水上漂浮物种类繁杂，大致可分为 3 类：一是水葫芦、水草、蓝藻等水生植物；二是生活垃圾和工业垃圾，包括沿江居民和工厂人为抛弃的垃圾、船舶营运过程中产生的生活垃圾，如泡沫、塑料、皮革布料、废纸、动物尸体、玻璃、金属，这类垃圾主要是人为因素造成的；三是树木和农作物秸秆，如原木、树枝、秸秆、灌木等，这类垃圾主要是强降雨造成的灾害性漂浮物。

5.2.1 水葫芦的特性

水葫芦原产南美，20 世纪初作为花卉和饲料植物引入我国，在我国南方广大亚热带、热带地区能够自然越冬。20 世纪五六十年代作为猪饲料推广种植，到了 80 年代，养猪改用配合饲料，水葫芦渐渐失去采收价值，加上水体富营养化的加重，为水葫芦繁殖、生长提供营养条件，使得水葫芦在既没有人为干预又缺少自然天敌的条件下大量繁殖，侵占水面、堵塞河库、影响防洪排涝和水上运输，威胁本地生物多样性，破坏水生生态系统，成为我国危害最大的 10 种害草之一。

不合理的引种、水体富营养化使植株繁殖过快、无天敌是水葫芦泛滥的主要原因。水葫芦与其他的水面漂浮物有很大不同，在我国南方许多省份，水葫芦在水面漂浮物中占有很大比例，清除水葫芦是一项艰巨而长期的工作，这主要是由水葫芦的特性形成的。

1. 繁殖能力强

水葫芦在每年 4 月底开始繁殖，7—9 月为繁殖高峰期，8—9 月一些植株会开花，以无性繁殖为主，也能开花产生种子而进行有性繁殖，一枝花大约结 300 粒种子。5～7 天为一个繁殖周期，一株水葫芦 90 天能繁殖成 25 万株。霜降后叶片开始腐烂，水下的根和茎继续越冬，第二年发芽。水葫芦宽大的叶交错生长，根系浓、密、短、细，海绵状气囊的叶柄轻而大，这些都有利于它的生长。大量繁殖的水葫芦不仅堵塞河道，而且会大量消耗水中的氧气，加速水体富营养化后导致水质恶化。图 5-2 为疯长的水葫芦。

图 5-2　疯长的水葫芦

2. 能吸附重金属

在适宜条件下，1hm² 水葫芦能够在 1 天内吸收掉 800 人排放的氮、磷元素。水葫芦还能从污水中除去镉、铅、汞、铊、银、钴、锶等重金属元素等有毒物质，大量吸收水体中的富营养成分而净化污水，但水葫芦并不能有效转化水中的有害物质，而且其死亡沉入水底后会形成重金属高含量层，直接杀伤底栖生物，会构成对水质的二次污染。利用水葫芦净化污水虽然是一种成本低廉、节约能源、效益较高的简便易行方法，但是打捞清除时却要付出高昂的成本，且捞起来后只能当垃圾处理，否则会成为新的污染源。

5.2.2 水葫芦的治理

世界各国都非常重视水葫芦的防治和利用，目前水葫芦防治技术主要分为4种：一是化学防治；二是生物防治；三是综合利用；四是人工及机械打捞。

1. 化学防治

化学防治指利用草甘膦、农达等化学除草剂来控制水葫芦，特点是使用方便、效果迅速。化学除草剂可以有效杀死水葫芦，但杀死的水葫芦如不进行打捞以及除草剂的使用，对水体又造成污染，而且除草剂无法清除水葫芦种子，效果不能持久。

2. 生物防治

生物防治指用昆虫治理水葫芦。目前，国际上大多是以引进象甲虫等昆虫进行生物防治，利用食物链原理对水葫芦实施生物防治。在浙江省宁波市曾做过生物治理的实验，根据实验的情况，象甲虫最怕低温，一般气温在5℃以下，象甲虫就会不吃不动；0℃以下，它们就会被冻死，而在低温时水葫芦也会冻枯死，象甲虫没有食物链，因此如何让象甲虫安全越冬保种是个大问题。按宁波市农业科学研究院的测算，在浙江，使用象甲虫的治理成本费用要比人工打捞高出两倍。

特别需要指出的是，对原本没有该象甲虫的生态系统来说，引进新的物种会不会导致新的生态灾难，是一个有待研究的问题。

3. 综合利用

有的专家认为水葫芦存在不少经济价值，比如说可以净化水质，可以作为饲料和肥料。中国科学院武汉水生生物所的专家还提出可以制成蔬菜、加工提炼食品、保健品等。但一些生态专家指出，非洲的苏丹曾引进德国设备、技术综合利用水葫芦，后因成本大、收益小而失败。水葫芦95%以上的成分是水分，捞起晾干后只有5%的干物质，纤维也较短，可利用率低。大规模综合利用水葫芦时往往需建工厂车间，只有大量的、源源不断的水葫芦才能维持工厂的正常运转，当水葫芦原料紧缺时，在原有水葫芦的河道、湖泊人工繁殖水葫芦则是不现实的，因而，大规模综合利用水葫芦并不现实。

4. 人工及机械打捞

用船只和人工进行打捞。我国广东、云南、浙江、福建、上海等地每年都要进行水葫芦打捞。各地在多年实践的基础上，根据水葫芦生长和繁殖的规律，已探索了一套较为有效的打捞方法，并出台了管理办法，落实打捞经费和人员。各地普遍按照"政府发动、属地管理、群众参与"的原则，对江河、湖泊、水库、池塘等水域的水葫芦采取人工及机械打捞，同时加强保洁和巡查，发现有水葫芦立即清理。图 5-3 为机械打捞水葫芦，图 5-4 为人工打捞水葫芦。

图 5-3　机械打捞水葫芦

图 5-4　人工打捞水葫芦

当前国内外的专家对水葫芦治理研究了不少办法，但还没有一种是少投入高效益的治本之举，人工及机械打捞水葫芦是目前为止比较有效也是各地正在采用的办法。

从水葫芦泛滥的原因来看，要防止水葫芦泛滥，要从净化水质，生物防治、生物转化等多方面入手。水质恶化是水葫芦泛滥的重要原因，因此在人工及机械打捞，生物防治、生物转化研究的基础上，应将治理水污染，减少水体富营养化程度，作为遏制水葫芦泛滥的重要措施。

5.3 清淤方式和淤泥处置

5.3.1 清淤方式

清淤作业和运输方式有多种方式，主要清淤方式有干水清淤、带水清淤两种，常见的清淤方式如图5-5所示。淤泥的运输方式有卡车运输、船只运输、管道运输，常见的淤泥运输方式如图5-6所示。

5.3.1.1 干水清淤

干水清淤是指在清淤范围构筑临时围堰，将水排干后，进行干土挖掘或水

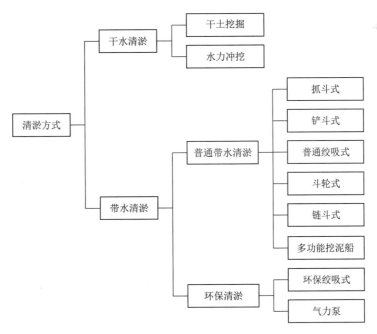

图5-5　常见的清淤方式

抓斗式挖泥　　水力冲挖　　绞吸式挖泥

淤泥

卡车运输　　　船只运输　　　管道运输

图 5-6　常见的淤泥运输方式

力冲挖的清淤方法。适用于没有航运功能要求，对防洪、排涝影响小且流量较小的河道、山塘和湖漾。

1. 干土挖掘

设置围堰将清淤范围内的水排干后，采用挖掘机进行开挖，挖出的淤泥直接由渣土车外运或者放置于岸上的临时堆放点。干土挖掘清淤彻底，而且对于设备、技术要求不高，质量容易保证，比较直观，产生的淤泥含水率低，后期处置较为容易，但增加设置围堰成本，机械干土挖掘如图 5-7 所示。

图 5-7　机械干土挖掘

2. 水力冲挖

采用水力冲挖机组的高压水枪冲刷底泥，将底泥扰动成泥浆，再将流动的泥浆汇集到事先设置好的低洼区，由泥泵吸取、管道输送，将泥浆输送至岸上的堆场或集浆池内进行处理。水力冲挖具有机具简单，输送方便，施工成本低的优点，但是这种方法形成的泥浆含水率高，为后续处理增加难度，施工环境也比较恶劣，人工水力冲挖如图5-8所示。

图5-8 人工水力冲挖

5.3.1.2 带水清淤

带水清淤可分普通带水清淤和环保清淤。带水清淤适用于开挖泥层厚度大、施工区域内障碍物多、工程量大的中小型河道、湖泊和水库，多用于扩大河道行洪断面的清淤工程。

普通带水清淤一般是将清淤机具装备在船上，由清淤船作为施工平台在水面上操作清淤设备开挖淤泥，并通过管道输送系统输送到岸上堆场中，设备主要包括抓斗式、铲斗式、普通绞吸式、斗轮式、链斗式和多功能挖泥船等。

环保清淤是指清淤精度要求高、减少或避免清淤过程对水体产生二次污染的带水作业方式，主要有环保绞吸式和气力泵两种方式。

1. 抓斗式清淤

挖泥时运用钢缆上的抓斗，依靠其重力作用，放入水中一定的深度，通过插入泥层和闭合抓斗来挖掘和抓取水下淤泥，将淤泥直接倒入挖泥船舷旁的驳泥船中。清出的淤泥通过驳泥船运输至淤泥堆场，从驳泥船卸泥仍然需要使用岸边抓斗，将驳船上的淤泥移至岸上的淤泥堆场中。抓斗式清淤不受水域内垃圾、石块等障碍物影响，具有灵活机动，施工工艺简单，设备容易组织，工程投资较省，施工不受天气影响的优点，主要用于挖取黏土、淤泥、孵石，宜抓取细砂、粉砂。其不足是挖运和卸泥间相互影响大，易产生浮泥遗漏，强烈扰动底泥，对极软弱底泥的效果较差，在以水质改善为目标的清淤工程中往往无法达到预期目的，抓斗式挖泥如图 5-9 所示。

图 5-9　抓斗式挖泥船

2. 铲斗式清淤

利用吊杆及斗柄将铲斗伸入水中，插入水域底部进行挖掘，然后由绞车牵引将铲斗连同斗柄，吊杆一起提升出水面，再由旋回装置转至卸泥区，拉开斗底将泥卸掉。铲斗式清淤可以集中全部功率在一个铲斗上进行挖掘，适用于挖掘水域底部较硬的区域，如孵石、砾石、大小块石和黏土、粗砂及混合物等，但挖运卸泥间相互影响大，强烈扰动底泥，易产生浮泥遗漏，施工质量差，效率低。铲斗式挖泥船如图 5-10 所示。

3. 普通绞吸式清淤

普通绞吸式清淤主要由绞吸式挖泥船完成，是一个"抱、运、吹"一体化施工的过程。绞吸式挖泥船由浮体、铰刀、上吸管、下吸管泵、动力等组成。它利用装在船前缘铰刀的旋转运动进行泥水混合，形成泥浆，通过船上离心泵将泥浆吸入吸泥管，经全封闭管道输送至堆场中。普通绞吸式清淤常采用全封闭管道输泥，不会产生泥浆散落或泄漏；在清淤过程中不会对水域通航产生影

图 5-10 铲斗式挖泥船

响，施工不受天气影响；同时采用 GPS 和回声探测仪进行施工控制，提高施工精度。但由于采用螺旋切片绞刀进行开放式开挖，容易造成底泥中污染物的扩散，同时也会出现较为严重的回淤现象；根据已有工程的经验，底泥清除率一般在 70% 左右。另外，吹淤泥浆含水率高，浓度偏低，导致泥浆体积增加，会增大淤泥堆场占地面积，普通绞吸式挖泥船如图 5-11 所示。

图 5-11 普通绞吸式挖泥船

4. 斗轮式清淤

利用装在斗轮式挖泥船上的专用斗轮挖掘机开挖水下淤泥，开挖后的淤泥通过挖泥船上的大功率泥泵吸入并进入输泥管道，经全封闭管道或驳船输送至指定卸泥区。

斗轮式清淤优点是清淤过程中不会对河道通航产生影响，施工不受天气影响，且施工精度较高。但存在清淤工程中会产生大量污染物扩散，逃淤、回淤情况严重，清淤不够彻底，容易造成大面积水体污染等缺点。斗轮式挖泥船如图5-12所示。

图 5-12　斗轮式挖泥船

5. 链斗式清淤

链斗式清淤指利用一连串带有挖斗的斗链，借上导轮带动，在斗桥上连续转动，使挖斗在水下挖泥并提升至水面以上，挖取的泥土边脱水边提升至斗塔顶部，倒入泥槽后经输送带直接卸入停靠在旁边的运泥船中。运泥船的上方放置铁筛，用来过滤河床的石块和垃圾，确保进入船舱的都是泥浆，方便抽取和下一步沉淀，沉淀后的泥土可以循环利用。

链斗式清淤具有效率较高、含水率低的优点，但表层高含水率的淤泥逃逸，淤泥清除率不高，设备相对复杂，体积大。链斗式挖泥船如图5-13所示。

6. 多功能挖泥船

除了上述的一些常见的带水清淤机械设备外，目前部分地区使用多功能挖泥船。该设备集反铲疏浚、绞吸疏浚及打桩作业于一身，适用于沿海滩涂、河塘湖库等浅水区作业，可以满足大部分清淤土质的要求，多功能挖泥船如图5-14所示。

7. 环保清淤

环保清淤是在清淤过程中能够尽可能避免对水体环境产生影响。清淤设备

图 5-13　链斗式挖泥船

图 5-14　多功能挖泥船

应具有较高的定位精度和挖掘精度，防止漏挖和超挖，不伤及原生土，主要有环保绞吸式清淤和利用气力泵清淤。

（1）环保绞吸式适用于工程量较大的大、中、小型河道，湖泊和水库，多用于大型河道、湖泊和水库的环保清淤工程，定位精度高、避免污染物二次污染，但其成本高，对水位有要求。环保绞吸式清淤船配备专用的环保绞刀头，清淤过程中，利用环保绞刀头实施封闭式低扰动清淤，具有防止污染淤泥泄漏和扩散的功能，可以疏浚薄的污染底泥而且对底泥扰动小，避免污染淤泥的扩散和逃淤，底泥清除率可达到 95% 以上；清淤浓度高，清淤泥浆质量分数达

70％以上，一次可挖泥厚度为 20～110cm。开挖后的淤泥通过挖泥船上的大功率泥泵吸入并进入输泥管道，经全封闭管道输送至指定卸泥区。环保绞吸式挖泥船还具有高精度定位技术和现场监控系统，通过模拟动画，可直观地观察清淤设备的挖掘轨迹；通过挖深指示仪和回声测深仪进行高程控制，精确定位绞刀深度。

（2）气力泵利用压缩空气为动力进行吸排淤泥，可以有效去除表面有污染的浮泥，对水体影响小，但需掌握空气压力、工作频率、行进速度，才能使吸排底泥达到最佳效果。气力泵机动灵活性好，可深水作业，浮泥层清除率高，有效防止二次污染，但施工效率低，成本较高，适用于防止二次污染要求严格的河道、水库、山塘。

5.3.2　清淤要点

5.3.2.1　淤积监测

对河塘湖库进行定期的淤积监测，是掌握水域淤积动态，并建立轮疏工作机制，实现河湖库塘淤疏动态平衡的基础工作。通过淤积监测数据库建设，可以客观地反映河湖库塘所在区域的淤积动态，分析淤积成因，科学合理制订清淤年度计划，确保清淤预算清楚可控。

监测水域可分条状水域和块状水域，条状水域指河道、渠道，块状水域指水库、湖泊、山塘。

1. 监测断面选取

条状水域根据河道、渠道的等级、主要功能、河段所处区域位置、河流长度、淤积条件等因素，在能代表区域淤积状态的河段布设监测断面。此外，应在山区、平原、出入境（省界、市界、县界）、入湖（太湖）口、入海口等交界区域以及城市引水河段、主航道支岔口等河段布置监测断面。其中，跨境河道出入境监测断面建议在河道入境交界处布置。块状水域根据水域类型、水域面积大小、主要功能、区域位置、淤积条件等因素，可按照水域面积均匀分布监测点。监测断面、监测点布设应尽量与水文、水位、流量、水质、泥沙和视频监控等控制断面、控制点相结合。

监测断面应保持相对固定，并建立相应的标识。

2. 监测点的布设

根据水域面积大小因地制宜。大中型水库、50 万 m² 以上湖泊，以每个水库、湖泊为单元，每单元根据水域面积大小布置 20～50 个监测点，一般按水域面积均匀布置，易淤积地带适当加密。小型水库、50 万 m² 以下湖泊、山塘、池塘，可以乡镇（街道）为单元，每个单元不少于 5‰ 的水域布置监测点选取的水域应能代表区域内的淤积状态，每个水库、湖泊布置不少于 9 个监测点，山塘、池塘布置不少于 5 个监测点，监测点应按水域面积均匀布置。重要河道，每个监测断面上的测点不少于 5 个，测点主要在河床底部均匀布置；对于河宽小于 20m 的河道，测点应在整个断面均匀布置。

3. 监测方法

可采用 GPS、超声波测量和水下摄影测量等方法，对于水深较大且有设计底高程的水域可采用水深测量方法；对于小的水域也可采用测杆法。

4. 清淤类型及轮梳厚度

清淤类型分为功能型清淤和污染型清淤，其中：功能型清淤指以防洪排涝、交通航道、灌溉、供水等功能为主要目标的清淤；污染型清淤指以清除重金属、有机毒物和营养物质等污染为主要目标的清淤。功能型清淤分以下情况：

（1）湖泊功能型清淤主要是改善调蓄、休闲和生态等功能。平均淤积厚度小于 40cm 时，原则上不建议清淤。

（2）水库功能型清淤主要是改善防洪、饮用水、灌溉和调蓄等功能。平均淤积厚度小于 100cm 时，原则上不建议清淤。

（3）山塘功能型清淤主要是改善调蓄和灌溉等功能。平均淤积厚度小于 40cm 时，原则上不建议清淤。

（4）池塘功能型清淤主要是改善调蓄等功能。平均淤积厚度小于 50cm 时，原则上不建议清淤。

（5）渠道、小微水体功能型清淤主要是改善灌溉、引水、休闲和生态等功能。平均淤积厚度小于 40cm 时，原则上不建议清淤。

（6）湖泊、水库、山塘、池塘、渠道和小微水体的污染型清淤，主要是清除水底重金属、有机毒物和营养物质等污染物质，为控制内源释放，恢复水体自净能力、改善生态、休闲等功能，建议平均淤积厚度达到 30cm 时开展清淤。

5.3.2.2 底泥检测

在清淤之前应该进行初步的底泥调查，清淤前应对底泥进行取样检测，分析底泥中氮、磷、汞、锌等各种重金属及有毒物质，通过底泥采样分析明确底泥中污染物的特点和是否超过环境质量标准。

5.3.2.3 因地制宜

根据淤积的数量、范围、底泥的性质和周围的条件确定包含清淤、运输、淤泥处置和尾水处理等主要工程环节的工艺方案，因地制宜选择清淤技术和施工装备，中小河道、农村河道的清淤工程与港口航道和大江大河清淤工程有所不同，具有工程量小、大型船只通行困难、清淤对象含有各种垃圾、性质复杂的特点。从这种特点出发，应采用简易的清淤技术。因地制宜，考虑河塘湖库的各种条件，在有条件的情况下选择排干清淤不失为一种现实的选择。在不能够排干的情况下，选择改进的小型泵吸式、绞吸式清淤船，也是小河塘湖库清淤技术发展的方向。

5.3.2.4 绿色环保

清淤时应采用合理的施工机械，避免因施工扰动水体，造成水体二次污染。要注重生态清淤，重视对挖掘工艺和措施的选择，注重生产过程中对水环境、声环境、周边环境的影响，做到环保清淤，绿色施工，杜绝淤泥运输中的散落、泄漏情况。清淤过程中产生的底泥先进行稳定化处理，再根据底泥本身的特性分门别类进行有效处置。特别是有重污染工业污水排放的河塘湖库，含有重金属和有机污染物的底泥，应分析鉴别后再进行妥当处理，实现无害化、资源化处置。

5.3.2.5 经济合理

工程选用的方案及设备应在满足有效清除污染底泥、环保施工的前提下，做到占地最小，投资最少。

河道清淤可结合曝气、微生物处理等河道生态修复工程，堤岸绿化、结构改造和设施提升等工程进行；水库、湖泊在不影响功能的情况下，清淤可结合水库综合整治和湖泊生态修复等工程进行；山塘在不影响功能的情况下，清淤可结合山塘除险加固工程进行。

避免发生护岸失稳、坍塌、滑坡、位移导致开裂等问题，做好清淤现场及排泥场的安全防护措施，把保护人民生命财产安全、促进人民的全面发展放在清淤的首要位置。

一般情况下，河道按设计断面进行清淤，水库一般清淤至死水位，山塘、湖泊清淤至设计地形高程，避免超挖和欠挖（超挖、欠挖应控制在规定范围内）。清淤技术要求可参考《疏浚与吹填工程技术规范》（SL 17—2014）的相关规定。

5.3.3 淤泥处置

遵循"无害化、减量化、资源化"的原则，综合考虑底泥化学、物理和生物特性，结合清淤方式，采取合理的处理和处置方式，提高淤泥的资源化利用水平。首先要弄清淤底泥有无污染。淤泥是否污染及含有的污染物种类是否不同，其相应的处理方法也不同。淤泥基本上没有污染物或污染物低于相关标准，如疏浚淤泥无重金属污染，同时氮磷等营养盐的含量也低，对于此类无污染或轻污染的淤泥可以进行资源化处理。对污染物超过相关标准的淤泥，处理时首先应考虑降低污染水平到相关标准之下，如对重金属污染超标的淤泥可以采取钝化稳定化技术。淤泥处理技术的选择也要考虑到处理后的用途，如对氮、磷营养盐含量高的淤泥，处理后的淤泥拟用作路堤或普通填土而离水源地较远，氮、磷无法再次进入到水源地造成污染时，一般不再考虑氮磷的污染问题。

5.3.3.1 堆场处理与就地处理

堆场处理是指将淤泥清淤出来后，输送到指定的淤泥堆场进行处理，我国河道清淤大多采用绞吸式挖泥船，造成淤泥中水与泥的体积比在 5 倍以上，而淤泥本身黏粒含量很高，透水性差，固结过程缓慢，因此，如何实现泥水快速分离，缩短淤泥沉降固结时间，从而加快堆场的周转使用或快速复耕，是堆场处理法中关键性问题。就地处理则不将底泥疏浚出来，而是直接在水下对底泥进行覆盖处理或者是排干上覆水体然后进行脱水、固化或物理淋洗处理，但也应根据实际情况选用处理方法，如对于浅水或水体流速较大的水域，不宜采用原位覆盖处理，对于大面积深水水域则不宜采用排干就地处理。

5.3.3.2 淤泥固化

淤泥固化处理技术是利用植物吸收重金属或物理化学方法将淤泥中有毒有害废物掺和并包容在密实的惰性基材中，使其稳定化、固定化，通过固化剂的化学作用和包裹作用，使得易游离的重金属离子转化成稳定的固体，减少对人体的危害，从而达到无害化和资源化利用的目的。固化所用的惰性材料称为固化剂，固化产物成为固化体。淤泥固化处置需进行检测从无害化利用角度考虑，处理之后的淤泥应不会对环境构成威胁，无臭、无毒、无害，臭气浓度、粪大肠杆菌、重金属等污染物浸出毒性等项目宜作为检测的项目；如作为工程填土来使用，还要检测其承载比、压实度、耐水性等土工力学性能指标。通过植物吸收重金属适用重金属超标，但不很严重的情况，植物不同，吸收效果不同，需要选择耐重金属的植物，淤泥固化处理如图5-15所示。

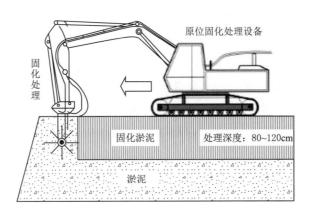

图5-15　淤泥固化处理

5.3.3.3　卫生填埋

类似垃圾填埋场卫生填埋处理，将严重污染的污泥隔离填埋，减少对生物和环境的影响。适用重金属和有机毒物严重超标的污泥处置。

5.3.3.4　淤泥的钝化

钝化处理是根据淤泥中的重金属在不同的环境中具有不同的活性状态，添加相应的化学材料使淤泥中不稳定态的重金属转化为稳定态的重金属而减小重金属的活性，达到降低污染的目的。工业发达地区的河道淤泥中重金属污染物往往超标，通常意义上的污染淤泥多指淤泥中的重金属污染，对此类重金属超标的淤泥，可以采用钝化处理技术，同时添加的化学材料和淤泥发生化学反应会产生一些具有对重金属物理包裹的物质，可以降低重金属的浸出性，从而进一步降低重金属的释放和危害。钝化后重金属的浸出量小于相关标准要求之后，这种淤泥可以在低洼地处置，也可作为填土材料进行利用。

5.3.3.5　淤泥资源化利用

1. 淤泥堆肥

适用病原菌超标、臭味重、动植物残骸分解不够的污泥。通过对污泥进行卫生处理，通过氧化作用消灭对人体有害的病原菌、加速有机物分解和降解，使得有机物转化成无机物或稳定的腐殖质有机物。

2. 制砖制陶

疏浚底泥中含有大量的黏土颗粒，可作为烧结制砖和制陶粒的原料。通过烧结和熔融将淤泥转化为建筑材料，烧结是通过加热 800～1200℃，使淤泥脱水、有机成分分解、粒子之间黏结，制砖或水泥。熔融是通过加热 1200～1500℃使淤泥脱水、有机成分分解、无机矿物熔化，熔浆通过冷却处理可以制作成陶粒。淤泥制砖和制陶粒的特点是产品的附加值高，但淤泥掺量有限，而普通制砖厂大概年消耗淤泥 5 万 m³，不能满足目前我国疏浚淤泥上百万立方米的处理需求。

3. 绿化用土

疏浚底泥含有丰富的有机质和植物需要的氮、磷、钾等营养物质，底泥作为绿化用土是有效的资源利用途径。施于林地、园林绿地、城市道路、河道岸坡时，高含水率底泥应经过脱水或排水固结后，含水率达到植物适宜值才能利用，处理方式宜采用厌氧消化或高温好氧发酵（堆肥）等方式进行无害化处理，处理过程中要防止恶臭污染。对病原菌超标和有机物降解不够的底泥，应通过堆肥方式使得有机物基本转化成稳定、无臭的腐殖质后再作为绿化土。

4. 农业用土

农业用土关系到人的健康和安全，对污染物的限制要求相对严格。有机质和营养物质含量高，重金属和有机毒物不超标的底泥适宜用作农业用土。大部分地区的疏浚底泥污染物成分简单、浓度低，且含有机质及植物生长所必需的营养元素，理化性质与土壤接近，非常有利于土地利用的实施。

5. 湿地建设

疏浚得到的湖荡底泥可以作为湿地景观或是浅滩湿地等的堆填材料，结合实际情况，在大型湖荡周边或中心可以规划湿地公园，部分湖荡可以规划有浅滩湿地，即直接在湖荡规划浅滩湿地的位置处吹填淤泥，这也是一个消纳湖荡底泥的好去处，用于浅滩湿地的底泥甚至可以不需经过脱水干化处理，直接通过挖泥船吹填至需要堆填的位置即可。

6. 场地回填

场地回填淤泥经固结排水或脱水干化处理后可作为建设和开发用途的地面

抬高、回填和地形整理，包括围垦区回填、低洼地回填、公园、绿化带和开发区的地面回填、废弃矿山修复回填等，另外也包括耕作层以下的农业造田造地回填，对污染物的限制要求相对农业用土和园林绿化来说不高，但需做好监测工作，确保不存在安全隐患和二次污染。

5.3.4 资金估算

清淤资金估算包括两方面：一是淤积监测费用，二是清淤费用。

监测费用估算可参考《工程勘察设计收费管理规定》（计价格〔2002〕10号）及《工程勘察设计收费标准》（2002）进行编制，根据监测工程量、监测方法和监测单价等进行监测资金投资估算。

5.4 保洁作业方式和标准

5.4.1 作业方式

河塘湖库保洁的作业方式受到水域特性、水流急缓、漂浮物来源、风向等因素的影响，作业方式较多，主要有水面（巡回）人工打捞作业、水面机械保洁作业、岸边（巡回）人工打捞作业以及拦截漂浮物打捞作业4种。每一种作业方式都有不同的作业工艺，适用不同的河道、河段甚至不同的季节，实际操作中，需要因地制宜，根据不同情况选用不同的作业方式和作业工艺。

打捞是水面保洁的主要手段，打捞机械也是治理水面漂浮物的关键设备。目前各地使用的保洁设备不一，有手动的小艇、木船、水泥挂桨机、铁壳机动船、玻璃钢挂桨机、钢质动力船；也有机械化程度较高的水面漂浮物打捞船。水面漂浮物打捞船采用机械装置，自动地将水面漂浮物打捞到船上，安全性好，效率大大高于人工打捞。

据报道，韩国海洋水产部委托韩国海洋研究院开发的"海洋清扫号"的垃圾打捞船，长30m、宽10m、高23m，能在水深只有2m的浅滩和港口清除漂浮垃圾。船上装有臂长达20m的"多关节"抓铲，可打捞水深为15m的滩底沉积垃圾。船上的钩状收集机可用于收集水中的渔网及渔具，船舱可容纳40t垃圾，这些垃圾可被船载的宽体切割机切割分解。

日本有种专门回收海面或江面漂浮垃圾和漏出油的环保型船，船总长

303m，满载吃水 21m。从双船体中央开口部放下垃圾回收集装箱，操船时把垃圾引入双体间，以此回收海面漂浮垃圾。

加拿大的 PELICAN 公司研制的某型清扫船采用单体船型，具有清扫水面垃圾、油污水处理、消防等功能。主要的作业机具包括翻斗、垃圾箱、油水分离设备、油箱、喷气曝气装置、消防水枪。

天津新港船厂建造的水上清扫船"方通号"于 2001 年 11 月在天津海河下水。该船以电为动力，在接近垃圾后，船上的精密液压喷水自动同转臂、垃圾收集筐升降联动装置等设备一同作业，打扫水面垃圾，液压喷水自动回转臂还可以冲刷堤坡垃圾，浇灌河岸绿地。

上海市废弃物处置公司研制的水面漂浮物打捞船，具有导流、打捞、压缩、储存、转运、污水收集等综合作业能力，采用双体船型，打捞装置采用传送带形式。作业装置主要由喷水导流、固液分离器、螺杆压榨机组成。总长 275m，型宽 86m，型深 26m，吃水 18m。主要作业指标：拦截打捞宽度不小于 8m，最大作业深度为水下 0.6m，打捞速度不小 $700m^2/h$，打捞作业角度可以任意调节，压缩后水草垃圾体积不大于原体积的 30%，固物装载量 15t。该船每小时打捞量可达到 20t，相当于 8～10 个人打捞 1 天的量。

近年来，水面保洁机械不断更新和细化。研发出了割草船、打捞船、全自动保洁船、半自动保洁船等多种产品。

5.4.2　技术标准

2013 年住房城乡建设部关于发布行业标准《城市水域保洁作业及质量标准》（CJJ/T 174—2013）（附录 10）。

CJJ/T 174—2013 明确：城市水域保洁作业应做到安全、环保、文明和高效，减少环境污染，避免对公众生活及水上交通产生影响。

城市水域保洁作业管理和作业单位应加强应急队伍的建设、管理，制定水域应急保洁作业预案及应急物资、设施设备的储备。

城市水域应根据所在地的经济发展水平、功能区特性及特定活动区域内环境质量要求等因素确定保洁等级。

CJJ/T 174—2013 将城市水域分为 3 个保洁等级。城市水域保洁等级见表 5-1。

表 5 − 1　　　　　　　　　　　　城市水域保洁等级表

保洁等级	水 域 划 分 条 件
一级	（1）游览观光区、风景名胜区，特定保护区； （2）中心城区景观水域、商业及中心商务区水域； （3）其他对城市形象有较大影响的水域
二级	（1）沿岸具有集中居民住宅区的水域； （2）城区主要交通干道两侧 200m 距离范围内，一级以外的水域； （3）担任主要运输功能的水域
三级	（1）沿岸居民住宅区与单位相间的水域； （2）沿岸设有集贸市场、码头的水域； （3）主要铁路、公路两侧 200m 距离范围内的水域； （4）城郊结合部的水域； （5）其他

5.4.3　水域保洁作业要求

1. 一般规定

城市水域保洁作业船舶宜选用清洁能源或无油污染、噪声低的环保型船舶，并应安全可靠。船舶作业和停靠应符合港航主管部门管理要求，不应影响其他船舶的航行。船只船容应整洁，无明显污渍和破损；废弃物储存设施应整洁、完好，无残余物品吊挂。

在废弃物储存、转运过程中应采用遮盖等作业措施。打捞清除的漂浮废弃物应在指定的场所转运、装卸，应日收日清、定时、定点，并应纳入当地垃圾收运系统。保洁作业完成后应及时清除散落废弃物，并应清洗作业装备。

水面保洁作业可根据水域特点在漂浮废弃物易聚集处设置漂浮废弃物拦截设施。漂浮废弃物拦截设施应保持外形完好，并宜采取遮盖措施；被拦截的废弃物应及时清除，不得满溢，应避免垃圾裸露。发现漂浮废弃物时，作业船只应减速慢行。打捞的漂浮废弃物应及时送入船舱。

防汛墙、驳岸等建（构）筑物的临水侧应使用相应作业器具定期进行清洗，保持清洁。苇地、滩涂、岸线与水面交界退潮露滩处，应根据潮汐、风向等自然条件，采用保洁设备或人工巡回保洁，清除沿岸、护坡枯枝落叶、废弃杂物和暴露垃圾。

2. 作业安全

作业人员应具备相应的专业技能，并应符合国家有关规定，作业时应穿救生衣等防护用品。

作业设备应保持正常状态，严禁违规运转。操作人员应按照设备的基本性能操作，运动部件应设有安全防护罩和安全警示标志。当保洁作业设备出现故障时，应在确保人员及水上交通安全的前提条件下，进行检修与维护。

在保洁作业过程中应控制船舶速度，并应随时观察水域水流状况、船舶移动、风向潮汐等情况；船舶通过桥梁、管线等跨河建（构）筑物时应观察上空情况，定点作业时应系好缆绳。

发现疑似危险物品时，应及时向有关部门报告。

在泵站、水闸引排水与船闸运行期间，不应在该水域进行保洁作业。在台风、雷暴雨、洪水、大雾、寒潮、高温等灾害性气候以及大潮汛期间，应按气象部门发布的预警时间，暂停水上作业与运输，并应采取相应的防护措施。

5.4.4 水域保洁质量要求

各级水域保洁水面质量要求见表 5-2。

表 5-2　　　　　　　　各级水域保洁水面质量要求

项　　目	级　　别		
	一　级	二　级	三　级
每 5000m² 水域水面垃圾累计面积/m²	≤1	≤2	≤3
每 5000m² 水域水生植物面积/m²	单处面积≤50 或累计面积≤250	单处面积≤100 或累计面积≤500	

各地在保洁工作中，根据当地的情况提出了保洁标准或要求。

（1）浙江省水利厅与浙江省财政厅联合下发的《浙江省河道保洁长效管理考核办法（试行）》，明确河道保洁的标准是"四无"：河面无杂草、无漂浮废弃物、河中无障碍、河岸无垃圾。

浙江省各市、县（区）在此基础上作了更具体的规定。如宁波市镇海区人民政府 2005 年发布的《镇海区河道保洁实施办法》明确河道保洁标准如下：

1）落实河道 10h 保洁制度，从 7：00—17：00 实行动态保洁。

2）清理河中、河坎、河岸边、桥洞、河埠头等处的垃圾废弃物、杂草、畜禽粪便等影响水洁的所有杂物。

3）打捞的垃圾、漂浮物做到日产日清，上岸运走，并在指定地点倾倒。

4）汛期排水期或重大活动期间，应增加打捞次数，保持河面干净。

（2）苏州市对河道实行分类保洁，河道分为 4 类，保洁标准分别如下：

1）一类河道，每天连续保洁 12h，保洁遍数不少于 4 遍，8 个单程，水面没有漂浮物。

2）二类河道，每天连续保洁 10h，保洁遍数不少于 3 遍，6 个单程，水面基本没有漂浮物。

3）三类河道，每天连续保洁 8h，保洁遍数不少 2 遍，4 个单程，水面没有较多漂浮物。

4）四类河道，在农村范围内，采用定期和突击相结合的保洁办法，河道水面没有成片漂浮物。

（3）上海市在水域保洁的标准制定方面走在前列。2007 年 7 月上海市市容环境卫生管理局发布了《上海市城市环境卫生质量标准》（SR 7—2007），该标准由《城市环境卫生质量标准工作导则》《城市陆域环境卫生质量标准》《城市水域环境卫生质量标准》和《城市废弃物收集、运输环境卫生质量标准》等 4 部分组成，其中《城市水域环境卫生质量标准》，明确了水域保洁质量标准。

上海市市容环境卫生水上管理处发布的《河道水域保洁作业基本操作规范》，规定了水域保洁作业的基本要求，发布的《河道环境卫生作业服务质量标准》明确了三级水域、四级水域保洁的具体指标。

上海市金山区对水域与陆域有不同的保洁规定标准。

1）水域保洁标准如下：①河面基本清洁。每 5000m² 水面内漂浮物控制在 1m² 以下，水面无聚集性漂浮垃圾、水生物、动物尸体；②在河道上设置拦漂设施拦截漂浮物，进行集中打捞的，必须做到当日垃圾当日清除，及时运至垃圾中转站或垃圾场；③桥角、桥墩边、水闸前面无垃圾及漂浮物，严禁采取开闸放漂；④保洁河道凡遇到支流，必须向支流延伸 20m 保洁；⑤加强对河道"三无船只"的巡视，一经发现，及时向区有关部门举报。

2）陆域保洁标准如下：①河道管理范围内陆域基本清洁，无废弃物（垃圾）、吊挂物和杂草。防汛通道、景观区等保持清洁，无痰迹、瓜皮、果壳、纸屑、烟蒂等散落物；②沿河设施无乱招贴；③防汛通道内的广告牌、围栏等设施保持完好清洁，无明显污迹、积尘；④青坎控制线（防汛通道）内原则上要求有绿，且无随意违章搭建的简易棚舍；⑤河道两岸绿化范围内应保持整洁，无暴露垃圾，无占绿、毁绿现象；⑥加强对河道排水口的巡视，一经发现排污，及时向区有关部门举报，措施扎实。

第 6 章

河 湖 整 治

6.1 河湖整治概览

6.1.1 历史

河湖整治在我国有着悠久的历史。相传约在公元前 2300 年，大禹顺水之性，采用因势利导、疏川导滞的办法，将洪水排泄入海。西汉时在竣县一带的黄河上，在水流严重淘刷的弯曲段，修筑石堤御流，以防破堤决口。东汉时在原阳一带修建了"八激堤"，即用石料在受溜淘刷严重的堤段修建石垛，以托溜外移，类似现代险工的坝、垛。明代潘季驯在多年治河实践的基础上提出了稳定河道，坚筑堤防，束水攻沙，借清水刷黄的治河方策。

历代采取的整治河湖措施，在防御洪水中发挥了重要作用。随着近代水力学、河流动力学、河道泥沙工程学的进步，河工模型试验的发展及工程材料的改进，河道整治发展到一个新的阶段。

6.1.2 国内外发展趋势

1. 国内

河湖整治是一个不断发展的概念，在我国大体可分成两个阶段。

20 世纪 90 年代之前为传统的河道整治阶段，传统的河湖整治是为防洪、航运、保护码头、桥渡等涉河建筑物及航道整治的需要，按河道演变的规律，因势利导，调整、稳定河道主流位置，以改善水流、泥沙运动和河床冲淤部位而采取的工程措施。普遍应用于护堤保滩，以控导洪水，稳定河势，保护堤岸

的安全和滩地的稳定。河湖整治工程还服务于航道整治以及保护码头、桥渡等的安全。

20 世纪 90 年代以来，随着经济社会的发展和人民生活水平的日益提高，人们对人居环境的要求也越来越高，河道整治已不局限于传统意义上建设整治建筑物。河流除了行洪排涝等传统功能以外，河流的生态平衡、调节区域微气候、塑造景观、营造宜人的滨水空间、传承历史文化等方面的功能也逐步被人们认识。河湖整治的内涵和外延发生了很大的变化，如上海市苏州河、成都市府南河、绍兴市环城河整治等，河湖整治从单纯的水工建筑物控导水流改善流态，以护岸固堤等防洪和河湖整治建筑物为基础，结合生态、景观、文化、产业设计，发挥河湖综合功能为目标，近年来又提出了美丽河湖的理念。传统的河湖整治工程，注重满足河湖防洪、排涝、蓄水通航等功能，很少考虑河湖与周边历史环境、社会环境、生态环境及人文环境的统一，也给河湖的自然环境和景观带来影响。

20 世纪 90 年代以来，我国的河湖综合整治首先发端于经济要素集中的城市水系整治，以成都市府南河、沙河，天津市海河、绍兴市环城河、上海市苏州河、南京市秦淮河、桂林"两江四湖"工程等一大批城市水系整治为代表，河湖综合整治的理念逐步形成，河湖综合整治不仅改善了城市水环境，而且显著提升了所在城市的社会和人文环境，提高了城市品位。进行河湖综合整治，充分发挥河湖综合功能，已成为共识。21 世纪以来，一些经济发达的省份，如浙江、江苏、山东等省份农村河湖的综合整治也在普遍开展。一些地方在立法中已吸收了河湖综合整治的实践经验，明确河湖整治要与生态、人文景观相协调。如 2005 年 12 月黑龙江省人大常务委员批准《哈尔滨市河道管理条例》第七条规定：河道整治规划应当符合流域综合规划和国家规定的防洪、排涝、环境保护、通航标准以及有关技术规定，符合自然生态要求，并与人文景观相协调。

2. 国外

在国外，大体以 20 世纪 80 年代为界。20 世纪 80 年代国外许多水利与生态环境工作者开始对河湖整治技术中一些破坏生态环境设计和施工进行反思，德国、美国、日本、法国、瑞士、奥地利等国在保证防洪安全的前提下，采取了修建生态河堤、恢复河岸水边植物、拆除河道上人工铺设的硬质材料等措施，河湖整治要保护自然、恢复自然强调生态景观型河道已成为河湖整治主导理念。

荷兰规划和建设 21 世纪的人与自然和谐相处的水环境。美国通过拆除大坝，恢复过去已被淹没的河段并重建岸边植物带等措施，恢复和改善河湖生态系统，加拿大、澳大利亚、新西兰等国家通过新的河湖整治工程，恢复河湖的滩地、拆除混凝土护岸、设计可为鱼类动物提供繁衍生息的护岸工程及人工岛。

日本是将生态景观设计较好地用于水利工程的国家，在 20 世纪 90 年代初就开展了"创造多自然型河川计划"，1991 年有 600 多处多自然型河的试验工程，并且在生态护岸方面做了实践。

在实践的基础上，发达国家将新的河湖整治思想上升为法律或技术标准和规范，荷兰、德国、日本、美国等都制定或修订了相关的技术标准，用法律和行政的手段为生态景观型河湖的发展保驾护航。日本于 1997 年 6 月对《河川法》进行修订，在防洪和水资源利用的基础上，突出强调了河湖的环境建设与保护。

6.1.3　传统河湖整治与现代河湖综合整治的比较

6.1.3.1　传统河湖整治

1. 整治目标

为满足防洪、航运、保护码头、桥渡等涉河建筑物及航道的需求，需要进行河湖整治。

2. 整治原则

河湖整治规划中要统筹兼顾上下游、左右岸的关系，调查了解社会经济、河势变化及已有的河道整治工程情况，进行水文、泥沙、地质、地形的勘测，分析研究河床演变的规律，确定规划的主要参数。采取护堤保滩、稳定河势、改善流态等方式，确保行洪安全。

在确保行洪安全的前提下，还应综合利用，充分发挥河湖的航运、竹木流放和渔业等功能。

3. 主要内容

河湖整治主要内容包括：拟定防洪设计流量及水位，拟定治导线，拟定工程措施。

（1）防洪设计流量及水位按国家及行业的有关标准确定。

（2）治导线是布置整治建筑物的重要依据，山区河道整治的任务相对较单纯，一般仅需要规划其枯水河槽整治线。平原河道整治线有洪水河槽整治线、中水河槽整治线和枯水河槽整治线，中水河槽通常是指与造床流量相应的河槽，固定中水河槽的治导线对防洪至关重要，它既能控导中水流路，又对洪、枯水流向产生重要影响，对河势起控制作用。

（3）整治工程的布局，应能使水流按治导线流动，以达到控制河势稳定河道的目的。在工程布置上，根据河势特点，采取工程措施，形成控制性节点，稳定有利河势，在河势基本控制的基础上，再对局部河段进行整治。以防洪为目的的河湖整治，要保证有足够的行洪断面，避免过分弯曲和狭窄的河段，以免影响宣泄洪水；以航运为目的的河湖整治，要保证航道水流平顺、深槽稳定，具有满足通航要求的水深、宽度、河湾半径和流速流态，还应注意船行波对河岸的影响；以引水为目的的河湖整治，要保证取水口段的河道稳定及无严重的淤积，使之达到设计的取水保证率。

4. 整治措施

传统河湖整治工程措施主要如下：

（1）护岸工程。通过修建丁坝、顺坝、锁坝、护岸、潜坝、鱼嘴、矶头、顺坝、平顺护岸等工程以控制主流，防止堤防和岸滩冲刷，安全泄洪。

（2）裁弯工程及堵汊工程。自然裁弯往往会发生强烈的冲淤现象，给河道的治理带来被动。因此，当弯道演变到适当状态时，即可进行人工裁弯，有计划地改善河道的不利平面形式。裁弯取直工程是在适当处开一条顺直的新河道，代替原河道，以增加河道泄量，降低水位的工程。

（3）疏浚拓宽工程。在山区，通过爆破和机械开挖，切除有害石梁、暗礁，以整治滩险，满足行洪、航运等要求；在平原，多采用挖泥船等机械疏浚，切除弯道内的不利滩嘴，浚深扩宽航道，提高河湖的行洪通航能力。河道过窄的或有少数突出山嘴的卡口河段，通过退堤、劈山等以展宽，扩大行洪水断面，使与上下游河段的过水能力相适应。

6.1.3.2　现代河湖综合整治

1. 整治目标

围绕"安全、生态、管护、亲水、文化"的目标，采取截污纳管、配水清淤、布景造绿、驳坎护岸等综合措施，以发挥河湖防洪、生态、景观、文化、产业等多方面综合功能的工程。使河湖成为生态廊道、遗产廊道、休闲通道、景观界面、生活界面。

（1）生态廊道。生态廊道是水和各种营养物质的流动通道，是各种乡土物种的栖息地，对维护大地景观系统连续性和完整性具有重要意义。

（2）遗产廊道。遗产廊道的历史与文化常常与河湖密不可分，故事与古迹往往沿河湖发生和留存。

（3）休闲通道。休闲通道是居民慢行的最佳通道，也是郊游的场所。

（4）景观界面。景观界面是城乡形象与特色的体现，人与自然、人与人交流的场所。

（5）生活界面。生活界面展示居民生动的日常生活。

2. 整治原则

（1）安全的原则。防洪安全及人们活动安全，根据河湖两岸防护对象的重要性，确定不同的防洪标准。

（2）自然的原则。在满足防洪排涝安全的基础上，充分保护河流的自然景观，创造人与自然和谐的河流空间。

（3）生态的原则。了解自然水系状况、气候变化、水生物种类、水生态自净能力等，提出维护水生态再生能力、物种多样性、功能持续性的方案。

（4）景观的原则。以水造景，营造和谐的水景观。

（5）开发利用的原则。开发利用河流沿线的文化、旅游、土地等资源，充分挖掘河道的文化、旅游内涵，统筹运作河道两岸保护区新增和增值的土地。

（6）公众参与的原则。征求沿线居民意见，公布规划方案，充分听取居民对水生态、水功能、水景观、水文化的态度和需求。

3. 主要内容

主要内容包括：河湖防洪安全建设、河湖生态保护与修复、河湖管护设施建设、亲水便民设施建设、河湖水文化建设。

（1）河湖防洪安全建设包括以下内容：

1）系统考虑防洪安全。根据有关规划防洪排涝要求和存在的防洪安全问题，统筹考虑河湖堤岸建设、河湖清淤、阻水建（构）筑物拆除、安全管护设施建设等综合措施。

2）建设适宜堤岸。从安全、生态和综合功能等方面综合考虑堤岸工程建设。堤线布置应充分利用现有道路和高起的地势，尽量增加行洪断面。在满足安全的前提下，堤岸的结构型式尽量自然生态，建筑材料宜选用多孔隙天然材料，慎用大体量混凝土、灌砌石、浆砌石、土工材料以及未经类似工程验证的新材料等，忌过度渠化、硬化河道；堤岸断面结构可采取地形重塑等手段形成"隐形堤岸"，对于现状不合理硬化的堤岸宜进行生态化改造或修复。堤岸空间和功能设计应分析综合功能需求，合理结合沿线交通、便民、文化、景观、休闲等。

3）合理建设堰坝工程。从稳定河势、灌溉引水、改善生态等方面充分论证堰坝工程建设的必要性，特别注重堰坝下游消能和与堤岸连接处的安全措施，忌过度筑堰影响防洪安全和河流生态。调查分析现状河湖堰坝存在的问题，针对性提出拆除、降高、改造、加固等措施，应特别注重古堰坝的保护和修复。堰坝型式应与河床自然融合，融入当地人文风情元素营造"一堰一景"，用低矮宽缓堰坝，蓄水后尽量不破坏现有滩林、滩地，充分考虑鱼类洄游通道，堰体外观不宜暴露混凝土面板等白化材料。

（2）河湖生态保护与修复包括以下内容：

1）河湖生态调查。在河湖治理设计前对河湖常年水质变化、常年水量情况、空间形态、植物、水生动物种类及生存繁衍环境等情况进行针对性调查，分析存在的问题，提出建议。

2）河湖空间形态修复。系统考虑河湖空间形态修复，平面上对直线化、规则化的河湖岸线尽量优化调整；对山丘区河流因采砂等原因留下的深坑、乱滩应进行修复整理，营造滩、洲、潭等多样化的生态空间。横向上尽量修复构建岸、坡、滩、槽形态，相互之间应平顺过渡；纵向上对现状严重阻隔鱼类洄游、影响生态的拦河建筑物应统筹考虑其功能尽量予以拆除或生态化改造。河湖空间形态修复不应影响行洪安全和结构安全。

3）河湖生态水量保证。应全河段分析生态性水量问题，确保河湖生态健康。对于因拦河建筑物、引水式水电站等造成生态性水量不足的河道提出生态性水量泄放要求，新建拦河建筑物不得造成下游河道脱水。采取引配水、沟通断头河、拓宽卡口、清淤等措施改善水体流动性。

4）采取植物措施。结合岸坡稳定、生态修复和自然景观要求采取植物措施，构建河岸带缓冲区，宜林地段应结合堤岸防护营造防护林带，平原水系、山区河滨带和洲滩、湿地优先选择具有净化水体作用的水生植物、低杆植物，湖泊植物配置宜营造湿地景观。城镇区、村庄、田野等不同河段宜营造不同的植物景观风貌，应注意四季色彩变化，尝试一河一湖一个或多个植物主题。要充分考虑养护成本，乡村河段不宜配置名贵树种、大草坪等，城镇段需体现自然野趣。

5）科学清淤疏浚。河湖所沉积底泥是重要的污染源，又是水生态环境的有机组成部分，科学分析、合理确定清淤方式和清淤规模，避免清淤过度。山丘区河流不宜大规模清淤疏浚，确有必要的须进行防洪安全和生态影响分析论证，清淤前应进行淤泥的勘察、测量和检测，重点排查重污染行业，确定污染源的污染物类型、污染状况和污染来源。山丘区河道施工顺序应遵循"先上游、再下游，先支流、再干流"的原则，平原区河道应考虑集中连片水网整体清淤。底泥处置应遵循"无害化、减量化、资源化"的原则，根据底泥的物理、化学和生物特性，确定底泥的处置方式。

（3）河湖管护设施建设包括以下内容：

1）完善监测、监控设施。山丘区中小流域镇区防洪控制断面宜设置水位、流量监测设施。平原河道内镇区防洪控制断面处、重要圩区处、重要水利工程处等宜设置水位监测设施。在水位流量监测点、管理房、水闸、泵站、重要堰坝、险工险段等河湖重要位置布设必要的视频监控设施。监测、监控设施应能够自动采集、长期自记、自动传输、统一汇聚共享。监测、监控设施应按照流域区域整体考虑，尽量与河湖治理工程同步设计、同步施工、同步投入使用。

2）完善管护标识标牌。探索建立涵盖安全警示、河湖长制、工程特性、建设情况、水情宣传、交通指示、文化标示等标识标牌系统，并且注意尽量结合各地特色，做到美观、耐用。加强河湖定界设施建设，可采用连续低矮的物理隔断、界桩等措施将河湖划界成果落地。

3）合理设置管护用房。充分改造利用现有管理用房，增设必要的管理用房。管理用房功能应尽可能多样化，遵循节能、绿色、环保等原则，与河长制管理要求、水情教育、水文化展示、便民、全域旅游、休闲驿站等配套设施相结合，做到外形美观、功能多样、经济实用。

4）防汛管护道路。在现有防汛道路的基础上，进一步结合新建堤岸道路、乡村道路等贯通防汛抢险道路，满足河湖巡查管护等需要，同时尽量兼顾沿河沿湖两岸居民生产生活的需求。

（4）亲水便民设施建设包括以下内容：

1）滨水滨岸慢行道。宜利用堤岸布设慢行道，堤岸顶慢行道可结合防汛道路，堤岸脚部慢行道应结合防冲功能布置，并考虑行人的安全与舒适度。路面材料乡野段道路宜选择自然生态材料。慢行道应与当地整体自然环境协调，不宜千篇一律按照绿道设计标准设计，不宜大量采用彩色路面，人迹罕至、山体侧河段和鸟类等动物栖息地不宜设置慢行道，宽度较窄的河流不宜两侧设置慢行道。

2）滨水滨岸小公园。在重要节点处可结合需求在居民集居区域或结合古桥、古堰、古树、古村落等布置滨水滨岸小公园，适当考虑居民休闲、健身、文化交流、观赏等综合功能。滩地公园设施不得影响行洪安全，岸上公园与市政公园共建共管时不得影响河湖管理。

3）亲水便民配套设施。在居民较集中的位置可结合浣洗、取水、驳船等布置相应的河埠头、小码头、垂钓点等设施；在人流量比较集中的位置可设置遮阳避雨设施；在重要节点上可考虑照明、公厕等公共基础设施。

（5）河湖水文化建设包括以下内容：

1）挖掘河湖文化。可从 4 方面进行挖掘：一是古河流工程和古治水人、治水事；二是当代现代河湖特色工程、治水事迹；三是河湖腹地的流域人文；四是特色创新类文化。

2）保护传承展示。对古桥、古堰、古渡口、古闸、古堤、古河道、古塘、古井、古水庙等古水利工程以及古代治水人物、故事、诗词文章进行挖掘整理，对现存的古迹进行保护、修复和文化设施建设，对已经不存在的重点古工程，可考虑进行文化艺术性展示。

3）彰显治水成效。对河湖特色水利工程的基本情况、成效以及建设人物、故事等进行文化艺术性展示。在河湖廊道与其腹地交通交汇点上，可考虑设置流域、区域特色文化的导引设施，既作为旅游交通导引，又丰满了河湖廊道的文化元素，为全域旅游提供水文化支撑。

4）特色创新。根据规划或概念方案确定的河湖特色定位，打造有文化记忆、诗情画意、休闲野趣、浪漫情怀、健康生态等主题的河湖特色。文化设施形式可为石、碑、亭、廊、墙、牌、馆、像等，内容可为物、字、图、文、影等，需要选择合理的位置、形式、内容进行展示，并且符合美观性、易读性和耐久性要求。

4. 整治措施

通过"保、截、引、疏、拆、景、态、用、管"等多种整治措施，把河湖建设成为人水相亲、人水和谐的风景线。

（1）"保"——防洪保安。防止洪水侵袭两岸保护区，保证防洪安全及人们沿河的活动安全。河湖应有足够的行洪断面，满足两岸保护区行洪排涝的需要，河湖护岸及堤防结构必须安全。在满足河湖防洪、排涝、蓄水等功能的前提下，建立生态性护岸系统满足人们亲水的要求。采取疏浚、拓宽、筑堤、护岸等工程手段提高河湖的泄洪、排水能力，稳定河势，避免水流对堤岸涉河建筑物的冲刷，使河湖两岸保护区达到国家及行业规定的防洪排涝标准。

（2）"截"——截污水、截漂浮物。摸清河湖两岸污染物来源，进行河湖集水范围内的污染源整治，将河湖两岸污水、漂浮物无组织、任意地排放改为有组织排放。对工农业及生产生活污染源进行整治，新建、改建污水管道及兴建污水泵站及污水处理厂，提高污水处理率，实行排污总量控制通过对沿河地块的污水截污纳管，逐步改善河道水质；兴建垃圾填埋场及农村垃圾收集点，建立垃圾收集、清运、处理处置系统。

（3）"引"——引水配水。对水体流动性不强，季节性降水补充不足的平原河网和城市内河湖的整治，需从在天然水源比较充沛的河湖，引入一定量的清洁水源，解决流速较小水量不充沛的问题，补充生态用水，并对河湖污染起到一定的稀释作用。

（4）"疏"——疏浚。对河岸进行衬砌和底泥清淤，改变水体黑臭现象。

（5）"拆"——拆违。即集中拆除沿河两侧违章建筑，还河道原有面貌，并为河道综合整治提供必要的土地。

（6）"景"——景观建设。加强对滨水建筑、水工构筑物等景观元素的设

计，恢复河湖生态功能，改善滨水区环境，优化滨水景观环境。河道应具有亲水性、临水性和可及性，沿岸开辟一定的绿化面积，美化河道景观，尽可能保持河湖原有的自然风光和自然形态，设置亲水景点，从河湖的平面、断面设计及建筑材料的运用中注重美学效果，并与周边的山峰、村落、集镇、城市相协调。

（7）"态"——保护生态。建设生态河湖，保护河湖中生物多样性，为鱼类、鸟类、昆虫、小型哺乳动物及各种植物提供良好的生活及生长空间，改善水域生态环境。

（8）"用"——开发利用。开发利用河湖的旅游资源和历史文化遗存，注重对历史文化的传承，充分挖掘河湖的历史文化内涵。开发利用河道两岸的土地，从各地的河道综合整治实例看，河湖整治后，两岸保护区原来受洪水威胁的土地得到大幅度增值，临近河湖区块成为用地的黄金地带。在河湖整治规划设计中要充分开发和利用这些新增和增值的土地，通过招商引资的办法，使公益性的河湖整治工程产生经济效益，走开发性整治的新路子。

（9）"管"——长效管理。理顺管理体制，落实管理机构、人员、经费，划定河湖管理和保护范围，明确管理职责，建立规章制度，强化监督管理。开展河湖养护维修、巡查执法、保洁疏浚，巩固整治效果，发挥整治效益。

传统的河湖整治与现代河湖综合整治，在整治的目标、原则、范围、措施等方面都有很大差别。

传统的河湖整治与现代河湖综合整治的比较见表 6-1。

表 6-1　　　　　　　　**传统的河湖整治与现代河湖综合整治的比较**

项目	传统河湖整治	现代河湖综合整治
目标	满足防洪、通航、保护码头、桥渡等涉河建筑物的需要	开发利用保护
原则	安全	安全、自然、生态、景观
范围	局部河段、河湖的水域	全河湖水域及与河湖相邻的陆域
措施	丁坝等整治建筑物、裁弯取直、拓宽、疏浚	截污纳管、筑堤护岸、清淤配水、河道保洁、景观娱乐、休闲旅游、滨水文化建设

传统河道整治示例——硬化河岸如图 6-1 所示，现代河道综合整治示例——固堤绿岸如图 6-2 所示。

图 6-1　传统河道整治示例——硬化河岸

图 6-2　现代河道综合整治示例——固堤绿岸

6.2　河湖整治设计

　　河湖整治涉及水利、建筑、景观、园林、环保等多个专业，包括总体布局、平面设计、断面设计、护岸设计、生态景观设计、施工组织设计、环境保护设计、工程管理设计、经济评价等方面，其设计应执行相关的技术标准。其中和水利关系密切的平面布置、堤（岸）线布置、断面设计、护岸设计等是基础。

6.2.1 平面布置

河湖整治应尽可能保留连续性、蜿蜒性，保留河湖的深潭、浅滩、沙洲等原有河湖地貌形态，避免平面形式规则化、断面形式单一化和建筑材料硬质化。创造出丰富多彩的水边环境，维持水生生物生存、繁育等的自然环境，维护河流生物群落多性。

对过分弯曲河段，为避免自然裁弯造成不良影响，在充分论证后可进行裁弯取直。但目前一些地方为增加土地而进行裁弯取直，使原来蜿蜒曲折的河道呈现近直线化，破坏了河道形态的多样性，对生物的多样性造成危害。因此裁弯工程应十分慎重，一般不应采用河道裁弯工程。

6.2.2 堤（岸）线布置

堤（岸）线的布置与拆迁、工程量、工程实施难易、工程造价相关，堤（岸）线也是景观和生态的要素，流畅弯曲变化的防洪堤纵向布置有助于与周边景观相协调，堤线的蜿蜒曲折也是河流生态系统多样性的基础。

堤（岸）线应顺河势，尽可能保留河道的天然形态。山区河流保持两岸陡峭的形态，顺直型及蜿蜒型河道维持其河槽边滩交错的分布；分汊型保留其分汊格局；游荡型在采取工程措施稳定主槽的基础上，尽可能保留其宽浅的河床。堤顶高程的确、堤顶宽度可以参照有关技术规定执行。

1. 堤距设计

在确定堤距时，遵循宜宽则宽的原则，给洪水以出路，处理好行洪、土地开发利用与生态保护的关系。

在确保行洪安全的前提下，兼顾生态保护、土地开发利用等要求，尽可能保持一定的浅滩宽度和植被空间，为生物的生长发育提供栖息地，发挥河流的自然净化功能。

在不设堤防的河段结合结合林地、湖泊、低洼地、滩涂、沙洲、形成湿地、河湾。在建堤的河段在堤后形成城市休闲广场、公共绿地等，以满足超标准洪水时洪水的淹没。图6-3为自然缓坡为生物的生长发育提供栖息地。

2. 堤岸型式

堤岸型式可分为直立式、斜坡式、复合式。堤岸型式的选择除满足工程渗

图 6-3　自然缓坡为生物的生长发育提供栖息地

透稳定和抗滑、抗倾稳定外，还应结合生态保护或恢复技术要求，尽量采用当地材料和缓坡，为植被生长创造条件，保持河流的侧向联通性。

6.2.3　断面设计

自然河流的纵、横断面浅滩与深潭相间，高低起伏，呈现多样性非规则化形态。天然河道断面滩地和深槽相间及形态尺寸多样同样是河流生物群落多样性的基础。

断面设计应尽可能维持断面原有的自然形态和断面型式。人工河道断面可分为复式、梯形、矩形、双层和混合型断面。采用人工河道或对天然河道断面进行河湖进行整治时，在满足防洪排涝功能情况下，尽量做到河床的非平坦化，采用非规则断面，确定断面设计的基本参数，包括主槽河底高程、滩地高程、不同设计水位对应的河宽、水深和过水断面面积等。根据其不同综合功能、设计流量、工程地形、地质情况，确定不同类型的断面型式，宽窄不一，深浅变化。避免河道断面的规则化和型式的均一化导致流场的均一化，提供生物种群的适应环境，增加与生物的亲和力，并有助于与自然风景相协调。

乡村河段，岸坡宜采用梯级分层、路堤结合的方式。城市（镇）河段，应注重体现不同城市的特色风貌，利于市民亲水、近水，结合城市建设、绿化并与城市沿岸景观相融合。

1. 复式断面

复式断面适用于河滩地开阔的山溪性河道，山溪性河道洪水暴涨暴落，汛期和非汛期流量差别较大，对河道断面需求也差别较大。因此，河道断面尽量采用复式断面，主槽与滩地相结合，设置不同高程的亲水平台，充分满足人们亲水的要求，增加人同自然沟通的空间。复式断面示意图如图6-4所示。

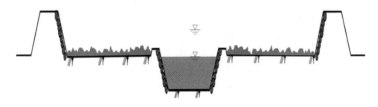

图6-4　复式断面示意图

2. 梯形断面

梯形断面相对复式断面地较少，是农村中小河道常用的断面形式。为防止冲刷，基础可采用混凝土或浆砌石大方脚，一般采用土坡，或常水位以下采用砌石等护坡，常水位以上以草皮护坡。有利于两栖动物的生存繁衍。梯形断面示意图如图6-5所示。

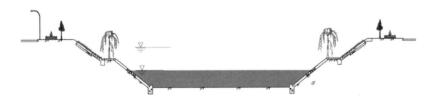

图6-5　梯形断面示意图

3. 矩形断面

城镇等人口密集地为节省土地、平原河网或受地形所限河段常采用此断面。常水位以下采用砌石、块石等护坡，常水位以上以草皮护坡，以增加水生动物的生存空间，有利于堤防保护和生态环境改善。矩形断面示意图如图6-6所示。

4. 双层断面

上层为明河，具有休闲、亲水功能，一般控制20cm的水深；下层为暗河，可以泄洪排涝。适用于城镇内河，具有较好的安全性、亲水性，提高人居环境和城市品位。双层断面示意图如图6-7所示，双层河道效果图如图6-8所示。

6.2.4　护岸设计

在河湖整治工程中，对生态系统冲击最大的因素是水陆交错带的岸坡防护结构。水陆交错带是动物的觅食、栖息、产卵及避难所，植物繁茂发育地，也

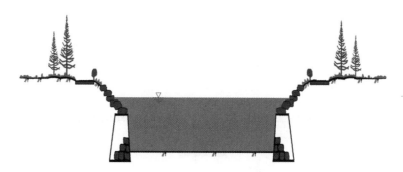

图 6-6　矩形断面示意图

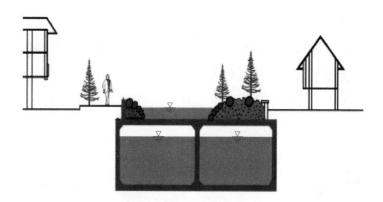

图 6-7　双层断面示意图

图 6-8　双层河道效果图

是陆生、水生动植物的生活迁移区。岸坡防护工程材料设计在满足工程安全的前提下，可尽量使用具有良好反滤和垫层结构的堆石，多孔混凝土构件和自然材质制成的柔性结构，尽可能避免使用硬质不透水材料，如混凝土、浆砌块石等，为植物生长、鱼类、两栖类动物和昆虫的栖息与繁殖创造条件。

护岸设计应有利于岸滩稳定、易于维护加固和生态保护。易冲刷地基上的护岸，应采取护底措施，护底范围应根据波浪、水流、冲刷强度和床质条件确定。护底宜采用块石、软体排和石笼等结构。河湖护砌以生态护砌为主，可采用预制混凝土网格、土工格栅、草皮结构，低矮灌木结合卵石游步路，使河道具有防洪、休闲和亲水功能。

水生植物护坡具有净化水质，为水生动物提供栖息地，固堤保土，美化环境的功能。鱼巢式护岸（图6-9）、块石护岸（图6-10）因其具有通透性可以为鱼类及水生动植物提供生存空间。

图6-9 鱼巢式护岸

图6-10 块石护岸

6.3 技术标准

6.3.1 国外有关标准

1. 荷兰

荷兰于 1991 年发布《河道堤防设计导则》，该导则提出了"综合设计"的概念，强调应尽可能服从环境要求，密切注意风景、历史文化和生态环境。明确堤防设计断面应满足规定的防洪要求，又易于管理和维护；同时还需满足风景、历史文化和生态环境要求。

该导则强调蜿蜒性的堤防本身就是一道风景线，由于堤防决口而形成的侵蚀坑及其他风景要素也是风景画中的组成部分，这些风景还包括牛轭湖、黏土坑、排水沟、堤防上的建筑物、农场和其他植物。

2. 德国

德国于 1997 年 11 月颁布《防洪堤标准》，该标准提出："在确定防洪堤安全标准时，对公共的利益，如自然景观、城建、社会方面的要求以及河滩生态系统保护等也要予以考虑"。

3. 日本

日本于 1997 年颁布《建设省河川砂防技术标准（案）及解说（设计篇一）》，提出护岸往往设置在重要的河边，周围有生态和自然景观等环境，因此护岸应采用与周围自然景观协调的结构型式。图 6-11 为日本亲水河道示例。

图 6-11 日本亲水河道示例

4. 美国

（1）美国环境保护署委托美国陆军工程师团水道试验站研究并于 1997 年出版《河流调查与河岸加固手册》。主要内容：河流地貌学与河道演变的基本知识，河流系统的地貌评价，河岸加固方法综述，适于不同区域特点的加固技术选择，侵蚀防护的一般原理，侵蚀防护的护面工程，抛石防护设计方法，河岸侵蚀控制生态工程技术，侵蚀的非直接防护技术，用于侵蚀防护的植被措施，加固工程的施工，加固工程的监测和维护。对与生物栖息地有关的问题也给予了介绍。

（2）美国陆军工程师团水道试验站 1999 年 6 月完成《河流管理——河流保护和恢复的概念和方法》研究报告。该报告对河流生态保护与恢复方面的问题进行了系统阐述。主要内容包括：河流形态和冲积过程，河流的生态功能，河岸侵蚀分析，岸坡加固生态工程技术，工程规划、设计、运行与管理。该研究报告从生物栖息地保护的高度，对河岸稳定的重要性、河岸生态加固方法等。

（3）美国陆军工程师团于 2001 年 9 月出版《河流恢复工程的水力设计》。其目的在于为从事河流恢复工程的技术人员提供系统的水力设计方法，使河流恢复工程在各种客观约束条件下适应自然系统。图 6-12 为美国阿肯色河。

图 6-12　美国阿肯色河

5. 澳大利亚

澳大利亚水和河流委员会于 2001 年 4 月出版《河流恢复手册》。主要内容包括：河流和流域水文，河流演变，河流分析，河流生态，植被，稳定河势，规划和管理，其他信息资源。

　　6.英国

　　英国于 2002 年 4 月发布《河流恢复技术手册》。主要内容包括：河流蜿蜒的恢复，牛轭湖生态功能的加强，直线化河段的生态加强，河道岸坡生态防护，河床高程及水位和径流的调控，洪水管理，洪泛区湿地特征的创建，公众和人畜接近设施的建设，河流排水设施的强化，河道浚挖泥土的利用，河流的改道。图 6-13 为蜿蜒的河流。

图 6-13　蜿蜒的河流

6.3.2　国内有关标准

　　对河道综合整治，国家有关部门尚未制定行业标准，各地在综合整治工作中，根据当地的情况提出了河道综合整治标准。

　　(1) 2006 年 10 月，浙江省质量技术监督局发布浙江省地方标准《河道建设规范》(DB33/T 614—2016)，该标准从恢复和强化河道行洪、排涝、输水、航运等综合功能，稳定河势，改善水环境，适应河道的自然性、安全性、生态性、观赏性、亲水性的原则出发，提出了河道建设原则、河道规划、河道工程建设、河道水环境、河道水生态、河道水景观、河道建设管理等方面的基本要求。可作为河道综合整治建设的参考。

（2）2007年5月，杭州市河道综合整治与保护开发领导小组发布了《杭州市城区河道综保工程整治标准》，该标准提出了杭州市城区河道综合整治与保护的方针、原则，提出了河道综合整治资料收集、护岸建设、河宽、绿化、管线布设、交叉道路、景观设计、防洪标准、通航要求、水质监测的具体要求，并对城区河道实行分级整治，即对不同的河道采取不同级别的治理标准及综合整治措施。可作为城市河道综合整治建设的参考。

（3）2010年，北京市质量技术监督局发布地方标准《中小河道综合台理规划导则》（DB11/T 758—2010），明确了规划编制的内容和成果要求。

（4）2017年，上海市水务局出台《上海市中小河道综合整治和长效管理工作导则》，该导则定位于上海市各级河长开展管理工作的业务手册，既对上海市城乡中小河道综合整治工作提出指导规程，又对长效管理提出管理标准，涵盖了现状调查、整治目标、方案编制、实施计划、验收考核等中小河道综合整治内容，以及河道巡查、运维管理、水质监测、引清调水、审批许可、执法监督、应急处置等中小河道长效管理内容。该导则强化了入河污染物总量控制和削减与河湖水面积只增不减的红线管控，体现了科学整治与低影响可持续发展的治理理念。同时，还按照城市综合管理标准体系建设要求，兼顾了城乡一体、水陆统筹的多行业多领域协同整治，具有较强的可操作。

（5）2019年，上海市规划和自然资源局与上海市水务局联合编制了《上海市河道规划设计导则》。《新民晚报》对该导则的新闻宣传稿中称："这是全国第一份完全聚焦河道的规划指南，将引导上海市中小河道环境整治，进一步提升上海作为社会主义现代化国际大都市的滨水空间品质。"该导则将为各级河长、湖长及规划、设计、建设、管理、运维相关管理者提供技术和管理支撑，为设计师提供设计指引，为市民提供更多水清岸绿、活力四射的河道滨水空间。河道及沿河陆域是上海城市管理创新及高效运维的管控平台。未来上海河道的建设需要从规划设计理念、建设方法及管理制度等多方面探索支撑创新之城的建设。

图6-14为嘉定区银翔湖，图6-15为青浦区青西水系，图6-16为《上海市河道规划设计导则》设计要素示意图。图6-14、图6-15、图6-16均来源于2018年11月30日《新民晚报》。

图 6-14　嘉定区银翔湖

图 6-15　青浦区青西水系

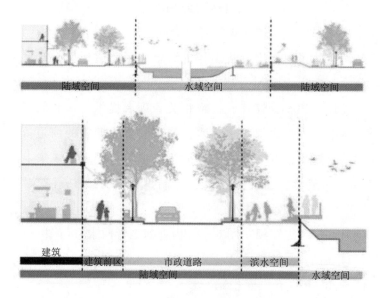

图 6-16　《上海市河道规划设计导则》设计要素示意图

6.4 河湖整治实例

6.4.1 浙江省开化县马金溪流域综合治理

1. 马金溪概况

开化县位于浙江省衢州市，为浙皖赣三省七县交界处，是浙江的"西大门"和重要生态功能保护区。马金溪是钱塘江的源头河流，为典型山区性河道，干流全长 102km，流域面积 1011km²，河道比降为 7.1‰。2011 年以来，打造以马金溪为主轴的钱江源国家公园生态廊道，马金溪流域综合治理范围如图 6-17 所示。

图 6-17 马金溪流域综合治理范围

百里黄金水岸线工程治理范围包括马金溪干流及其重要支流，治理河道长度 129km，总投资约 10 亿元，工程于 2015 年启动，计划 2020 年全面完工。至 2018 年年底，已完成马金溪干流河道综合治理 40 余千米，新建、加固生态堤岸 52km，改造生态堰坝 10 座，保护修复滩地、滩林 18 处，沿线 45km 滨水绿道（防汛管护道路）全线贯通，形成 20 余个亲水公园，完成投资近 4 亿元。

2. 治理理念

(1) 大视野规划。2014 年，开化县被列入全国 28 个"多规合一"试点县之一，《百里黄金水岸项目规划》充分融合开化空间规划、县域总体规划、旅游规划，围绕开化全域旅游战略，将岸线 60m 内作为河流管控区域，与城建、交通、农业旅游协同作战，统筹提升河流两岸乡村环境综合整治，积极谋划甲壳虫动漫文化产业园、钱江源花卉苗木产业园等重大旅游项目。

(2) 高起点定位。在完善河道基本功能的基础上，坚持"水、滩、路、堤、景"综合治理模式，实施防洪减灾、灌溉供水、水生态环境等各类工程，以滨水岸线为纽带，打造古韵商埠区、根魂禅韵区、情怀水运区、古岸慢城区、源头保护区等五块最具代表特色的区域，呈现深厚的文化底蕴，彰显多彩的文化特色，形成以马金溪黄金水岸带为主轴的百里画廊、百里文化长廊，大力发展戏水游、动漫游、农事体验游、花卉观赏游等旅游业态。

(3) 强管理定措施。制定出台了《开化国家公园山水林田河管理办法》，规定百里黄金水岸带水面经营权不予流转，实行最严格的禁渔、禁采砂、禁水产养殖、禁倒垃圾和保洁制度。

3. 治理措施

(1) 河流安全工程。新建加固堤岸 52km，筑堰固河，加固改造生态堰 10 座。

(2) 水生态修复工程。滩地滩林修复与保护 18 处，对沿线硬化岸坡进行生态修复；截污纳管 43 个村，建设污水处理站 3 处，拆除生猪养殖场 12 处。增殖放流各类鱼苗 2.2 亿尾。

(3) 管护设施完善及景观工程。利用堤岸贯通防汛通道 45km，为防汛抢险、标准化管理提供保障，通过景观布设，形式下淤水岸、金星生态园等 20 处水景观主题公园。

4. 治理成效

(1) 提升防洪减灾能力。通过马金溪流域综合治理，流域提升防洪减灾能力，水系连通，水生态得以修复。图 6-18 为综合整治前的马金溪，图 6-19 为综合整治后的马金溪。

(2) 改善沿线村庄环境，带动百姓创业增收。综合整治后的马金溪，沿线 45km 亲水便道全线贯通，形成 20 余个美丽乡村亲水公园，带动百姓创业增收。

图 6-18 综合整治前的马金溪

图 6-19 综合整治后的马金溪

图 6-20 为养猪场转型花千骨生态园林景区。

（3）带动区域休闲旅游产业发展，促进经济产业转型升级。借助马金溪得天独厚的生态优势，引导沿线村民发展民宿 310 余家，创业农业以及亲水旅游业 30 余处，音坑乡的下淤村依托水岸治理开发成 3A 景区，被 CCTV 评为 2016 年度"中国十大最美乡村"之一。

（4）提升人民幸福指数，共享美好生活。马金溪流域整治以后，吸引了国

图 6-20　养猪场转型花千骨生态园林景区

际铁人三项精英赛、钱江源国家公园马拉松比赛、骑行挑战赛以及各类亲水文
化活动的举办。

　　图 6-21、图 6-22、图 6-23 分别为自行车赛、水中嬉戏、国际铁人三项
比赛。

图 6-21　自行车赛

图 6-22　水中嬉戏

图 6-23　国际铁人三项比赛

6.4.2　浙江长兴县泗安塘流域河漾整治

1. 泗安塘概况

浙江省长兴县地处杭嘉湖平原，水系发达、河网密布，山区多涧滩及山塘水库，长兴县内有西苕溪、合溪、乌溪和泗安塘四大流域。泗安塘流域位于长兴县中部，北以合溪新港为界，南以西苕溪为界，西至省界，东至太湖，上游为山区，下游为平原，流域面积 726km²。

泗安塘流域是长兴四大流域之一，素有长兴母亲河之说，也是历年遭受洪涝灾害最严重的河流之一。为了提升流域防洪水平，先后启动了泗安塘干流下游段综合治理工程和泗安塘流域上游整治工程。项目完工后，泗安塘流域整体防洪能力将达到 20 年一遇，有效保护两岸农田和群众的防洪安全。

泗安塘干流下游段综合治理工程，于 2015 年 11 月启动，项目涉及三个乡镇 18.3km，总投资 7403 万元，整治主要建设内容包括加高加固堤防、整治外港护岸、新建内塘护岸、疏浚河道等，工程于 2017 年 5 月完工。

泗安塘流域上游整治，采用引入第三方全过程管理和咨询服务（PPP 模式）进行建设，工程总投资 11.15 亿元，建设内容包括泗安塘干流整治 21.8km，上游 5 条支流及沿线低洼易涝区治理，整个工程预计 2020 年全部完工。

2. 建设理念

长兴县泗安塘流域整治秉承"因地制宜，全面提升，城乡共建，河湖同治"的原则，以水患整治为基础，展示水文化特色，打造水生态亮点，开发水上旅游，对泗安塘流域进行全面科学系统的治理，把泗安塘装点成太湖南岸的一条绚丽彩带。

（1）充分挖掘河道文化底蕴特色。泗安塘上泗安段位于泗安镇千年古村落上泗安村，全长 4.0km。千年前，上泗安是古时皖南往苏浙一带的商贸中心，镇内商户云集，店肆林立，边贸繁荣异常。如今它已不承载商贸、航道的重任，而是成为上泗安村富有生态价值、历史价值的河道。

为了展现上泗安村水上商贸、徽商古道的历史特色，充分利用生态环境和新农村建设优势，长兴县紧紧围绕泗安塘上泗安段独特的生态资源和古商贸街的历史文化特色，对河道进行规划整治，在河道整治过程中充分挖掘和保留了泗安塘上泗安段独有的文化底蕴，建设后的河道 2015 年被评为"浙江省生态示范河道"。图 6-24 为上泗安生态河道掠影。

图 6-24　上泗安生态河道掠影

宅里港河道是泗安塘流域整治的一条支流，位于长兴县图影旅游度假区，整治中对河道景观进行全面提升，对古道名桥进行保护，打造了一条以古道、古桥、古文化为特色主题的生态休闲河道。图 6-25 为宅里港生态休闲河道。

图 6-25　宅里港生态休闲河道

（2）河道回归自然亲水本色。为了解决以往河道硬化渠化严重的问题，泗安塘流域整治摒弃传统的浆砌石、混凝土等直立式挡墙。对农村河段，采用自然岸坡、松木桩加固等生态措施加固堤防，恢复河道生态功能；对城市河段，考虑居民休闲娱乐需要和城市文化元素，恢复河道自然生态的岸线，兴建人水互动滨水景观。图 6-26、图 6-27 分别为李家巷刘家渡港整治前和整治后。

图 6-26　李家巷刘家渡港整治前

图 6-27　李家巷刘家渡港整治后

（3）美丽漾荡发展旅游经济。泗安塘流域的芦圻漾位于长兴县洪桥镇，水域面积 7.8hm²。整治中结合太湖风情示范带建设，以芦圻漾为中心打造了荷塘人家景观节点，总投资 400 余万元，建设三座景观桥、三处栈道，一条贯通全场的园路将三座仿古建筑合理地连接，同时在节点中部开挖出一个约 3600m² 的荷塘，整体上营造出浓厚的湿地气息，形成一个有湿地风貌的生态景观节点，集休闲、观光于一体，通过整治不仅有效提升周边水生态环境质量，生态垂钓、游船等项目还为当地发展旅游经济添砖加瓦。图 6-28 为芦圻漾。

图 6-28　芦圻漾

大荡漾位于太湖图影旅游度假区，通过综合治理建成图影生态湿地文化园，总占地面积 333hm² （其中水域面积 200hm²），是集原生态展示、文化宣讲、观光休闲于一体的综合性文化园，大荡漾的"生态富矿"已经很好的经济效益，每年吸引大量游客前来游玩。

6.4.3 广州沙河涌整治

1. 沙河涌概况

沙河涌是广州东部一条重要河涌，临近白云山，流经白云、天河、越秀三个区，在珠江宾馆附近汇入珠江。20 多年前，沙河涌流经的地方还是大片农田菜地，有"广州菜篮子"之称，河涌边长满水草，钓鱼捕虾，游泳嬉戏，水流清澈。但随着河涌两岸经济快速发展，因污水直排等原因，排进河涌污染物增多，河涌不堪重负，自净能力也逐渐丧失，导致沙河涌沿线轻度黑臭，局部重度黑臭。在整治前，一度呈灰黑色、令人臭味难忍，沙河涌的黑臭问题一直困扰沿线居民。

2. 整治措施

通过科学调研论证，广州市将白云山连接沙河涌的多条支流从末端截污改为全线截污，实现清污分流，然后将洁净的山水引入沙河涌。发源于白云山的南蛇坑是沙河涌支流，此前，白云山的清洁水与南蛇坑沿线污水一并流入沙河涌污水主干管，造成清洁水源浪费和污水管道负荷增加。通过实施清污分流试点，南蛇坑沿线的污水截污进入了污水管网，而每天上万吨的白云山清洁山水经过南蛇坑进入沙河涌，发挥了补充调蓄净化作用。现在，南蛇坑和沙河涌的水质都发生了明显了改变。在沙河涌进水口，从珠江航道抽取的江水形成 10 多米宽的瀑布倾泻而下，涌内水质清澈。市水投集团负责人介绍，将出水口设计为瀑布形式，可兼具补氧和景观效果，每天可以补水 60 万 t。

沙河涌清污分流试点成功后，广州市在全市黑臭水体治理中大范围推广使用清污分流、生态补水的做法，建立水库水、中水、河道水、污水统一调配机制，让更多的活水流入河道，做到"流速提高水深浅，透光增氧水草现"。实现清污分流后，还避免清水与污水混合进入污水处理厂，减轻了污水处理厂的处理压力。

3. 治水成效

2018 年以来，广州打出"控源、截污、清淤、调水、管理"治水组合拳，全面推进黑臭水体整治工作。经过努力，2018 年广州成功入选国家城市黑臭水体整治示范性城市，成功退出全国"水环境达标滞后地区"行列，35 条黑臭河涌基本消除黑臭，112 条黑臭河涌水质持续改善，流溪河 89 条一级支流劣 V 类数量由 2017 年年底的 46 条减少至 29 条，全市河湖水环境质量稳步向好。水环境的改善切实提高了广州市民的生活品质。沙河涌周边散步、钓鱼的市民越来越多。沙河涌水质明显改善，水底还长出不少水草。图 6 - 29 为沙河涌整治前后对比图。

图 6 - 29　沙河涌整治前后对比图

6.4.4 贵阳市南明河流域水环境综合治理

1. 南明河概况

南明河发源于贵州省安顺市平坝县林卡乡白泥田,属长江流域、乌江水系,主要有 6 条支流,全长 219km,其中贵阳市境内 185km,是贵阳的"母亲河"。由于经济快速发展,沿河两岸近百个生活污水和工业企业排污口,向河中倾泻大量生活污水和工业废水;沿岸生活垃圾,棚户区遍布,河水水质严重恶化,进入市区的河段已为劣 V 类水体。

2000 年以来,贵阳市多次对南明河进行治理与保护,取得了一定效果,但未从根本上解决问题。2012 年 11 月,贵阳市再次全面启动实施南明河流域水环境综合治理工程,按照"政府主导、科学统筹、分步实施"的总体原则,该工程分三期实施:一期"救急",二期"治本",三期"系统提升"。一期项目从 2012 年开始,总投资约 11.67 亿元,从外源控制、内源控制、生态恢复、臭气治理四个方面出发,通过截污完善、清淤疏浚等救急措施,基本消除了南明河干流的黑臭问题。二期项目分为两个阶段,第一阶段建设时间为 2014 年 7 月至 2015 年 6 月,投资金额 21.52 亿元;第二阶段建设时间为 2015 年 7 月至 2016 年 6 月,投资金额为 16.27 亿元。2017 年年底,贵阳市按照"更大流域范围、更高治理要求"的安排,开展了以南明河系统提升为核心的"一河"治理建设工作。2018 年,以实现"除臭变清"为导向,在前期已建项目的基础上,启动了南明河"除臭变清"攻坚工作,包括新建 18 座再生水厂及治理 19 条大沟。

2. 整治措施和成效

(1)外源污染治理。对干流及支流生活污水收集系统进行改造以完善对污水的截流,对排水大沟与截污沟连接点进行改造共 255 处;新建 6 座污水处理厂以处理新截流污水,出水达到一级 A 标准,同时对南明河流域现有 4 座污水处理厂升级改造,出水由一级 B 标准提至一级 A 标准,同步完善相应污水处理厂的收集管网,主要包括对麻堤河污水处理厂所处的麻堤河流域、青山污水处理厂的小车河流域、小关污水处理厂等的污水收集系统进行完善,总体实现南明河干流全线截污、支流的纳污系统建设基本完善。

(2)内源污染清淤。通过人工配合挖掘机挖掘污泥的方法,共清淤 71.2 万 m³,基本解决南明河的内源污染问题,将原有橡胶坝改造为翻板坝,利用水坝蓄积河水并周期性放空的方式形成短时间较大水力扰动对河道进行冲刷。

（3）恢复自净能力。对南明河和相关支流进行河床生态修复、生态驳岸，修建跌水曝气坎 40 余道，塑造其多样生态群落，恢复水体自净能力。

（4）严格考核机制。贵阳市制定了贵阳河湖生态保护红线，针对南明河、红枫湖等重要河湖的水域岸线、重要饮用水水源地保护区等，划定河湖生态红线并制定严格的河湖生态红线管理办法，以加强对南明河的水生态保护和修复。

通过实施南明河流域水环境综合治理，2017 年基本实现南明河沿线治臭的目标，河水质得到持续有效改善，干流城区段水质基本达到地表水 IV 类标准，南明河流域生态系统健康已逐渐恢复。

6.4.5　台北大沟溪治理

1. 大沟溪概况

大沟溪位于台北市内湖区大湖公园上游，流经自白石湖山区，经大湖山庄街的箱涵下水道汇入大湖公园，全长约 3500m，上游两岸多为次生林，下游则以农业利用为主。大沟溪常因大雨导致洪水宣泄不及，造成溪沟沿岸冲刷，给沿岸带来灾害。

2. 治理措施和成效

大沟溪以"总合治水"理念规划建设，体现了"上游保水、中游减洪、下游防洪"的原则。

（1）生态工法修建。大沟溪采用天然块石作表面多孔化处理，以避免工程构造物对环境造成冲击及破坏。利用跌水、固床等构造物来降低河床落差，减缓溪水流速，保护两岸护岸基脚并蓄积溪水，营造水域生物生存繁衍的栖息空间。

（2）兴建滞洪池。为解决水患问题，在大湖山庄街底北端大沟溪与地下箱涵衔接处，兴建大沟溪滞洪池，以达滞延山区洪水及拦截泥沙的功能。滞洪池空间设计中包括亲水活动区及防洪调节区，设有亲水步道及分洪水道，除了带来之效益的调洪沉砂外，也提供一休闲游憩生态亲水空间。

大沟溪经过"近自然工法"整治后，大沟溪区域内具有急、缓、深、浅等流水形态，地理位置处于上游，水质清澈，污染物少，栖地较为多样化，滨溪植被亦保存了多样化及完整性，栖地环境相对较为自然。孕育了丰富的生态，吸引野鸟、蝴蝶停留，提供居民凉爽休憩亲水空间。

6.4.6 欧洲莱茵河综合整治

1. 莱茵河概况

莱茵河是欧洲最重要和最著名的河流之一，发源于瑞士境内阿尔卑斯山，自南向北穿越瑞士、奥地利、德国、法国、卢森堡、比利时和荷兰后流入北海。全长 1320km，流域面积 185000km²。

莱茵河流域人口高度密集，工业化程度非常高，干流沿岸有 6 个世界闻名的工业基地，是欧洲和世界重要的化工、食品加工、汽车制造、冶炼、金属加工、造船工业中心，沿岸人口和工业高度集中，产生大量含耗氧物质、重金属、有毒污染物的生活、工业污水，部分污水直排河道，严重污染了莱茵河水质。莱茵河水体污染主要以工业污染为主，尤其重金属负荷非常高。富营养化尤其是氮磷污染问题也很突出。图 6-30 为污染的莱茵河。

图 6-30　污染的莱茵河

2. 治理措施

（1）成立专门的跨国管理和协调组织保护莱茵河国际委员会。保护莱茵河国际委员会（International Commission for the Protection of the Rhine，ICPR）是莱茵河环保工作的跨国管理和协调组织，于 1950 年 7 月 11 日在巴塞尔成立，成员国包括瑞士、法国、德国、卢森堡和荷兰。该组织的主要任务有 4 项：①根据预定目标，准备国际间的流域管理对策和行动计划以及开展莱茵河生态系统调查研究；对各对策或行动计划提出合理有效的建议；协调流域各国家的预警计划；综合评估流域各国行动计划效果等。②根据行动计划的规定，做出科学决策。③每年向莱茵河流域国家提供年度评价报告。④向各国公众通报莱茵河的环境状况和治理成果。

（2）重建生态系统。除了改善水质，生态恢复主要是指实施"莱茵河行动计划"的第一条，即鲑鱼 2000 计划。莱茵河沿岸国家为去除鲑鱼溯游障碍采取了一系列措施：①莱茵河三角洲地区从 2008 年到 2012 年，哈灵水道开放部分泄水闸。累克河在拦河坝旁新建三条水道。②下莱茵河地区进一步改造、降低鲁尔河、乌珀河和齐格河支流水系的堰坝，修建实验性设备以保护鱼类免受涡轮伤害。③中莱茵河地区从 1996 年到 1999 年，圣巴赫—布鲁克斯水系改造多座河堰。④上莱茵河地区从依费茨海姆到巴塞尔共 164km 的法德河段中存在十座拦河坝。法、德以及周边水电站的运营者共同出资，在依费茨海姆水坝建造了一条鱼道。⑤高莱茵河地区改造溯游障碍，高莱茵河支流威斯河、比尔河和埃戈尔茨河中多处障碍溯游障碍进行了改造。

（3）促使公众参与。环境管理涉及每一个人的利益，需要公众的广泛参与，以使环保政策得到普遍的认同和执行。德国在 1994 年颁布了《环境信息法》，规定了公众参与的详细的途径、方法和程序，在立法上保证公众享有参与和监督的权力。公众参与水资源利用、保护的途径包括听证会制度、顾问委员制度以及通过媒体或互联网获取监测报告等公开信息，这就保证了流域管理措施能够切实符合广大公众的利益。公众环保意识高涨，以各自不同的方式自动自觉地保护莱茵河，成为对流域立体化管理的重要组成部分。

（4）谁污染，谁买单。充分运用经济手段，保证环保法规的法律效力，德国在 1976 年制定了《污水收费法》，向排污者征收污水费，对排污企业征收生态保护税，用以建设污水处理工程。同时，相关法规明确污染企业得不到银行贷款，促使企业重视环境保护。

（5）提高管理水平，避免污染事故发生。在德国现行环境法规中，风险预防是一项最基本的原则，其核心内容被表述为"社会应当通过认真提前规划和阻止潜在的有害行为来寻求避免对环境的破坏"。例如，德国在 1975 年制定了《洗涤剂和清洁剂法规》，规定了磷酸盐的最大值，又于 1990 年对含磷洗涤剂加以明文禁止，有效避免了含磷洗涤剂和化肥的过量使用，遏制了莱茵河的富营养化趋势。

3. 治理成效

莱茵河溶解氧在 20 世纪 60 年代一度低于 40%，经过治理，目前溶解氧饱和度保持在 90% 以上。

生化需氧量自 20 世纪 50 年代起逐渐增加，到 70 年代达到峰值，在 70 年代中后期开始稳步下降，到 80 年代末已减少到 3mg/L 以下，进入 90 年代后，水体中的 BOD_5 稳定保持在 2mg/L 以下。

氨氮在 20 世纪 60 年代中期和 70 年代初出现了两次污染高峰，氨氮浓度一度超过 3.3mg/L。20 世纪 70 年代中后期，开始逐步减少，2000 年以后，水体中氨氮浓度基本保持在 0.1mg/L 以下。

总磷从 1973 年起一直呈下降趋势。1973 年总磷浓度为 1.1mg/L，到 2000 年已减少到 0.16mg/L，削减率达到 85.4%。

20 世纪 50 年代中期至 70 年代早期，大型底栖动物种类数急剧下降，从原有的 165 种下降到 27 种，减少了 83.6%，70 年代中期起种类数有所增加，并持续到 90 年代。如今莱茵河中可迁移大型底栖动物种类数已有 150 多种，包括消失了 30 多年的蜉蝣类。20 世纪 50 年代，由于污染和大量水坝的建造，鲑鱼完全从莱茵河中消失了。经过多年的治理，莱茵河水质有了很大改善，同时修建了许多回游通道。1990 年大西洋鲑鱼第一次重新出现在齐格河（莱茵河支流之一）。图 6-31 为治理后的莱茵河。

图 6-31　治理后的莱茵河

6.4.7　韩国首尔清溪川治理

1. 清溪川概况

清溪川全长 11km，自西向东流经首尔市，流域面积 51km²。20 世纪 40 年代，随着城市化和经济的快速发展，大量的生活污水和工业废水排入河道，后来又实施河床硬化、砌石护坡、裁弯取直等工程，严重破坏了河流自然生态环境，导致流量变小、水质变差，生态功能基本丧失。20 世纪 50 年代，政府用长 5.6km、宽 16m 的水泥板封盖河道，使其长期处于封闭状态，几乎成为城市下水道。20 世纪 70 年代，河道封盖上建设公路，并修建了 4 车道高架桥，一度视为"现代化"标志。

2. 治理措施

20 世纪初，首尔市政府下决心开展综合整治和水质恢复，主要采取了三方面措施：

（1）疏浚清淤。2005 年，总投资 3900 亿韩元（约 3.6 亿美元）的"清溪川复原工程"竣工，拆除了河道上的高架桥、清除了水泥封盖、清理了河床淤泥、还原了自然面貌。

（2）全面截污。两岸铺设截污管道，将污水送入处理厂统一处理，并截流初期雨水。

（3）保持水量。从汉江日均取水 9.8 万 t，通过泵站注入河道，加上净化处理的 2.2 万 t 城市地下水，总注水量达 12 万 t，让河流保持 40cm 水深。

3. 治理效果

从生态环境效益看，清溪川成为重要的生态景观，除生化需氧量和总氮两项指标外，各项水质指标均达到韩国地表水一级标准。从经济社会效益看，由于生态环境、人居环境的改善，周边房地产价格飙升，旅游收入激增。图 6-32 为治理后的清溪川。

6.4.8　德国埃姆舍河

1. 埃姆舍河概况

埃姆舍河全长约 70km，位于德国北莱茵—威斯特法伦州鲁尔工业区，是莱茵河的一条支流；流域面积 865km²。流域煤炭开采量大，导致地面沉降，河床

图6-32　治理后的清溪川

遭到严重破坏，大量工业废水与生活污水直排入河，河水遭受严重污染，曾是欧洲最脏的河流之一。图6-33为污染的埃姆舍河。

图6-33　污染的埃姆舍河

2. 治理措施

（1）建设雨污分流和污水处理设施。实施雨污分流改造，将城市污水和重度污染的河水输送至两家大型污水处理厂净化处理，减少污染直排现象；建设雨水处理设施，单独处理初期雨水。此外，还建设了大量分散式污水处理设施、人工湿地以及雨水净化厂，全面削减入河污染物总量。

（2）采取"污水电梯"、绿色堤岸、河道治理等措施修复河道。"污水电梯"是指在地下45m深处建设提升泵站，把河床内历史积存的大量垃圾及浓稠污水送到地表，分别进行处理处置。绿色堤岸是指在河道两边种植大量绿植并设置防护带，既改善河流水质又改善河道景观。河道治理是指配合景观与污水处理效果，拓宽、加固河床，并在两岸设置雨水、洪水蓄滞池。

（3）统筹管理水环境水资源。为加强河流治污工作，当地政府、煤矿和工业界代表，于1899年成立了德国第一个流域管理机构，即埃姆舍河治理协会，调配水资源，统筹管理排水、污水处理，负责干流及支流的污染治理。治理资金60％来源于各级政府收取的污水处理费，40％由煤矿和其他企业承担。

3. 治理效果

河流治理工程预算为45亿欧元，已实施了部分工程，预计还需几十年时间才能完工。目前，流经多特蒙德市的区域已恢复自然状态。

第7章

河 流 健 康

7.1 河流健康理念的提出

2003 年 2 月 12 日，水利部黄河水利委员会主任李国英在全球水伙伴中国技术委员会组织召开的中国水问题高级圆桌会议上，首次提出确保维持河流健康生命的环境流量的概念；2003 年 10 月，李国英在首届黄河国际论坛上说："河流像人一样，也是有生命的 …… 作为河流的管理者，我们应大声疾呼：要给河流留下维持其自身生态平衡的基本水量。"此次会议宣布：将"维持河流健康生命"作为第二届黄河国际论坛的主题。

2004 年 9 月，水利部部长汪恕诚在水利部珠江水利委员会干部大会上指出：要按照维护河流健康生命的理念，当好河流代言人。

2005 年 10 月，以"维持河流健康生命"为主题的第二届黄河国际论坛在黄河之滨郑州召开，来自 60 多个国家和地区以及 20 多个国际组织的代表参加会议。李国英作了题为《维持黄河健康生命——以黄河为例》的主旨演讲，水利部黄河水利委员会有关专家介绍了维持黄河健康生命的理论和实践成果，会议收到论文 400 多篇，之后陆续发表的有关河流健康的论文有 30 多篇，2005 年 10 月 20 日，会议通过《黄河宣言——维持河流健康生命》。

以首届黄河国际论坛为发端，水利部高层领导为引导，第二届黄河国际论坛为推动，引发了对河流健康生命的广泛讨论，这一新理念得到了国内水利界的普遍认同。

在国外河流健康、河流生命的理念始于 20 世纪 80 年代世界自然基金会

（WWF）在莱茵河、多瑙河和密西西比河开展的一系列"生命之河"项目。

世界自然基金会自 1987 年开始探讨在莱茵河恢复湿地、重建河流生命（后称"生命之河"项目），1995 年得到荷兰政府的重视，并推广到整个下游地区。世界自然基金会淡水项目的负责人林登洋（LEEN DE TONG）先生，被称为"生命之河"之父，他说："生命之河"的一个含义是"还河流以空间（Give room to river)"，即不要用间距很窄的大坝束缚河流，要给出河流自由摆动的空间，因为河流的个性是不喜欢走直线的，是要弯曲着流动的。

莱茵河全长 1390km，流经瑞士、德国、法国、荷兰等 9 国，都是工业高度发达地区，其下游主要在荷兰。土地紧缺的荷兰曾大规模地进行围湖造田和围海造田，到 20 世纪下半叶，莱茵河水灾频发，水质恶化，两岸居民深受其害。

莱茵河荷兰奈梅亨段"生命之河"示范区，位于莱茵河的分岔处，是下莱茵河、瓦尔河和艾瑟尔河汇集的地方。1992 年，世界自然基金会在这里买下了 17hm^2 土地，作为示范区的起步。至 2003 年，这块呈三角形楔入水中的示范区面积已经达到 450hm^2，原先的防洪堤坝被逐段后移，建成了一个植被繁密、野生动物出没的生态家园。

世界自然基金会的"生命之河"项目普遍取得显著成效。仅仅几年时间，莱茵河的生态环境得到了明显的改善，"生命之河"运动的内涵也不断拓展，世界自然基金会提出，"生命之河"运动要还河流以"生存空间"，退田还湖，减少堤坝，重建河流生命网络，还其健全的水文、化学、生态、文化和经济功能，恢复河流的生命活力。

世界自然基金会提出生命之河的理念也得到了澳大利亚等国家的积极响应，澳大利亚政府于 1992 年开展了"国家河流健康计划"（也称"维多利亚河流健康战略"），南非的水事务及森林部于 1994 年发起了"河流健康计划"，美国、英国等也开展了河流健康的评价，有关河流健康、河流生命的理念逐渐为人们接受和认同。

国内河流健康有关这方面的探索较多，并开展了一些实践性、应用性的项目。研究课题、实际项目围绕河流健康的概念、河流健康的内涵、河流健康评价指标体系、河流健康状况评价方法等方面进行。近年来，在河流健康研究和实践的基础上，浙江省提出了美丽河湖的建设理念，并在实践中付诸实施。

水利部长江水利委员会提出了维护健康长江的总体思路、基本宗旨和原则，实现健康长江的战略重点，战略目标及各阶段的任务，并明确了围绕着总体目标，三大系统，五种状态，18 个指标构成的健康长江评价指标体系。

水利部黄河水利委员会从理论体系、生产体系、伦理体系等角度研究维持黄河健康生命。通过分析黄河自身、人类和河流生态系统的生存需求，提出用低限流量、平滩流量、湿地面积等 9 个指示性因子具体表达健康黄河的标志，并给出了这些因子在未来不同阶段的量化指标。

水利部珠江水利委员会从自然属性和社会属性两个角度考虑珠江流域河流健康状况，并定义了河流形态结构、水环境状况、河流水生物、河岸带状况、人类服务功能、水利管理水平、公众意识七大类 26 个指标及计算方法。

孙广生、石国安阐述了维持黑河健康生命的目标和总体思路。他们提出黑河流域综合治理和管理的终极目标是维持黑河健康生命。

总体来看，国内对河流健康的定义或标志的表述及采用的评价指标不尽相同，但有一点是共同的，即在关注河流生物健康的同时，也关注河流是否能满足人类的可持续需求。我国的河流健康评价指标体系中，除了河流的生态指标外，还包括河流的治理、开发、利用和保护的目标指数，我国提出的"维护河流健康生命"，是立足于我国是一个发展中国家这一客观现实，是基于在发展中保护，在保护中发展的基本思路。

我国提出的河流健康的定义或标志及评价标准，与国外的健康河流、健康水道及其评价指标体系有所不同。国外所提河流生命和河流健康，更多的是关注河流生物的健康，或是流域生态系统健康，评价指标大多反映的是河流生态系统健康指标。国外河流健康评价指标体系包括水文评估、水质评估、栖息地评估和生物评估四个方面，评价指标体系偏向于河流生物的保护，如莱茵河把鲑鱼能够重返上游作为河流健康恢复目标，多瑙河则把生物多样性和生物种群规模作为河流健康指标。不过，随着理念的发展和深化，国外的学者也越来越关注社会、经济和自然的综合需要。如澳大利亚提出的"健康工作河流"和"生命之墨累河"概念，就是为了提供一种社会认同的、在河流生态现状与水资源利用现状之间折中的标准，力图在河流保护与开发利用之间取得平衡。

7.2　河流健康的含义

河流健康的含义是什么？作为人类健康的类比概念，河流健康的涵义尚不十分明确，专家学者们理解不一，分歧主要在是否包括人类价值上。如果说河流健康不健康，是以人为基础判断的，而且也是相对的，那么河流健康的标志是什么？

目前"河流健康"尚没有一个严格的科学定义。以下几种说法较具代表性。

7.2.1　国外学者的观点

斯科菲尔德和戴维斯把河流健康定义为自然性，河流健康就是指与相同类型的未受干扰的（原始的）河流的相似程度，尤其是在生物完整性和生态功能方面。

卡尔将河流生态完整性当做健康。

辛普森等认为河流生态系统健康是指河流生态系统支持与维持主要生态过程，以及具有一定种类组成、多样性和功能组织的生物群落尽可能接近未受干扰前状态的能力，把河流原始状态作为健康状态。

把河流原始状态作为健康状态的观点，已应用在河流评价中。例如，澳大利亚"维多利亚河流健康战略"把欧洲移民前的河流作为基准状态，认为生态健康的河流具有欧洲移民前河流的重要生态特点和功能，并能在未来继续保持这些特点。

迈耶认为健康的河流系统不但要维持生态系统的结构与功能，且应包括其人类与社会价值。当前，这种理解得到了较多学者的认可。

7.2.2　国内学者的观点

（1）可持续利用的生态良好河流。董哲仁提出用"可持续利用的生态良好河流"作为对河流健康的诠释。他指出，可持续利用的生态良好河流，要求人们对河流的开发利用保持在合理的程度，保障水资源的可持续利用；同时也要求人们保护和修复河流生态系统，保障其状况处于合适的健康水平。既强调保护和恢复河流生态系统的重要性，也承认人类社会适度开发水资源的合理性；

既不主张恢复河流的原始自然状态、反对任何工程建设，也不赞成过度开发水资源。

（2）充足的河川径流、良好的河床、水质和河流生态系统。刘晓燕认为："一般意义上，河流健康的标志是具有良好的河床、水质和河流生态系统，并拥有充足的河川径流。"她认为河流生命的核心是水，命脉是流动。充足而洁净的河川径流是河流健康维持的关键，它使河流的自然功能得以维护、社会功能得以合理发挥。

（3）足够的河流动力，与之相适应的调蓄空间；基本维系河流生态系统的协调平衡，有效发挥河流的综合功能。关业祥提出，河流健康应该有四个标志：是否具有足够的河流动力；是否具有与之相适应的调蓄空间；能否基本维系河流生态系统的协调平衡；能否有效发挥河流的综合功能。

一条健康河流的重要标志，就是它应具有足够的流量及其出河口水量，如果出现长时期的断流，就意味着河流健康生命的完结。

河流是宣泄洪水入海的通道，是蓄泄洪水的调节过程，河流缺乏调蓄洪水的空间就无法有效调控洪水，也就会发生洪水灾害。从这个意义上讲，一条河流如果发生调蓄空间失衡，那么河流的健康也会出现问题。

河流生态系统的平衡状况也是衡量河流健康的一个重要标志，河流如果难以维系河流生态系统的基本平衡，也就失去了河流的健康生命。

河流具有供水、灌溉、发电、航运、旅游、生态等多种功能，河流的各种功能齐全并能够有效地发挥其作用，是河流健康的表现，反之河流丧失了其综合功能，也就相当于失去了河流的健康生命。一条河流原本具有的某种功能，如果由于某些原因使其功能被丧失，可以视为是河流一种病态的开始，甚至危及到河流的健康生命。

（4）满足人类社会合理要求的能力和河流系统本身自我维持与更新的能力。王薇、李传奇提出：河流健康的目标应是为人类的生存和发展提供持续和良好的生态系统服务功能。因此，河流健康应该包含两个方面的内涵：满足人类社会合理要求的能力和河流系统本身自我维持与更新的能力。

（5）维持一定的水资源可更新能力、维系一定水平的生态可持续性和生态系统的动态平衡。夏军认为一个河流健康的基本标志：一是维持一定的水资源可更新能力（可再生性）；二是维系一定水平的生态可持续性；三是维持一定水平生态系统的动态平衡关系。夏军指出，河流的水的可持续利用，应该是河流健康的标志，既有索取，又不要完全损坏河流的再生性。河流健康应该建立在健康的水循环这个基础上。

（6）足够优质的水量，良好的生态系统，水体功能正常发挥，并持续地满足人类需求。吴道喜认为健康的长江应该是："具有足够、优质的水量供给；受到污染物质和泥沙输入以及外界干扰破坏，长江生态系统能够自行恢复并维持良好的生态环境；水体的各种功能发挥正常，能够持续地满足人类需求，不致对人类健康和经济社会发展的安全构成威胁或损害。"

（7）连续的河川径流、通畅安全的水沙通道、良好的水质、可持续的河流生态系统、一定的供水能力。水利部黄河水利委员会在《维持黄河健康生命理论体系（框架）》中提出，现阶段黄河健康生命标志为：连续的河川径流、通畅安全的水沙通道、良好的水质、可持续的河流生态系统、一定的供水能力。连续的河川径流是河流、人类和河流生态系统的共同需求；保障人类安全的水沙通道可体现河流生命对水沙通道的要求；良好的水质满足生物群健康要求；足够的水量满足人类经济社会和河流生态系统可持续发展的需求。

7.3　河流健康评价方法及指标

河流健康状况评价已在很多国家开展，其中以美国、英国、澳大利亚、南非的评价实践较具代表性。

7.3.1　国外河流健康评价方法及指标

发达国家在河流健康评估方面已经积累了一些经验，有的国家已经制订了相应的技术法规和规范，国外河流健康评估的内容一般包括以下四个方面：物理—化学评估；生物栖息地评估；水文评估；生物评估。

（1）物理—化学评估。传统意义上的水质评估已有较为成熟的技术方法。河流健康评估中物理—化学评估更侧重于分析物理—化学量测参数对河流生物的潜在影响。物理—化学评估方法及指标见表 7-1。

（2）生物栖息地评估。主要是评估河流的物理—化学条件、水文条件和河流地貌学特征对于生物群落的适宜程度。生物栖息地质量的表述方式，可以用适宜的栖息地的数量表示，或者用适宜栖息地所占面积的百分数表示，也可以用适宜栖息地的存在或缺失表示。栖息地评估方法及指标见表 7-2。

表 7-1 物理—化学评估方法及指标

来 源	名 称	主 要 内 容		
		测量参数	输入物质	潜在影响
澳大利亚和新西兰自然资源理事会	《评估水域生态系统健康的一般量测参数》	电导率、总磷、TN/TP、生化需氧量（BOD）、浊度、悬浮物、叶绿素、pH 值、金属有机化合物	盐、磷、氮、有机物、泥沙、营养物、酸性污染物、输入有毒物质	损失敏感物种、富营养化、水华爆发、生物呼吸窒息、鱼类死亡、生物栖息地变化、敏感性生物减少、生物栖息地变化、敏感性生物减少、富营养化、敏感物种减少
美国	《俄勒冈州水质指数》	综合了 8 项水质参数（温度、溶解氧、生化需氧量、pH 值、氨态氮＋硝态氮、总磷、总悬浮物、大肠杆菌）。在计算中可以简单对于每一种具有不同量测单位的参数进行分析，随后转换为无量纲的二级指数。其范围为 10～100（10 为最恶劣情况，100 为理想情况），表示该参数对于损害水质的作用程度		

表 7-2 栖息地评估方法及指标

来 源	名 称	主 要 内 容
美国鱼类和野生动物服务协会	《栖息地评估程序》《栖息地适宜性指数》	（1）提供了 150 种栖息地适宜性指数（HSI）标准报告。 （2）HSI 模型方法认为在各项指数与栖息地质量之间具有正相关性。 （3）HSI 模型包括 18 个变量指数，并认为这些指数可以控制鲑鱼在溪流生长栖息的条件，这些指数是：水温，深度，植被覆盖度，DO，基质类型，基流/平均流量等。栖息地适宜性指数按照 0.0～1.0 范围确定
美国环境署	《快速生物评估草案》	（1）涵盖了水生附着生物、两栖动物、鱼类及栖息地的评估方法。 （2）评估内容包括：①传统的物理—化学水质参数；②自然状况定量特征，包括周围土地利用、溪流起源和特征、岸边植被状况、大型木质碎屑密度等；③溪流河道特征，包括宽度，流量，基质类型及尺寸。对河道纵坡不同的河段采用不同的参数设置。调查方法中还包括栖息地目测评估方法。RBP 设定了一种参照状态，称为"可以达到的最佳状态"，通过当前状况与参考状况总体的比较分析，得到最终的栖息地等级，反映栖息地对于生物群落支持的不同水平。对于每一个监测河段等级数值范围为 0～20，20 代表栖息地质量最高

续表

来 源	名 称	主 要 内 容
美国陆军工程师团	《河流地貌指数方法》	(1) 列出了河流湿地的 15 种功能，共分为四大类：水文（5 种功能）；生物地理化学（4 种功能）；植物栖息地（2 种功能）；动物栖息地（4 种功能）。 (2) 对于每一种功能都有一种功能指数 IF，为计算指数，需要建立相应的方程，在方程中依据生态过程的关系将有关变量组合在一起，计算出有量纲的 IF 值，然后与参照标准进行比较得到无量纲的比值，用以代表相对的功能水平。 (3) "参照标准"表示在景观中具有可持续性功能的状态，代表最高水平。 (4) 计算出的比值为 1.0 代表理想状态，比值为 0 表示该项功能消失
瑞典	《岸边与河道环境细则》	(1) 评估农业景观下小型河流物理和生物状况的方法。 (2) 模型假定：对于自然河道和岸边结构的干扰是河流生物结构和功能退化的主要原因。 (3) RCE 包含 16 项特征，定义为：岸边带的结构，河流地貌特征以及二者的栖息地状况。测量范围从景观到大型底栖动物。RCE 记分分为 5 类，范围从优秀到差
英国环境署	河流栖息地调查方法	一种快速评估栖息地的调查方法，注重河流形态、地貌特征、横断面形态等调查测量，强调河流生态系统的不可逆转性，适用于经过人工大规模改造的河流
南非	《河流地貌指数方法》	(1) 为南非河流健康评估计划的框架文件之一，内容包括两部分，即河流分类和河流状况评估，在河流构成和特征描述中把尺度定为：流域、景观单元、河段、地貌单元 4 类。 (2) 该方法重视野外测量和调查，包括调查测量河流断面的宽深比，调查河流形态和栖息地指数等。提出按照水力学和河流本底值情况描述河段栖息地多样性的方法
澳大利亚	《河流状况指数》	(1) ISC 方法是澳大利亚的维多利亚州制定的分类系统，其基础是通过现状与原始状况比较进行健康评估。 (2) 该方法强调对于影响河流健康的主要环境特征进行长期评估，以河流每 10～30km 为河段单位，每 5 年向政府和公众提交一次报告。 (3) 评估内容包括 5 个方面，即水文、河流物理形态、岸边带、水质和水域生物。每一方面又划分若干参数，如水文类中，除了传统的水文状况对比外，还包括流域内特有的因素，比如水电站泄流影响，城市化对于径流过程影响等。 (4) 每一方面的最高分为 10 分，代表理想状态，总积分为 50 分。将河流健康状况划分为 5 个等级，按照总积分判定河流健康等级，也说明河流被干扰的程度

续表

来　源	名　称	主　要　内　容		
澳大利亚	《河流状况指数》	**二级指数**	**评估内容**	**参　数**
		水文	现实状态与曾经出现过的自然状态比较	月径流量与参照自然状态比较；流域内城市化比例；水电站泄流
		河流物理形态	河道稳定性和栖息地评估	岸坡稳定性；河床淤积与退化；人工闸、栅的影响；冲积带的树木枝叶影响
		岸边带	评估岸边带植被数量、质量	植被宽度；顺河向植被连续性（用岸边植被间断的长度表示）；结构完整性（上层林木、下层林木、地被植物的密度与自然状态的比较）；乡土种覆盖比例；乡土种再生性状况；湿地和洼地状况
		水质	评估关键水质参数	总磷、浊度、电导率、pH 值
		水域生物	描述大型无脊椎动物家族	用干扰信号指数描述大型无脊椎动物家族
		河流状况分类		
		状 况 分 类	**指数等级**	**分类**	**总积分**
		非常接近参照自然状况	4	优秀	45～50
		对于河流稍有干扰	3	好	35～44
		中等干扰	2	差	25～34
		重大干扰	1	边缘	15～24
		彻底干扰	0	极差	<15

（3）水文评估。由于水库调度运行中对于径流的调节、水力发电泄流、土地使用变化及城市化等因素，人工改变了河流自然水文条件并对河流生态系统结构与功能产生重要影响。

从生态角度评估水流的模式变化，主要采取简化的方法，把长时间的水流过程分解成为对于河流地貌和河流生态系统产生重要影响的若干部分或事件，包括：断流、基流，维持水质需要水流，分别对于河流地貌和生物群落具有意义的水流现象。对应于以上几方面，相关考虑水位、频率、持续时间、发生时机和变化速率。一些研究者在分析保护珍稀物种所需要的水文条件的基础上，认为影响河流生态和河流地貌的最重要因素是流速变化和泄流变动性。

(4) 生物评估。生物评估的目的是确认河流的生物状况。具体是分析水文条件、水质条件和栖息地条件发生变化对于河流生物群落的影响程度。基本评估方法是与参照河段的生物状况进行对比，以记分的方式进行评估。参照河段一般选取水质、河流地貌以及生物群落基本未受到干扰的河段。人们认识到，如果对于河流所有的生物群落成分进行监测取样是不现实的，变通的办法是选择几种标志物种。在选择具体标志性物种时，往往在藻类、大型无脊椎动物和鱼类中选择最适合的物种。生物评估方法及指标见表 7-3。

表 7-3　　　　　　　　　　　生物评估方法及指标

方　法	测量参数	优　点	缺　点	总　评
多样性指数	多种	可以对于复杂资料进行概括，也易于理解，便于对于不同河段和不同时间状况比较	生态学意义不明确，受标本和分析因子的影响	具有简明特点，但是生态学价值受到质疑
生物指数	主要是大型无脊椎动物和藻类	简单，易于对于复杂资料进行概括，可以提供对于水体污染的物种相应解释	为对河流进行诊断，可以获得污染容许量的细节认识	有实用价值，特别是可以获得现场污染容许量
河流生物群落代谢	底栖动物区系和植物区系	对于底栖生物获得简单的全貌，相对快速，输出快捷	在干扰严重河段难于应用，不能用于诊断	具有潜在优势的技术，但是其敏感性和诊断能力尚未显示
快速生物评估；现场物种研究定量法	大型无脊椎动物	整体性，适合暂时、特定的范围，背景资料丰富，具有诊断功能	依赖于复杂的模型方法，与其他方法比较其产出不易理解	对于认识影响因素具有巨大的潜力
大型植物群落结构	大型植物	易于采样，对于一定范围具有响应	对于影响生物群落结构的因子难以辨认，对于某些污染因子缺乏敏感性	有限应用
鱼类群落结构	鱼类	可实际采样，易于分类	对于生物群落的动态性和水质因子缺乏认识，对于温带鱼类不适用	生物群落结构方法更适合于热带地区河流
生物量及群落结构（藻类）	藻类	敏感性强，分类方法清楚，具有诊断潜力，群落结构方法具有前途	需要高水平专业技术辨认，生物群落结构方法不能试验	生物群落结构方法具有很好的潜力

一些国家的法律要求有关机构进行河流生物评估。欧洲有上百种生物评估方法，其中 2/3 是基于大型无脊椎生物。采用较多的是"生物参数法"（Biotic Parameters）和"生物指数法"（Bioindicators），从 2000 年 12 月起执行的《欧盟水框架导则》具有代表性，其定位是"在成员国开展河流生态状况评估的方法框架"，这个标准提出了较为完整的准则和方法。

7.3.2 国内河流健康评价方法及指标体系

国外对河流健康的评估侧重河流生物多样性调查与评价；我国对河流健康的评估侧重于依据河流功能建立健康评估体系，包括河流的水文功能、河流的生态功能、河流的社会经济服务功能。长江、黄河、珠江、黑河都提出了比较具体的河流健康评价方法及指标。

7.3.2.1 健康长江评价方法及指标体系

1. 指标体系

水利部长江水利委员会提出了由围绕着总体目标层、系统层、状态层、要素层构成的健康长江评价指标体系。

（1）总体目标层是指维护健康长江，促进人水和谐。

（2）系统层是指包括生态环境保护系统、防洪安全保障系统和水资源开发利用系统。

（3）状态层是指在系统层下设置水土资源与水环境状况、河流完整性与稳定性、水生物多样性、蓄泄能力、服务能力 5 个状态层。

（4）要素层是指采用可以获得的定量指标或定性指标反映长江的健康状况。定量指标有河道生态需水量满足程度、水功能区水质达标率、水土流失比例、血吸虫病传播阻断率、湿地保留率、优良河势保持率、鱼类生物完整性指数、防洪工程措施完善率、防洪非工程措施完善率、水资源开发利用率、万元 GDP 用水、饮水安全保证率、城镇供水保证率、灌溉保证率、水能资源利用率、通航水深保证率等 16 个，定性指标有珍稀水生动物存活状况、水系连通性 2 个。

能采用数值表达的定量指标，可以直接给出标准值或标准值范围，如水功能区水质达标率大于 80%（饮用水源区大于 95%），天然湿地保留率 20% 左右，水资源利用率 30% 左右，水能资源利用率 60% 左右等；对难以准确定量表达的指标，可以进行定性描述，如水系连通性可描述好、较好、较差。

2. 评价方法

长江水系发达，河流纵横交错。由于自然地理位置及受人类社会活动干预的影响不同，处于不同区域的河流，其健康状况各不相同。因此，长江健康的评价思路是选择典型区域进行调查分析，应用健康指标、评价标准、评价方法进行评价，将评价结果和实际状况进行对比，根据比较结果调整指标体系，研究提出长江不同区域健康指标评价标准值及其相应的权重系数，最终提出标准和评价健康长江的指标体系。

对健康长江的评价分单项（四级指标）评价、状态层（三级指标）评价、系统层（二级指标）评价、总体水平评价。

（1）单项评价是根据各项评价指标的内涵，通过实际调查、监测等获取的基本资料，分析计算其相应的指标值；对照各项指标的分级标准值，判断其所属的健康状况级别。对不易定量计算的评价指标，可通过定性分析，判断其所属的健康状况级别。

（2）状态层评价是根据四级指标值、指标权重及其区域类别计算三级指标值，进而对各状态层的健康状况进行评价。

（3）系统层评价是根据三级指标值、指标权重及其区域类别计算二级指标值，进而对系统层的健康状况进行评价。

（4）总体水平评价是根据系统层评价结果，依据三个系统层的重要性，分别赋予其不同的权重；采取加权平均法得出总指标值；依据健康长江的等级划分标准进行总体评价。

3. 评价工作进展

2006 年 7 月，"健康长江评价指标——湿地保留率的初步研究"项目通过水利部长江水利委员会总工办组织的验收，湿地保留率是健康长江评价指标体系中第一个通过长江委验收的指标。

2007 年 4 月，由来自中国科学院、水利部长江水利委员会、世界自然基金会等 20 多位科研与管理专家编写的《长江保护与发展报告 2007》（以下简称《报告》）发布，据介绍，这是迄今为止最权威、数据最齐全的关于长江的保护与发展状况的"体检"报告。

《报告》根据水利部长江水利委员会对健康长江指标体系的研究成果，对长江流域淡水生态系统健康进行了评价；分析了沿江各省区社会经济发展、长江流域水资源与水环境以及长江流域自然保护和生态恢复方面的变化；反映了长江流域综合管理方面的进展，并提出长江保护应采取的重要行动与措施。

《报告》称，目前长江基本"健康"，干流水质总体良好，但局部污染严重。围垦建坝、水运繁忙、环境污染等导致长江水生态不断退化，生物多样性明显丧失。长江正面临水资源、水灾害、水环境、水生态四大水问题困扰。报告还反映了长江流域综合管理方面的进展，并提出了长江保护应采取的重要行动与措施。

7.3.2.2 健康黄河评价指标体系

水利部黄河水利委员会通过分析河流、人类和河流生态系统的生存条件及其相互关系，从连续的河川径流、通畅安全的水沙通道、良好的水质、可持续的河流生态系统、一定的供水能力五个方面考虑，论证了现阶段（2050年前）黄河健康的标准及其指标体系，提出用低限流量、平滩流量、湿地面积等指示性因子具体表达健康黄河的标志，并给出了这些因子在未来不同阶段的量化指标。

（1）低限径流。低限径流应主要考虑人类生活和河流生态对河川径流的最低需求。据测算，2030—2050年，黄河供水区人类生活需水量将达50亿 m^3，耗水量将达 $25m^3$ 左右。取耗水量 $25m^3$ 作为估算人类生活对黄河干支流各断面最低径流条件的基础。

（2）河床横断面。采用最大排蓄洪水能力作为反映河道横断面形态的综合参数。防御花园口 $22000m^3/s$ 洪水作为下游堤防的防洪标准。黄河宁蒙河段的防洪标准按 $5600\sim5900m^3/s$ 确定。

（3）主槽横断面。采用平滩流量作为反映主槽横断面形态的综合参数。选择"平滩流量 $4000m^3/s$"左右和"平滩流量 $4000m^3/s$ 以上"分别作为黄河下游在2020和2050水平年的主槽横断面恢复目标。采用类似方法，初步提出宁蒙河段2050水平年平滩流量恢复目标应不低于 $2500m^3/s$。

（4）河床纵横比降。滩地横比降应控制在相应河段纵比降的4倍以内。

（5）水质。黄河干流兰州以下水体质量总体上应达到Ⅲ类水标准，其中，污染特别严重的下河沿至三门峡河段在2020年前可适当放宽至Ⅲ～Ⅳ类；兰州以上应维持Ⅱ类水不恶化。

（6）湿地。初步研究，黄河的河源区湿地和河口三角洲淡水湿地生态价值极高，是最应优先保护的湿地生态系统；依靠漫滩洪水形成的具有很高生态价值的河道天然湿地也可列入保护范围；但其他如人工或半人工湿地的保护规模仍需统筹论证。湿地保护必须纳入全流域水资源管理的整体规划，要在充分认识沿河各湿地价值的基础上，从河流生态的整体效益角度，合理确定黄河湿地的优先保护序、保护规模和合理布局。

（7）重点保护鱼类。初步研究，花斑裸鲤、北方铜鱼和黄河鲤鱼、鲥鱼应分别作为黄河上、中、下游的重点保护鱼类。

（8）人类用水。2020 年和 2050 年，黄河供水区的需取水量分别为 692 亿 m^3 和 717 亿 m^3；需耗水量分别为 534 亿 m^3 和 545 亿 m^3。黄河流域地下水可开采量为 110 亿 m^3，由于流域内部分地区已经出现地下水漏斗，因此未来流域耗水量的增加应主要来自地表水，即 2020 年和 2050 年的人类需耗用地表水分别约 424 亿 m^3 和 435 亿 m^3。

7.3.2.3　健康珠江评价指标体系

林木隆等在《珠江流域河流健康评价指标体系初探》一文中，主要从自然属性和社会属性两个角度考虑珠江流域河流健康状况，并定义了河流形态结构、水环境状况、河流水生物、河岸带状况、人类服务功能、水利管理水平、公众意识七大类 26 个指标及计算方法。

珠江河流健康评价指标体系拟定由综合层、属性层、分类层和指标层四层结构，26 个指标组成。

1. 四层结构

（1）综合层。综合层是对珠江河流健康评价指标体系的高度概括，表示珠江流域健康状况的总体综合水平。

（2）属性层。河流健康总体水平主要从自然属性及社会属性两个综合指标进行评价。

（3）分类层。在每个属性指标下设置能够代表该综合指标的分类指标，设置河流形态结构、水环境状况、河流水生物、河岸带状况、人类服务功能、水利管理水平、公众意识七个分类指标。

（4）指标层。表述各个分类指标的不同要素，通过定量或者定性指标直接

反映河流健康状况。以定量为主，定性为辅，对易于获得的指标应尽可能通过量化指标来反映，不能量化的指标可通过定性描述来反映。

珠江流域河流健康评价指标体系见表7-4。

表7-4　　　　　　　　**珠江流域河流健康评价指标体系表**

综 合 层	属 性 层	分 类 层	指 标 层
河流健康综合评价	自然属性	河流形态结构	河岸河床稳定性
			水面面积率
			与周围自然生态连通性
			鱼类栖息地、鱼道状况
		水环境状况	河道生态用水保障程度
			水功能区水质达标率
			咸度超标程度
			遭受污染后自我修复能力
		河流水生物	藻类多样性指数
			水生动物完整性指数
			珍惜水生动物存活状况
		河岸带状况	植被覆盖率
			水土流失治理率
			亲水景观舒适度
	社会属性	人类服务功能	防洪标准达标率
			万元 GDP 取用水量
			水资源开发利用率
			城镇供水保证率
			灌溉保证率
			水电开发率
			通航保证率
		水利管理水平	水利法规建设
			行政执法能力
			非工程措施完善程度
			监测站点完善程度
		公众意识	公众对河流保护自觉度

2. 26 个指标

（1）河岸河床稳定性。河岸河床稳定性指河岸和河床的淤积及冲刷稳定性（淤积、退化、侵蚀），反映河流维持其形态结构的能力。河岸稳定性可从河床是否冲淤平衡、河岸是否稳固、河势是否稳定、湿地能否保留完好等进行判别，具体可通过河道主要控制断面面积及安全泄量的变化、滑坡坍岸、险工险段、堤基堤身渗漏情况、湿地面积变化等要素确定。

（2）水面面积率。水面面积率指湖泊、水库、塘坝等水表面面积占土地总面积的比例，其计算公式为

$$水面面积率（\%）=水表面面积（km^2）/土地总面积（km^2）\times100\%$$

（3）与周围自然生态连通性。与周围自然生态连通性指河流与周围湖泊、湿地等自然生态系统的连通性。该指标以具有连通性的水面个数占统计的水面总数之比表示。该指标能反映洪水、涝水的宣泄外排，也能反映补水条件和水环境容量、水生生物生存环境等情况。

（4）鱼类栖息地、鱼道状况。鱼类栖息地、鱼道状况指水工建设及人为障碍物对鱼类栖息、迁徙、繁殖等的影响程度。该指标可通过水利工程过鱼设施完善度和鱼类栖息繁殖场所保留率表示，其计算公式为

$$水利工程过鱼设施完善度=干流及重要支流上有专门过鱼设施的大型水利$$
$$工程数量/相应水利工程总数量\times100\%$$

$$鱼类栖息繁殖场所保留率=现有栖息繁殖场所数量/原有栖息繁殖场所数量$$
$$\times100\%$$

（5）河道生态用水保障程度。河道生态用水保障程度指河道内流量维持河道生态环境功能和生态环境建设所需要的最小流量的满足程度，反映河道内水资源量满足生态环境要求的状况，其计算公式为

$$河道生态用水保障程度=水文系列（30 年以上）中河道内流量大于或等于$$
$$生态环境需水流量的月数/总月数 \times100\%$$

生态环境功能需水包括满足河道基流、冲淤、稀释净化等河道的基本功能需水，防潮压咸、河口生物等河口生态环境需水和湖泊、沼泽、滩涂等湖泊湿地需水；生态环境建设包括城镇河湖补水、环境卫生用水等美化城市景观需水和用于防护林草、水土保持等的生态环境建设需水。

（6）水功能区水质达标率。水功能区水质达标率指区域内地表水水体水质符合水功能区水质目标的水功能区个数占总数的比例。该指标反映该区域根据水功能区标准划分的水质达标情况，其计算公式为

$$水功能区水质达标率（\%）=达标的水功能区数量/水功能区总量\times100\%$$

（7）咸度超标程度。咸度超标程度主要针对珠江三角洲设立的评价指标，以河口区某断面枯水期最大咸度连续超标天数，或咸度的超标倍数表示，反映珠江口咸潮上溯情况。研究对象以珠海、中山、广州、东莞、江门等城市取水口断面为主。

（8）遭受污染后自我修复能力。遭受污染后自我修复能力指河流遭受污染后（主要包括有机污染、富营养化、化学污染、河口赤潮等）恢复到原始状态所需的时间，反映河流的自净能力，具体可根据不同污染程度以及所采取的修复措施，利用径污比、纳污能力、综合降解系数等因子进行判别。

（9）藻类多样性指数。藻类多样性指数指河流着生藻类种类和数量的多样性。藻类因其生存环境相对固定，处于河流生态系统食物链始端，生活周期短，对污染物反应敏感，可为水质变化提供较早的预警信息，是河流健康监测的主要指示类群之一。藻类多样性指数计算方法为

$$藻类多样性指数 = \frac{种类数}{\sqrt{个体数}}$$

（10）水生动物完整性指数。鱼类等水生动物种类及数量的变化能够反映整个水生态系统的健康状况，生物完整性指数（Index of Biotic Integrity，IBI）是当前广泛使用的河流健康状况评价方法，其中鱼类 IBI 指数参考表见表 7-5。

表 7-5　　　　　　　　　　　　　　　鱼类 IBI 指数参考表

属　性	指　标	评　分　标　准		
种类结构	总的种类数	1	3	5
	鲤科鱼类种类数百分比/%	根据地区和河流的大小，制定期望值，划分出 1～5 的评分标准		
	鳅科鱼类种类百分比/%			
	鲱形目鱼类种类百分比/%			
	商业捕捞获得的鱼类科数			
	鲫鱼（放养鱼类）比例/%			
营养结构	杂食性鱼类的数量比例/%	<10	10～40	>40
	底栖动物食性鱼类的数量比例/%	>45	20～45	<20
	鱼食性鱼类的数量比例/%	>10	5～10	<5
数量和体质状况	单位鱼产量/(kg·km⁻²)	按河流和采样方法进行评价		
	天然杂交个体的数量比例/%	0	0～1	>1
	感染疾病和外形异常个体的数量比例/%	<2	2～5	>5

（11）珍惜水生动物存活状况。珍惜水生动物存活状况指珍惜水生动物能在

河流中生存繁衍，并维持在影响生存的最低种群数量以上的状况。珍惜水生动物可选择白鳍豚、中华鲟等作为研究对象。

（12）植被覆盖率。植被覆盖率指流域或河岸带植被（草被、林地、疏林、果园、灌丛等）面积占总面积的比例，反映分区的绿化状况。其计算公式为

$$植被覆盖率（\%）＝植被面积（km^2）/总面积（km^2）×100\%$$

（13）水土流失治理率。水土流失治理率指水土流失综合治理面积占水土流失总面积的比例，是用来衡量水土保持状况的环境指标，反映水利流失治理程度，其计算公式为

$$水土流失治理率（\%）＝水土流失综合治理面积（km^2）/水土流失总面积（km^2）$$
$$×100\%$$

（14）亲水景观舒适度。亲水景观舒适度指河岸带的植被带、观赏带、休闲文体场所等给人视觉等感官上的舒适程度。选择省会、地级市、重点防洪城市河岸景观带作为研究对象。该指标以定性表述，通过调查取得。

（15）防洪标准达标率。防洪标准达标率指已达到防洪规划拟定的防洪标准的地区占地区总数的比例，反映某流域或区域防洪工程（包括堤防、蓄滞洪区、水库及河道治理等）达到设计标准的情况。其计算公式为

$$防洪标准达标率（\%）＝指已达到防洪规划拟定的防洪标准的地区（或防洪$$
$$过程）数量/统计数量 ×100\%$$

防洪标准达标率具体指堤防工程、蓄滞洪区、水库工程等的达标率。堤防工程达标率，指堤防达标的长度/堤防总长。蓄滞洪区的防洪标准达标率指蓄滞洪区内防洪措施及安全建设的达标比例。

水库的防洪达标情况可以病险水库除险加固率来反映，即

$$除险加固工程率＝已除险加固的水库/病险水库总数×100\%$$

（16）万元 GDP 取用水量。万元 GDP 取用水量指所万元 GDP 需要的综合取用水量，反映水资源的利用效率和节水水平，其计算公式为

$$万元 GDP 取用水量＝用水总量（m^3）/GDP 总量$$

（17）水资源开发利用率。水资源开发利用率指当地供水量与其水资源总量之比，其计算公式为

$$水资源开发利用率 ＝供水量（亿 m^3）/水资源总量（亿 m^3）×100\%$$

（18）城镇供水保证率（或农村饮水安全保证率）。城镇供水保证率（或农

村饮水安全保证率）指多年期间城镇用水量（或农村用水）全部得到满足的程度，其计算公式为

城镇供水保证率＝统计年份城镇用水全部得到满足的年数/统计年数 ×100%

农村饮水安全保证率＝农村饮水安全保证的村数/总村数×100%

（19）灌溉保证率。灌溉保证率指灌区多年期间灌溉用水量全部得到满足的频率，其计算公式为

灌溉保证率＝统计年份灌溉用水量全部得到满足的年数/统计年数×100%

（20）水电开发率。水电开发率指流域已开发利用的水能资源量占水能资源技术可开发量的比例，其计算公式为

水电开发率（%）＝已开发利用的水能资源量/水能资源技术可开发量×100%

（21）通航保证率。通航保证率指河流一年中航道实际水深与换算水深达到航道水深天数之和与当年通航天数之比，反映了河道维持正常通航的保证程度，其计算公式为

通航保证率（%）＝实际水深与换算水深达到航道水深天数之和/当年通航天数×100%

（22）水利法规建设。水利法规建设按不同的管理分级，分国家、流域、地方三个层次。水法规体系建设主要是指制订、完善和出台一批与《水法》《防洪法》等水法规相配套的法规。该指标以定性描述，主要反映防洪、水土保持、水资源保护、取水、采砂、水量分配、节水以及突发事件应急措施等相关的涉水法律法规及相应配套的管理条例、实施办法等法律法规、制度建设的完善程度。不同的层面，所关注的水利法规建设有所侧重，作为流域机构，重点关注防御超标准洪水流域大中型水利工程调度管理法、排污口实施管理办法、珠江干流及重要支流河道采砂管理条例、珠江省级出入境水量水权分配管理办法、紧急干旱情况下珠江大型工程调配水量管理办法、珠江突发事件应急预案实施办法等与流域管理相关的水法规建设情况。

（23）行政执法能力。行政执法能力指水利管理机构对有关水利法规的贯彻执行情况及实施效果，反映水利管理机构水行政执法能力。该指标由执法队伍健全程度、执法成效（省级与区域间水事矛盾）、执法结案率等要素决定。

（24）非工程措施完善程度。非工程措施完善程度指已建立完善的非工程体系并能有效运行的部门数占总部门数的比例。非工程措施主要指水利信息采集

系统、通信系统、计算机网络系统、决策支持系统、水利预警预报系统、水利自动化控制与监测设施、防汛抗旱及污染突发事件处理及重点地区超标准洪水防御方案以及有效的防洪、水资源调度管理等。

（25）监测站点完善程度。监测站点完善程度仅指省际河段水质监测、重点水文站设备与能力建设完好水平以及工作成效。

（26）公众对河流保护的自觉度。公众对河流保护的自觉度指社会公众接受河流生态文明教育程度以及河流保护的自觉意识，反映公众素质以及参与维护河流健康的文明基础。

7.3.2.4　健康黑河评价指标体系

孙广生、石国安阐述了维持黑河健康生命的目标和总体思路。具体阶段目标是：2006—2015年，进一步调整产业结构，建设山区水库，替代平原水库，使生态用水量达到9.9亿m³，逐步增加进入下游居延三角洲地区的水量，使下游生态环境有较大改善；2016—2030年，采取综合措施，科学配置水资源，使生态环境得到合理恢复。

他们认为维持黑河健康生命的标志如下：

（1）河道不退缩，东居延海保持一定水面。主要包括：一是上中游河道不断流，下游河道有计划全线通水；二是当莺落峡来水15.8亿m³时，正义峡应下泄9.5亿m³；三是东居延海年年补水，形成尾闾湖泊（湿地），在水情允许条件下向西居延海输水；四是保持梨园河等较大支流对干流的水量补给。

（2）地下水位不下降。黑河流域地下水位的控制重点在下游，应逐步恢复下游绿洲保护区与供水水源地地下水位，埋深应在4m以内。中游地区应大力推广农业和城镇节水技术，合理安排地下水开采规模和布局，维持中游生态绿洲必需的地下水位，城市中心区地下水位应控制在合理的范围内。

（3）污染不超标。按照西北内陆河水功能区划目标要求，实现用户达标排放，污染物总量控制、有计划限额排放，全河段水质达Ⅲ类以上。

（4）天然绿洲不萎缩。主要包括：上游森林不再减少，草场不退化，水源涵养能力不减弱；基本保持中游天然绿洲面积；恢复和保护下游绿洲，使其逐步恢复到20世纪80年代水平；恢复东居延海湿地和滨湖绿洲。尤其是额济纳国家级胡杨林保护区植被恢复，胡杨林的更新扶壮，使其焕发生机。

7.3.2.5 浙江省河流健康与美丽河湖

浙江省河流健康的研究，提出"水清、流畅、岸绿、景美"是河流健康目标，河流健康诊断指标体系的系统层分为 4 个系统：水量水质评价体系、水工程评价体系、河岸带状况评价体系、景观质量评价体系，对每个体系选取能反映河流自然和社会属性及人类活动强度的若干指标。

1. 目标

（1）水清。水清的目标具有水量水质和生物生境两层含义。从水量水质角度来看，水资源利用是河流为人类服务的一项重要功能，水污染治理是今后一段时期的必需工作，但从生命角度来看，维护河流生态系统的健康一方面必须保证河流生态用水，为生命的繁殖和繁衍提供水动力要素；另一方面水清的内容是要保证水资源的利用，严格控制水环境和生境状况，是河流生命得以健康的基础，包括河流水文指标、水量指标、水质理化指标和部分生物指标等。

（2）流畅。一方面在保证河流连续性的同时；另一方面也为人类社会活动提供安全保障，是河流健康的重要条件，包括河流地貌形态结构指标、水工程指标。

（3）岸绿。目标直接针对河岸带生态系统，河岸带状况既是丰富河流生态系统的生产力基础，也是河流水资源利用功能是否适宜的直接反映，包括河岸带边坡稳定、水土流失状况、植被覆盖率等指标。

（4）景美。景美是河流为人类社会活动提供的更广泛的服务功能，是人类活动与河流健康发展的交互，是区域或流域经济得以可持续发展和生态良性循环的保证，包括景观环境美化公众满意率、景观多样性指数等指标。

2. 系统

建立诊断模型根据河流健康诊断指标体系的特点和河流健康诊断的特点，确定赋权方法和指标综合方法，建立不同尺度（流域、河流段）的适宜的评价方法和评判准则。对于小尺度（河流段）的河流，利用层次分析法、灰关联分析法，进行赋权和指标综合。利用灰关联分析法，建立小尺度改进型多层次灰关联河流健康诊断模型。对于大尺度（流域）的河流，从内源和外源两方面，采用偏最小二乘回归法建立大尺度河流健康诊断模型。

建立信息系统利用 GIS 技术，研究开发浙江省河流健康诊断地理信息系统，将历史数据、实时数据存入数据库，将诊断方法、计算方法存入方法库中，将诊断模型存入模型库中，实时进行数据的存储更新、空间分析以及河流健康诊断，将各诊断结果以专题图形式表现。典型河流诊断选择典型河流，进行诊断，并对诊断结果进行研究分析，同时也验证并修改完善河流健康诊断模型，根据最终诊断结果，评价典型河流的健康状况，研究适宜的恢复河流健康的对策和修复技术。

3. 评价

近年来，在河流健康研究和实践的基础上，浙江省提出了美丽河湖的建设理念，并在实践中付诸实施。出台了《浙江省美丽河湖建设验收管理办法》等一系列管理办法，制定了《浙江省"美丽河湖"建设评价标准（试行）》《浙江省"乡村美丽河湖"建设评价标准（试行）》等技术标准。

（1）美丽河湖的创建标准以河湖为单元开展美丽河湖建设评价，规定了安全流畅、生态健康、文化融入、管护高效、人水和谐 5 个方面的评价要求，并有相应定量的计分值。浙江省美丽河湖建设评价赋分细则见表 7-6。

表 7-6　　　　　　　　　浙江省美丽河湖建设评价赋分细则

评分类别	指标类别	评 价 内 容	分值	评 分 标 准
安全流畅（27分）	基础指标	堤防安全情况是否良好，堤岸是否存在坍塌现象	8	基础分值 8 分，每发现一处堤岸未达到设计标准扣 2 分，每发现一处堤岸坍塌视程度扣 1~2 分
		涉水构筑物和设施是否完好，是否对防洪排涝安全造成不利影响。本年度内重要水利设施是否发生过重大水毁事故	8	基础分值 8 分，每发现一处问题视程度扣 1~2 分。设防标准内若发生重大损失或严重影响的重要堰坝冲毁、闸站倒塌等重大水毁事故，此项不得分
		是否存在不符合规划断面的卡口段和明显淤积或阻碍行洪、影响河湖流畅的设施，2018 年以来是否存在不合理的缩窄填埋河道、裁弯取直等现象	8	基础分值 8 分，每发现一处问题视程度扣 1~2 分
		重要河段防汛管理道路是否畅通（也可就近结合市政道路、乡村道路等贯通），如有险工河段，其抢险预案应完善可行	3	通畅、路况好得 3 分，基本通畅得 1~2 分。防汛道路也可借用邻近市政道路、乡村道路。险工河段抢险预案不完善的扣 1~2 分
	加分	△2018 年以来是否有通过退堤还河、新增水域、打通断头河等形式提升河湖行洪排涝能力	2	成效巨大加 2 分；成效较大加 1.5 分；成效一般加 1 分

续表

评分类别	指标类别	评 价 内 容	分值	评 分 标 准
生态健康（27分）	基础指标	河湖水质感官是否良好，是否有异味，水葫芦、蓝藻等规模性暴发，供水水源是否有水质季节性超标。本年度是否发生重大环境污染事故	6	根据现场调查、现场感官和异味情况综合赋分。情况好得6分，较好得3～5分，一般得1～2分。年度发生过重大环境污染事故的，不得分
		山丘区河流是否存在因人为因素造成的脱水河段，水电站、堰坝是否设有泄放生态水量设施并泄放生态水量；平原河网水系是否连通，断头河浜情况是否严重	5	基础分值5分，每发现一处问题视程度扣1～2分
		是否全面开展污水零直排创建；入河湖排放口是否存在污水直排、偷排、漏排，入河湖雨水口是否存在初雨期污染，是否存在乱取水现象；河湖排水口、取水口设置是否规范	5	基础分值5分，每发现一处问题扣1分，其中污水零直排工作未开展扣5分
		滩地、湿地是否保护完好，原生乔木是否保留，滩林、河湖是否形态丰富、自然，滨岸带植物是否覆盖完好、搭配合理，乡村段河湖是否存在过度市政园林化、引种外来物种造成生态失衡等情况，生物是否多样健康。是否有效遏制非法捕鱼、电鱼、是否存在季节性死鱼等	6	河湖断面形态优美、自然要素保护修复情况好得6分，较好得3～5分，一般得1～2分
		护岸护坡及水面是否平顺衔接，水岸生物链是否阻断，护岸是否过度。堰坝是否阻断生物连通性，是否存在密集建堰形成水面"梯级衔接"。水工建筑材料、砌筑工法等在安全基础上是否符合生态性要求，清淤疏浚是否科学合理	5	基础分值5分，每发现一处问题视程度扣1～2分
	扣分	▽河湖水体环境质量是否符合功能区标准	/	河湖水质（高锰酸盐、氨氮指标）不满足水功能区水环境功能区标准要求（未划定功能区的，水质不低于下游邻近功能区的水质要求）扣10分
	加分	△河湖水质较水功能区标准要求高1个类别及以上	1	当年河湖水质较水功能区水环境功能区提高1个类别及以上加1分
		△在河流平面、纵向、横向上实施平面形态修复、改善鱼类洄游条件、改善两栖动物生存空间等措施。严格控制城市和农业面源污染等措施	1	改造规模较大，前后对比明显，成效明显的，加1分；改造规模较小，对比较小，成效一般的，加0.5分
		△健康评估	1	探索开展河湖健康情况调查评估得0.5分。在调查评估的基础上针对性采取修复治理措施的得0.5分

续表

评分类别	指标类别	评价内容	分值	评分标准
文化融入 （12分）	基础指标	河湖景观是否优美，与周边环境协调融合。人工景观是否确有需要、不造作且符合河湖实际及安全性、美观性、经济性要求	3	根据综合情况赋分，景观优美融合得3分，较好得2～3分，一般得1分。有景观过度情况不得超过2分
		河湖及其沿岸历史文化古迹（古桥、古堰、古码头、古闸、古堤、古河道、古塘、古井、古建筑等）的保护和利用状况是否良好	3	根据综合情况赋分，保护修复和利用情况好得3分，较好得2～3分，一般得1分，较差不得分
		河湖水工程文化、治水文化通过水文化相关活动或利用已有的堤、堰、桥、闸等载体进行展示的形式、内容和效果是否良好	3	根据综合情况赋分，展示情况较好得3分，较好得2分，一般得1分，较差不得分
		结合河湖地域特色定位的创造类特色文化的挖掘提炼情况，包括新时代思想、当地人文历史、自然资源禀赋、科普教育等合理展示	3	根据综合情况赋分，特色文化建设情况好得3分，较好得2～3分，一般得1分
管护高效 （14分）	基础指标	河（湖）长履职、协调是否到位有效。"一河（湖）一策"编制具可操作性和实效。河（湖）长牌信息更新是否及时、电话是否畅通；发现问题是否及时有效处理等	4	基础分值4分，每发现一处问题视程度扣1～2分
		河湖管护机构（或责任主体）是否制度健全、职责明确、经费保障、管护到位，分工明确	2	基础分值2分，每发现一处问题视程度扣0.5～1分
		管理用房、巡查管护通道、防汛抢险和维护物资堆放管理场所、标识标牌及其他管护设施是否齐备。水文水质监测、视频监控设施是否满足管理需要。积极推进河湖工程管理标准化创建	3	根据综合情况赋分，情况好得3分，较好得2分，一般得1分
		是否完成河湖管理范围划界和无违建河道创建任务。河湖管理范围内是否存在"四乱"现象。是否建立健全河湖保洁等长效机制并落实到位。河湖水面及岸坡是否有废弃物、漂浮物。沿河定界设施是否完整	5	基础分值5分，存在划界、无违建河道创建未完成的，扣5分，每发现一处其他问题视程度扣0.5～5分
	扣分	▽本年度是否发生过典型涉水违法事件		发生过施工安全事故、严重涉水违法违规及主流媒体曝光事件，即扣10分

评分类别	指标类别	评价内容	分值	评分标准
人水和谐（20分）	基础指标	饮用水水源地达标创建，农田供水有效保障。河湖沿线村庄、城镇内水系与评价河湖的连通性是否良好。河埠头、堰坝、便桥、平台等亲水设施设置是否合理，是否美观、实用、协调	3	情况好得3分，较好得2~3分，一般得1分
		滨水绿道布置是否合理设置，对河湖安全和巡查管护是否有利，对鸟类等动物栖息地是否存在过度干扰，建筑材料是否环保，结构型式和颜色与周围环境是否协调	3	情况好得3分，较好得2~3分，一般得1分
		滨水小公园设置是否合理设置，是否融合了休闲、河湖文化展示、河湖管护等综合功能，是否与周围环境相协调	3	情况好得3分，较好得2~3分，一般得1分
		对于有可能造成人员伤害的危险源，是否在重要位置和人群活动密集区，设置警示标志标识和安全设施	3	情况好得3分，较好得2~3分，一般得1分
		河湖治理是否只是样板治理、片段治理，是否统筹谋划、推进系统治理	2	情况好得2分，较好得1~1.5分，一般得0.5~1分
		在美丽河湖建设全过程中，尤其是亲水便民设施布置方案确定和建设过程中须问需于民、问计于民，开展群众需求调查并落实相应举措	3	落实情况较好且成效明显得3~4分，一般得1~2分，未落实的不得分
		开展美丽河湖满意度调查，调查范围要基本涵盖河湖沿线居民集聚点		按照回收满意度调查表的平均得分情况折算
	加分	△乡村振兴	2	河湖面貌的提升，是否促进周边旅游、休闲、养生、生态教育等产业发展等。情况好得2分，较好得1分
		△宣传报道	3	国家级新闻媒体正面报道加2分，省级加1.5分，设区市级加0.5分，可累积加分但不超过3分

1）安全流畅。按照经济社会发展的需求，根据规定的防洪、排涝等水安全功能，布置防洪保安工程措施，落实防汛抢险相关制度，确保河湖安全流畅。河湖堤岸符合规定的防洪、排涝、通航等标准，堤岸及主要水利设施未发生重大水毁安全事故。堤防护岸不存在坍塌、渗漏、冲刷等安全隐患。堰坝、河埠、桥梁、闸站等涉河构筑物设施完好，满足防洪、排涝等要求。河湖行洪断面通畅，不存在明显淤积或阻碍行洪、影响河湖流畅的构筑物、临时设施等。未发

生不合理的缩窄、填埋河道及改道、裁弯取直等减少行洪断面的行为。重要河段防汛管理道路畅通（也可就近结合市政道路、乡村道路等贯通）。险工河段抢险预案完善可行。积极倡导退堤还河（湖）、新增水域。鼓励利用堤后道路和高起地形进行防护、打通断头河等明显提升河湖行洪排涝能力。

2）生态健康。根据水功能区、水环境功能区确定的河湖水质和生态保护目标，因地制宜开展河湖生态保护与修复，入河湖排放口污染控制有效落实。河湖水质达到水功能区水环境功能区标准，河湖沿线的饮用水水源地水质全面达标。本年度未发生重大水环境污染事故。山丘区河湖不存在人为因素造成的脱水河段，水电站、堰坝设有泄放生态水量设施并按相关规定泄放生态水量；平原河网水系连通性和流动性好，积极打通断头河浜。河湖沿线的污水零直排区建设工作全面开展。河湖取排水口设置规范，满足相关标准，不存在污水直排、偷排、漏排现象，不存在未按审批要求乱取水现象。河湖平面形态自然优美、宜弯则弯，弯道、深潭、浅滩、江心洲、滩地、滩林等自然风貌得到有效保护与修复。河湖滨岸带植被覆盖完好，原生乔木得以保留，乔灌草、水陆植物搭配合理，鱼鸟等生物栖息繁衍环境良好。有效遏制非法捕捞渔业资源现象。河湖断面上堤岸顶、坡与水面平顺衔接，无过度护岸、筑堰现象，堤岸、堰坝、水闸等水工建筑物结构型式、建筑材料、砌筑工法等在安全的基础上符合生态性要求。河湖清淤疏浚科学合理。倡导定期开展河湖健康评估，及时开展生态保护与修复。积极采取生态化改造措施保护与修复河湖生态；严格控制城市和农业面源污染，提升入河湖水质。

3）文化融入。结合全域旅游布局，挖掘、提炼并合理融入河湖水利工程文化、治水精神、地域人文、特色风貌等，丰富提升河湖文化内涵。河湖沿岸自然、人文景观优美，人工景观展现方式与周边环境协调融合，符合河湖实际及安全性、美观性、经济性要求。河湖及其沿岸历史文化古迹（古桥、古堰、古码头、古闸、古堤、古河道、古塘、古井等古建筑）留存情况良好，得到有效保护修复和利用。通过水文化相关活动或利用已有堤、堰、闸、桥等载体合理展示河湖水工程文化、治水文化等。积极鼓励挖掘展示流域特色文化，通过新时代思想、当地人文历史、自然资源禀赋等合理展示，丰富河湖文化内涵。

4）管护高效。河（湖）长制度有效落实、河湖管护机构职责落实，日常管护到位。河（湖）长制度有效落实，河（湖）长职责明确、履职到位。"一河

（湖）一档""一河（湖）一策"已按相关规定编制，并具有可操作性和实效。河（湖）长长牌信息更新及时，河（湖）长电话保持畅通，发现问题及时有效处理。河湖管护机构（或责任主体）明确，制度健全、职责明确、经费保障、管护到位。管理用房、巡查管护通道、防汛抢险和维护物资堆放管理场所、标识标牌及其他管护设施基本齐备。河湖管理数字化有序推进，水文水质监测、视频监控设施满足现代化管理需要。积极推进河湖工程管理标准化创建。河湖保洁等长效机制建立并落实到位，河湖水面及岸坡无废弃物、漂浮物（垃圾、油污、规模性水葫芦、蓝藻等）。完成河湖管理范围划界，沿河定界设施完整。无违建河道创建工作全面开展。河湖管理范围内无乱占、乱采、乱堆、乱建现象。当年度未发生典型涉河涉堤违法事件、重大安全生产事故。

5）人水和谐。坚持可持续发展，推进河湖治理公众参与，注重沿线居民参与度、满意度。在人类活动相对密集区域合理建设滨水慢行道、水文化公园、河埠头、亲水平台、便桥、垂钓点等亲水便民设施，在不影响安全的前提下，满足沿河居民合理的亲水需要，亲水便民设施布置要因地制宜、因河制宜，要实用、美观、经济，避免过度建设。河湖重要位置和人类活动密集区设置警示标志标识，配备必要的安全救生设施。积极倡导可持续、全域思维统筹谋划、推进河湖系统治理，改善提升城乡村生产、生活环境，带动乡村生态农业、民宿、文创、旅游等产业发展。充分体现公众参与，在美丽河湖建设全过程中，尤其是亲水便民设施布置方案确定和建设过程中须问需于民、问计于民。在美丽河湖评价中开展河湖沿线居民开展满意度调查。

（2）乡村美丽河湖侧重于以行政村（或自然村）为单位的美丽河湖建设评价，主要评价内容如下：

1）村庄沿线河湖堤岸、水闸、堰坝等不存在较大冲刷、坍陷、水毁等现象，规模以上村庄防洪排涝达到规定标准。不存在病险水库和病险屋顶山塘。

2）村庄沿线不存在阻碍行洪、影响河湖流畅的设施或人为阻断。无违规采砂、取水、填埋水域、侵占水域行为。有效遏制电鱼、炸鱼及毒鱼现象。沿海村庄严格按规定管控围填海。

3）对村庄河湖弯道、深潭、浅滩、滩林等自然风貌得到有效保护与修复，鱼、鸟等生物栖息良好。

4）河湖水系连通性、流动性良好，不存在人为因素造成的脱水河段。

5）全面消除劣 Ⅴ 类小微水体。河湖水体水质感官总体良好，无异味。水质总体达到水功能区水环境功能区标准。

6）入河湖排放口不存在污水直排、偷排、漏排。

7）河（湖）长制等管理制度有效落实，河湖管护经费到位，河湖长效保洁到位，水面无垃圾、漂浮物。

8）合理挖掘河湖人文历史，保护修复涉水古迹，结合美丽乡村加强沿河湖亲水便民设施建设，实现"一村一溪一风景"。

9）倡导公众参与，发动群众自发河湖保护，鼓励河湖保护纳入村规民约，促进民众共同关注美丽河湖建设，在评价中充分体现公众参与。

附　　录

附录1　《重庆市河道管理范围划界技术标准》
（渝水河〔2013〕45号）

1　范围

本标准适用于重庆市河道管理范围划界工作。

本标准规定了河道管理范围划界的工作流程、划界单位的资质要求、划界依据和标准、洪水分析计算、测量技术要求、"一桩一牌"设置技术标准、划界成果验收等具体要求。

2　规范性引用文件

下列文件对于本标准的应用是必不可少的。凡注日期的引用文件，仅注日期的版本适用于本标准。凡是不注日期的引用文件，其最新版本（包括所有的修改单）适用于本标准。

GB/50201《防洪标准》

SL 44《水利水电工程设计洪水计算规范》

SL 197《水利水电工程测量规范》

GB/T 7929《1∶500　1∶1000　1∶2000地形图图式》

GB 12898《国家三、四等水准测量规范》

CH 1002《测绘产品检查验收规定》

3　术语和定义

下列术语和定义适用于本文件。

3.1　外缘控制线　The outer line of control

指岸线资源保护和管理的外缘边界线，一般以河（湖）堤防工程背水侧管理范围的外边线作为外缘控制线，对无堤段河道以设计洪水位与岸边的交界线作为外缘控制线。

3.2 河道管理范围 River Management Scope

指河道两岸外缘控制线之间范围。水行政主管部门为了河流健康、行洪畅通、河势稳定和水利工程安全而划定的河道管理区域。有堤防且堤防已达标的河道，河道管理范围为两岸堤防管理范围线之间的水域、沙洲、滩地（包括可耕地）、行洪区、两岸堤防及护堤地等；无堤防或堤防未达标的河道，河道管理范围为满足该河道防洪标准的两岸设计洪水位与地面交线之间的水域、沙洲、滩地（包括可耕地）、行洪区、滞洪区等。

3.3 河道管理线 The river line of the management

有河道岸线规划的，河道管理线即河道外缘控制线；无河道岸线规划的应按照本标准的要求，划定河道管理线。

3.4 一桩一牌 One piles and one sign board

指在河道管理范围划界时现场设置的标志物。"一桩"指河道管理线桩（牌），"一牌"指区县（自治县）人民政府告示牌。

3.5 城市（镇）规划区 Urban planning area

指城市市区、近郊区以及城市（镇）行政区域内因城市（镇）建设和发展需要实行规划控制的区域（包括建成区域）。城市（镇）规划区的具体范围，由城市（镇）人民政府在编制的城市（镇）总体规划中划定。

4　总则

4.1 为统一区县（自治县）在河道管理范围划界标准，规范划界技术，保证划界成果质量，特制定本标准。

4.2 划界范围：重庆市流域面积 $100km^2$ 及以上河流和流经城镇规划区集水面积 $2km^2$ 以上的河流必须开展河道管理范围划界；其他河流可根据实际情况开展。

4.3 河道管理范围内洪水分析计算和划界测量工作应由具有相应资质的单位承担。洪水分析计算由具有水文水资源调查评价资质、水利行业设计资质和水利工程咨询资质的单位承担。划界测量工作应由具备测绘资质的单位承担。

4.4 河道管理范围划界应以下列文件为依据：河道岸线利用与保护规划、城镇河道利用与保护规划、流域防洪规划、城市防洪规划及总体规划；洪水分析计算成果；已批准水利工程设计成果；其它相关文件。

4.5　河道管理范围划界应按以下工作流程进行：

　　1 编制河道管理范围划界实施方案（附录A）；

　　2 绘制河道管理带状地形图及桩点大断面图；

　　3 在带状地形图上标出河道管理线及管理线桩（牌）点；

　　4 河道管理线桩（牌）点定点放样；

　　5 河道管理线桩（牌）及告示牌制作与安装；

　　6 编制河道管理范围划界报告；

　　7 划界成果验收；

　　8 资料整理归档并建立数据库。

4.6　河道管理范围划界成果为《××区（县、自治区）×××河道管理范围划界报告》（附录B）以及现场设置的"一桩一牌"。

4.7　河道管理范围划界结束后应由市、区县（自治县）水行政主管部门组织专家组对划界成果进行验收，验收成果为《××区（县、自治区）×××河道管理范围划界成果验收鉴定书》（附录C）。

4.8　划界工作除执行本标准外，还应按照国家和重庆市的相关法规、文件、规范和标准的规定执行。

5　划界标准

5.1　有河道岸线规划的河段以批准外缘控制线为准。

5.2　无河道岸线规划和无水利工程的河段，以该河段防洪标准设计洪水位与岸坡的交线划定河道管理线：

5.3　无河道岸线规划，有水利工程的河段：

　　1 水利工程在批准的初步设计文件中明确了工程管理范围的，按其确定的管理范围划定。

　　2 水利工程没有初步设计文件或在原设计文件中没有明确管理范围的，按照《重庆市水利工程管理条例》及河道岸线规划编制中的相关规定划定。

6　洪水分析计算

6.1　一般要求

　　1 根据工作任务和内容确定计算河段范围。

2 依据分析计算内容，收集整理资料，如缺少必要的资料，应开展调查。

3 根据流域特点、资料情况，选择洪水计算方法进行分析计算。

4 对成果进行合理性分析，确认分析计算成果。

5 完成洪水分析报告。

6.2 资料收集应符合下列要求

1 收集流域和周围相关地区水文资料，应收集水文站设站以来的全部系列资料。

2 收集相关的规划报告、分析评价报告、社会经济发展报告、水利工程报告等。

3 收集整理流域水文调查资料，如有必要，应进行补充调查。

6.3 资料处理应符合下列要求

1 应对分析计算采用的水文资料进行可靠性、代表性和一致性分析。

2 对分析计算所需的其他资料应进行整理和综合分析，排除资料中可能存在的错误，确定其可靠性。

3 对于长系列水文资料，应考虑流域下垫面变化等因素，将相关资料进行还原或还现计算，对水文资料进行一致性处理。

6.4 洪水分析计算

根据资料情况和洪水分析计算要求可直接引用水利或有关部门的设计资料确定；直接用调查洪水作为设计成果；用实测资料（水位、流量、雨量等）、调查资料或结合地区综合资料作统计或推算确定。

6.4.1 设计洪峰流量的确定

1 根据实测资料推算设计洪水

1）直接移用上（下）游水文站设计洪水资料；

2）采用面积比例法移用上（下）游水文站设计洪水资料，被移用的水文站设计洪水成果采用频率分析法确定。

2 无实测资料地区设计洪水计算

根据计算流域的水文特征、流域特征和资料条件，汇流计算主要采用方法：

1）推理公式法；

2）综合瞬时单位线法推求设计洪水。

6.4.2 设计洪水位的确定

1 直接用水位资料统计或推算；

2 用调查洪水位作为设计水位；

3 通过水位流量关系得设计水位：当工程地点或参证站具有可以应用的水位流量关系曲线时，可直接引用。如果没有实测资料，可以用曼宁公式作断面过水能力计算，点绘水位流量关系曲线，并尽可能结合洪水调查，以利高水部分的定线；

4 水面线法确定：当上下游有设计水位时，水面比降变化平缓的河段可用上下游设计水位连成直线水面线，按河长内插求得设计洪水位。

7 测绘技术

7.1 坐标和高程系统规定

7.1.1 区域内原则上应采用北京 54 坐标系、西安 80 坐标系或重庆独立坐标系的，确实无法采用以上坐标系的也可采用域内乡镇规划的独立坐标系，但一条河流的划界坐标系应统一。

7.1.2 河道管理范围划界高程原则上应采用 1985 国家高程基准，确无法采用 1985 国家高程基准时也可以采用流域内乡镇规划高程系统，但一条河流的划界高程系统应统一。

7.2 控制测量技术规定

7.2.1 测区引用的起始平面控制点须为五等以上 GPS（GNSS）点或导线点，起始高程控制点须为四等以上水准点。

7.2.2 测区内平面基本控制网应根据测区的规模、控制网的用途和精度要求合理选择。

1 城镇或测区面积大于 $5km^2$ 的基本平面控制网不低于二级卫星定位测量控制网或二级导线网的要求；

2 其他测区基本平面控制网不低于三级卫星定位测量控制网或三级导线网的要求；

3 各控制点高程应不低于五等电磁波三角高程或五等 GPS 拟合高程的要求。

7.2.3 基本高程控制网应构成一个或若干个闭合环或附合线路，各个闭合环或附合线路的精度均应满足规范相应等级的规定，并进行平差计算。

7.2.4 基本控制网的精度计算及平差计算必须经两人对算复核，并签字确认。

7.2.5 基本控制网的控制点应选择在明显、稳定、易于长期保存的地方，相邻两点应通视，并应埋设标石，一个流域的控制点应统一编号。

7.2.6 基本控制网应绘制平面布置图和点之记；平面布置图和点之记应清楚反应点位坐标、高程。点之记格式详见附录 C。

7.2.7 图根点可采用 CORS、RTK、全站仪施测。当采用全站仪支导线布设图根点时不能超过 2 站，长度不宜超过 300m；若图根支导线点布置不能满足上述要求时应附合基本控制网进行平差计算。

7.3 河道管理带状地形图及大断面测（绘）要求

7.3.1 有可靠测绘资料成果，可采用现有成果，并注明资料成果来源；确无测绘资料的，应开展必要的地形和大断面测绘工作。

7.3.2 地形图测量时可采用 CORS、RTK、全站仪进行地形测量，并采用内外业一体化数字测图，测图设站时要对测站进行检核并作记录，符合规范规定的要求后方能测图；大断面测量可采用水准仪或全站仪进行测量，并控制地形和河道水面线的转折点。

7.3.3 地形图及大断面测（绘）范围均应满足两岸河道管理外缘控制线外 10～20m（平面）或该河段防洪标准设计水位以上 3～5m（高程）的要求。

7.3.4 河道管理带状地形图比例尺应尽量采用大比例尺，应满足以下要求：城市规划区 1：2000，城镇规划区可采用 1：2000 或 1：5000，非城市（镇）规划区可采用 1：2000、1：5000 或 1：10000。

7.3.5 绘图区域范围内的交叉建筑物、附属建筑物、地物应在河道带状地形图上表示清楚。堤防护岸、拦河坝、水闸、沿河提引水建筑物等水利工程应注明名称及有关特征参数。

7.3.6 图名按江（河）名及河段编，如：×××（河流名称）×××（区县名称＋地名）河段河道管理范围地形图。

7.3.7 图幅采用 50×50cm 正方形分幅，地形图编号采用流水编号法，一个区域自西向东或从北到南编号。

7.4 河道管理线绘制标准

7.4.1 在河道管理带状地形图上用红色实线绘制河道管理线，用黑色点划线绘制河心线，线宽均为 0.6mm。

7.4.2 在河道带状地形图上标出管理线桩（牌）设置点（河道管理外缘控制线

桩点）编号及对应坐标（X、Y）、高程（H）、里程。

7.4.3 河道管理线桩（牌）编号应以区县（自治县）为一个单元，从下游向上游编号。

7.5 管理线桩（牌）点放样标准

7.5.1 一般情况下要求采用 CORS、RTK 或全站仪进行管理线桩（牌）点放样，也可采用 J2 经纬仪配合测距仪或交会法放样。

7.5.2 放样测站和方向点（RTK 固定站点）宜选择基本控制网及以上等级的控制点，当采用全站仪或经纬仪在基本控制点上不能直接放样时，也可采用在图根导线点或增设支线点上放样。

7.5.3 当管理线桩（牌）点放样需增设支线控制点时不能超出 2 站，支线长度不宜超出 300m。

7.5.4 管理线桩（牌）点放样前应对测站和方向点的坐标和高程进行检核，满足规范要求后方能进行放样。使用全站仪放样时边长不宜超过 300m。

7.5.5 无水利工程（堤防护岸、拦河坝、水闸）或堤防未达标的河道（段），放样中发现管理线桩（牌）点平面坐标与高程不相符，且高程相差 20cm 以上者，应以满足高程要求确定管理线桩（牌）点，然后观测其坐标值，并以此修改该点原图纸坐标。

7.5.6 管理线桩（牌）点放样误差控制：平面坐标 X、Y 观测值与设计值的误差均不应超过 2cm，高程观测值与理论值不应超过 2cm。

7.6 测绘成果标准

7.6.1 从事划界测绘工作人员应提交完整的测绘技术资料，主要包括：

1. 各种外业测量手簿；

2. 各种精度计算、平差计算、坐标和高程计算资料与成果表；

3. 基本控制网埋石点的点之记（附录 D）；

4. 管理线桩（牌）成果表（附录 E）；

5. 管理线桩（牌）桩移交证书；

6. 基本控制网平面布置图；

7. 管理线桩（牌）点及河道管理范围线平面图；

8. 河道管理范围划界报告。

7.6.2 划界测绘技术资料由划界单位统一归档，数量为纸质档和电子档各一份。

8 桩牌设置及制作安装

8.1 管理线桩（牌）及告示牌的设置

8.1.1 河道管理线桩（牌）设置：

1 城市（镇）规划区桩（牌）间距不大于 500m。

2 非城市（镇）规划区桩（牌）间距不大于 1km。

3 在下列情况应增设桩（牌）：

1）重要下河通道（车行通道）；

2）重要码头、桥梁、取水口、电站等涉河设施处；

3）河道拐弯（角度小于 120 度）处；

4）水事纠纷和水事案件易发地段或行政界。

4 在河道无生产、生活人类活动的陡崖、荒山、森林等河段，可根据实际情况加大间距。

8.1.2 告示牌设置

城市规划区不少于 3 处，城镇规划区不少于 1 处。在下列情况应设置：

1 穿越城镇规划区上、下游；

2 重要下河通道（车行通道）；

3 人口密集或人流聚集地点河岸。

8.1.3 主城区及合川等个别区县局部不满足城市防洪标准的堤防河段，管理线桩（牌）不适宜设置在河道管理线应有高程的，可设置在现有堤防上，并结合"防汛五线"划定，在管理线桩（牌）对应上、下方的固定建筑物及构筑物上，根据需要，标出 100 年一遇、50 年一遇、20 年一遇、10 年一遇、5 年一遇洪水位线，或与警戒水位线、保证水位线混合标出，形成立体的特征水位。同时，在管理线桩（牌）附近设置的政府告示牌中，用文字说明河道管理线和当地防洪标准水位线高出管理线（牌）或告示牌的高度。

8.2 桩牌安装技术

8.2.1 管理线桩（牌）

1 管理线桩（附录 F）

1）制作规格：形状为长方形柱体，四角切除棱角，切除棱角边长 30mm。

高度 600mm，横截面长 250mm×宽 200mm，预留 700mm 四根 Φ12 埋设钢筋。在向、背河面做凹形字，字体为隶书，从上至下分别刻注水利标志（蓝色）、＊＊江（河）名（红色）、管理线（蓝色）、桩点编号字样（红色）、编号为阿拉伯数字。

2）制作材料：钢筋混凝土预制、青石料或大理石，混凝土安装时现浇（混凝土标号不低于 C20）。

3）埋设要求：地面以下 700mm，地上露出 600mm，周围泥土填筑密实。

2 管理线牌（附录 G）

1）制作规格：横截面形状为正方形，长 500mm×宽 400。立面做凹形字，字体为隶书，从上至下分别刻注水利标志（蓝色）、＊＊江（河）名（红色）、管理线（蓝色）、桩点编号字样（红色）、编号为阿拉伯数字。

2）制作材料：钢筋混凝土预制、青石料或大理石，混凝土标号不低于 C20。

3）安装要求：按嵌入式、壁挂式、斜式。

8.2.2 告示牌（附录 H 和附录 I）

1 制作规格：告示牌总宽 1600mm，高 2300mm（地面以上），其中面板尺寸 1500mm×1000mm（宽×高）。告示牌正面标书政府告示，反面为有关水法律法规宣传标语（蓝底白字）。

2 制作材料：采用 Φ50mm 不锈钢管或热镀管制作支架，面板采用铝反光面板制作。

3 埋设要求：告示牌立柱管埋入地下 400mm，四周浇筑 600×600mm 的 C20 砼底座固定。

9 划界成果验收

9.0.1 划界单位提交的划界报告数量应满足验收和归档查阅的要求，一般不应少于 5 份纸质件和 1 份电子文档。

9.0.2 区县（自治县）水行政主管部门按合同标段对本行政区域内河道管理范围划界成果逐一组织验收，市水行政主管部门对区县（自治县）河道管理范围划界工作统一组织考核。

9.0.3 验收工作组组成人数不应少于 5 人，其中技术专家不少于 3 人。应经 2/3 以上验收组成员同意方能通过验收。

9.0.4 河道管理范围划界验收应包括以下工作内容：

1 检查划界报告编制格式是否规范，内容是否全面详实；附图、附表是否齐全，格式是否规范，表达是否清楚。

2 检查管理线桩（牌）、告示牌现场设置是否合理，制作安装是否规范。

3 听取划界单位的情况汇报和建议意见；

4 做出验收决定，签署验收鉴定书。

9.0.5 河道管理范围划界验收应按以下程序进行：

1 划界单位向验收单位书面提出验收申请，并提交划界报告；

2 验收单位发出验收通知，包括验收时间、地点、专家组成员等；

3 验收单位将划界报告分发给验收工作组成员审阅；

4 组织专家组和划界单位察看管理线桩（牌）、告示牌设置现场；

5 组织召开验收会议。

9.0.6 验收工作组应指出划界成果不符合本标准或有关法规、文件、规划的地方，并指导划界单位修改调整。

9.0.7 验收鉴定书应对划定的河道管理范围内第三者合法权益情况有明确的记载，并提出处理建议。

9.0.8 经验收合格的河道管理范围划界成果是建设项目涉河建设方案及防洪评价报告编制和审批的重要依据，也是河道管理范围确权的重要依据。

9.0.9 区县（自治县）水行政主管部门应对本行政区域内的河道（段）验收合格的划界成果报告，报区县（自治县）人民政府批准后，报市水利局备案并统一归档管理，建立数据库。

附录2 《山塘运行管理规程》(DB33/T 2083—2017)

1 范围

本标准规定了山塘运行管理的基本要求、管理设施、蓄放水管理、工程检查、维修养护、档案和信息化管理等要求。

本标准适用于已建成运行的高坝山塘、屋顶山塘、作为饮用水源且日供水能力 200t 以上的山塘的运行管理,其它山塘可参照执行。

2 规范性引用文件

下列文件对于本文件的应用是必不可少的。凡是注日期的引用文件,仅所注日期的版本适用于本文件。凡是不注日期的引用文件,其最新版本(包括所有的修改单)适用于本文件。

GB/T 11822 科学技术档案案卷构成的一般要求

GB/T 18894 电子文件归档与电子档案管理规范

SL 210 土石坝养护修理规程

SL 230 混凝土坝养护修理规程

3 术语和定义

下列术语和定义适用于本文件。

3.1 山塘 pond

毗邻坡地修建的、坝高 5.0m 以上且具有泄洪建筑物和输水建筑物、总容积不足 100000m³ 的蓄水工程。

3.2 山塘所有权人 pond owner

行使山塘所有权的公民、法人或其他组织。

3.3 物业化管理 property management

山塘所有权人委托具有山塘运行管理能力的物业化管理单位开展工程日常

巡查、维修养护、蓄放水等日常管理工作。

4 基本要求

4.1 管理组织

4.1.1 山塘应按相关规定开展权证办理、注册登记、安全认定与评估、综合整治、应急管理等工作。山塘运行管理实行安全管理责任制，山塘所有权人的法定代表人是工程安全管理责任人。

4.1.2 山塘所有权人应明确巡查管护、维修养护及蓄放水管理等岗位，并落实相应人员。

4.1.3 各岗位人员应具有一定的山塘管理方面的知识，且身体健康、责任心强。

4.1.4 巡查管护岗不得由该山塘所属的农村集体经济组织的主要负责人承担。当山塘遭遇台风、（局部）强降雨、地震等工况时，应保障每座山塘有 1 名人员开展巡查工作。

4.1.5 蓄放水管理岗、维修养护岗可由具有相应能力的巡查管护岗位人员兼任。

4.1.6 山塘宜逐步推行物业化或集约化管理。已实行物业化或集约化管理的山塘人员配备应符合 4.1.3、4.1.4 规定。

4.1.7 山塘租赁、承包给其他个人或公司从事经营活动的，不得影响工程安全及正常运行。

4.1.8 运行管护经费应能够满足山塘正常运行、管理、维修和养护的需要。

4.2 管理范围

4.2.1 山塘的管理范围按以下标准划定：

  a）蓄水区：设计洪水位淹没线以下范围；

  b）坝体：坝体两端向外水平延伸不少于 10m 的地带；

  c）溢洪道：溢洪道边墙向外侧水平延伸不少于 3m 的地带；

  d）背水坡脚：坝高不超过 10m 的，为背水坡脚向外水平延伸 10m 范围内地带；坝高超过 10m 的，为背水坡脚向外水平延伸坝高值范围内地带。

4.2.2 山塘管理范围内不得从事堆放物料、爆破、违规建设建筑物等影响工程运行和危害工程安全的行为。确需新建建筑物、构筑物和其他设施的，应开展

论证并办理审批工作。

5　管理设施

5.1　防汛抢险道路

防汛抢险道路应能直达坝顶或背水坡脚，且能够满足抢险机械安全通行的要求。

5.2　管理房

管理房应设在山塘管理范围内，且宜布置在两坝肩位置处。管理房可结合启闭机房设置，结构应安全可靠，面积宜不小于 6m，内部宜通电并配备座椅、移动照明等简易设施。

5.3　标识牌

5.3.1　山塘坝体附近醒目位置应设置工程概况牌，内容包括工程简介、工程建设及管理责任人、管理范围等，管理范围边界位置宜设置界桩或隔离设施。其中工程简介应明确工程名称、集雨面积、设计标准、总容积、工程布置及主要建筑物、坝型、坝高、建成（综合整治）时间等内容。

5.3.2　工程蓄水区醒目位置应设置深水警示牌等。

5.3.3　山塘坝顶、工作桥一般不宜通行机动车，确需兼做公路或临时道路的，应经技术论证，不得影响工程安全和正常运行，并设置安全设施和交通标志、标线。

5.4　观测设施

山塘应设置水位、溢流水深观测设施。有条件的地方，可设置水雨情遥测设施、工程安全监测设施等。

6　蓄放水管理

6.1　山塘蓄放水应满足工程安全运行的要求，并服从上级防汛抗旱指挥机构的调度要求。

6.2　病害山塘应控制水位运行，危险山塘应放空山塘运行。

6.3　山塘放水应由专人统一管理，放水前应对输水建筑物、启闭设施及进水口水面等进行检查，并做好放水工作记录。

6.4　土石坝山塘放水时宜控制水位下降速度每天不超过 1.0m～1.5m。当溢洪道发生泄洪时，应结合实际需要开展预警工作。

7 工程检查

7.1 一般规定

7.1.1 检查分类

工程检查分为日常巡查、汛前检查、汛后检查和特别检查。

7.1.2 检查范围和内容

7.1.2.1 坝体：检查防浪墙、坝顶、坝坡有无渗漏、裂缝、塌坑、凹陷、隆起、蚁害及动物洞穴；检查坝体与岸坡连接处有无裂缝、错动、渗水等现象；检查坝肩及坝脚排水沟有无浑浊水渗出。

7.1.2.2 坝趾区：检查有无渗漏、塌坑、凹陷、隆起等现象。

7.1.2.3 泄洪建筑物：检查有无堵塞、拦鱼网，岸坡及边墙是否稳定；检查溢洪时是否会冲刷坝体及背水坡脚等。

7.1.2.4 输水涵洞（管）或虹吸管：检查进、出口及管（洞）身有无渗漏，管（洞）身有无断裂、损坏等情况；检查闸门及启闭设施运行是否正常，操作是否灵活。

7.1.2.5 近坝区水面：检查有无冒泡、漩涡和方向性流动等现象。

7.1.2.6 管理设施：检查标识牌是否完整、清晰；检查防汛抢险道路、管理房、观测设施等是否正常；记录山塘水位及溢洪道堰顶溢流水深（溢洪时）。

7.1.2.7 蓄水区及岸坡：检查蓄水区有无侵占水域、乱挖乱倒等现象；检查岸坡有无崩塌及滑坡等迹象。

7.1.2.8 其它应该检查的内容。

7.1.3 检查方法和工具

7.1.3.1 工程检查主要采用眼看、耳听、手摸、脚踩等直观方法，必要时辅以锤、钎、钢卷尺、放大镜、望远镜等简单工具器材。有条件的地方，可采用信息化设备开展检查。

7.1.3.2 工程检查时应根据需要携带以下工具：

    a）记录工具：记录笔、记录本簿等；

    b）辅助工具：锤、钎、锄头、铁锹、钢卷尺、放大镜、望远镜等；

    c）安全工具：通讯工具、照明工具；

d）其它信息化设备。

7.1.4 检查记录

7.1.4.1 检查人员应做好检查记录并签名，检查记录格式可参照附录 A（日常巡查可参照表 A.1 填写，汛前检查可参照表 A.1 和表 A.2 填写，汛后检查可参照表 A.1 和表 A.3 填写），特别检查应编制检查报告，报告由乡镇政府或主管部门会同山塘所有权人组织编制。

7.1.4.2 日常巡查过程中，巡查管护人员应将检查结果与以往结果进行比较分析，如发现有问题或异常现象，立即进行复查，并详细记述问题或异常现象发生的时间、部位、隐患类型及简单的描述。

7.1.4.3 工程检查记录表和特别检查报告应按要求存档，并报送乡镇政府或主管部门备案。采用信息化设备开展检查的，宜将检查结果通过系统上报。

7.1.5 问题处理

7.1.5.1 工程检查发现的一般隐患或缺陷，山塘所有权人或物业化管理单位应及时组织开展维修养护进行处理。处理难度较大或无法及时处理的问题，山塘所有权人应向乡镇政府或主管部门报告。

7.1.5.2 汛前检查发现的问题应在当年主汛期前解决或消除，汛后检查发现的问题应在下年度汛期前解决或消除，特别检查发现的问题应立即组织处理。

7.1.5.3 山塘所有权人接到违规占用水域、围塘造地等禁止性行为的报告时，应及时予以劝阻，并上报乡镇政府或主管部门。

7.1.5.4 巡查管护人员发现突发险情时，应立即向山塘所有权人报告，报告内容应包括发现险情时间、险情类型或特点、大致位置、严重程度及可能发展趋势等，山塘所有权人根据险情的严重程度依次向乡镇政府或主管部门、上级水行政主管部门和防汛指挥机构报告。情况紧急时，可越级上报。山塘所有权人应配合上级部门做好抢险工作。

7.2 日常巡查

7.2.1 工作开展

日常巡查由巡查管护岗位人员负责开展，以及时发现水工建筑物、边（岸）坡、管理设施等可能存在的隐患、缺陷、损毁或损坏。

7.2.2 检查频次

7.2.2.1 非汛期每 15 天不少于 1 次，汛期每 3 天不少于 1 次；当山塘水位接近（少于 50cm）溢洪道堰顶高程或山塘存在异常渗流、裂缝等问题时，应增加巡查频次。

7.2.2.2 梅雨期间、台风（影响山塘所在地）登陆前 72 小时至台风结束后 24 小时之间或山塘水位超过溢洪道堰顶高程时，每天不少于 1 次。

7.2.2.3 当山塘所在地发生（局部）强降雨、地震等其他特殊情况时，应立即巡查。

7.3 汛前检查和汛后检查

7.3.1 工作开展

7.3.1.1 汛前检查和汛后检查由山塘所有权人组织开展，必要时可申请乡镇政府或主管部门协助开展。

7.3.1.2 汛前检查和汛后检查是对工程安全及运行管理情况进行的全面检查工作。汛前检查以保障山塘安全度汛为目的；汛后检查是对汛期工程运行情况及安全状况进行总结，并为下一年维修养护提供依据。

7.3.2 检查时间

7.3.2.1 汛前检查应在当年 4 月 15 日前完成。

7.3.2.2 汛后检查应在当年 10 月 15 日至 11 月 30 日之间完成。

7.3.3 检查内容

7.3.3.1 汛前检查内容除 7.1.2 规定的内容外，还应包括以下内容：

    a）各岗位人员落实及培训情况；

    b）上年度汛后检查中发现问题的处理情况；

    c）工程整体度汛面貌；

    d）应急管理措施制定及落实情况。

7.3.3.2 汛后检查内容除 7.1.2 规定的内容外，还应包括以下内容：

    a）日常巡查记录的完整性、可靠性及合规性；

    b）本年度工程泄洪次数及情况；

    c）溢洪道下游冲刷情况；

    d）应急管理措施的执行情况；

    e）运行管理台账等资料归档情况。

7.4 特别检查

7.4.1 工作开展

当发生超历史高水位、水位骤变、极端低气温、有感地震以及其他影响坝体安全的特殊情况时，山塘所有权人及巡查管护人员应按规定参加上级部门组织开展的特别检查工作。

7.4.2　检查内容

特别检查应根据具体情况对工程损坏部位及周边范围进行重点检查，必要时可结合专业设备或委托专业单位开展检查工作。

8　维修养护

8.1　一般规定

8.1.1　维修养护应做到及时消除检查中发现的各类破损和损坏，恢复或局部改善原有工程面貌，保持工程完整和正常运用。

8.1.2　各水工建筑物结构的修复标准不得低于原设计标准，金属结构等养护应符合相关标准的规定。

8.1.3　日常维修养护工作应及时清除山塘管理范围内的荆棘、杂草、杂物等，保持工程及相关设备设施整洁。

8.1.4　维修养护已实行物业化、集约化管理的山塘，山塘所有权人应与物业化或集约化管理单位签订合同或协议。合同或协议应明确维修养护的内容、考核要求及责任条款等。

8.2　维修养护要求

8.2.1　土石坝坝体

8.2.1.1　坝顶及坝坡平整，无积水、杂草、弃物、雨淋沟等；护坡砌块完好，无松动、塌陷、脱落、风化或架空等现象；防浪墙、踏步结构完好。

8.2.1.2　各种排水、导渗设施完好，排水畅通，排水沟无浑浊水渗出等。

8.2.1.3　及时防治白蚁，清除白蚁繁殖条件。

8.2.1.4　其它维修养护可按 SL 210 的要求开展。

8.2.2　混凝土、砌石坝坝体

8.2.2.1　坝面和坝顶路面清洁整齐，无积水、杂草、杂物等。

8.2.2.2　止水设施完好、无渗水或渗漏量不超过允许范围。

8.2.2.3　各种排水、导渗设施完好，排水畅通。

8.2.2.4　其它维修养护可按 SL 230 的要求开展。

8.2.3 泄洪建筑物

8.2.3.1 进水渠边墙、溢流堰结构完好，堰面及底板平整。

8.2.3.2 泄槽及消能设施结构完好，无影响行洪的障碍物，两岸边坡整体稳定。

8.2.3.3 其它维修养护可按 SL 210、SL 230 的要求开展。

8.2.4 输水建筑物

8.2.4.1 进水口结构完整，附近水面无漂浮物；管（洞）身及出口结构、防渗设施完好。

8.2.4.2 启闭机房结构安全可靠，室内干净整洁。

8.2.4.3 闸门及启闭设施每年至少保养 1 次，且无变形、锈蚀，润滑良好；门槽无卡阻现象。

8.2.4.4 其它维修养护可按 SL 210、SL 230 的要求开展。

8.2.5 管理设施

8.2.5.1 管理范围内无家禽、家畜养殖行为。

8.2.5.2 抢险道路无阻碍物及明显破损现象，保持通畅。

8.2.5.3 管理房结构完好，无漏水、安全问题。

8.2.5.4 标识牌和界桩无损坏，结构完整、字迹清晰。

8.2.5.5 水位、雨量观测设施能正常读取，遥测设施通信畅通。

8.2.5.6 其他设备设施的维修养护应能满足正常运用。

8.2.6 蓄水区

蓄水区水面应保持清洁，岸坡无明显滑坡迹象。管理范围内无侵占水域、乱挖乱倒、违规建造建筑物等行为。

9 档案和信息化管理

9.1 档案内容

山塘所有权人可按 GB/T 11822 的要求对工程设计、施工及日常管理中形成的资料进行立卷归档。工程档案主要内容为：

　　a）工程建设、综合整治等设计、施工及验收等过程中形成的资料；

　　b）工程检查、蓄放水管理等工作的记录、报告；

　　c）维修养护、防汛抢险、工程隐患或险情处理等过程中形成的资料；

d）权证办理、注册登记、管理范围划定、安全认定与评估等工作过程中形成的资料；

e）其他应该归档的资料。

9.2 档案保管

工程档案资料应送乡镇政府或主管部门妥善保管。档案保管可按 GB/T 18894 的要求开展，且应做到资料齐全，无虫蛀鼠害，无潮湿、霉变等情况发生。有条件时，档案宜实行电子化管理。

9.3 信息化管理

有条件的地方，山塘宜采用信息化设备开展蓄放水、工程检查、维修养护等工作，并按要求报送工程的相关信息。

附录 3 《上海市跨、穿、沿河构筑物河道管理技术规定（试行）》（沪水务〔2007〕365 号）

1 总则

1.1 为规范本市河道管理范围内跨、穿、沿河构筑物的建设和管理，保障防汛安全，满足河道功能要求，维护河网生态，发挥河道的综合效益，根据《中华人民共和国水法》《上海市防汛条例》《上海市河道管理条例》等法律法规和相关技术标准，结合本市实际，制定本规定。

1.2 本规定适用于本市河道上新建、改建、扩建的跨、穿、沿河构筑物，包括桥梁、码头、隧道、管道、缆线、取水口、排水口和亲水平台等构筑物。

跨、穿、沿河构筑物除满足本规定外，同时应符合流域和相关行业的有关规定。

1.3 新建、改建、扩建的跨、穿、沿河构筑物，应当符合防洪标准、岸线规划、航运要求和其他技术要求，不应危害堤防安全、影响河势稳定，不应影响河道水质。

2 跨河构筑物

2.1 桥梁、管线等跨河构筑物，其墩柱不宜布置在河道堤防设计断面以内。确需在河道堤顶设置墩柱的，应保障防汛通道畅通。

2.2 跨河构筑物与堤顶防汛通道之间的净空高度应满足防汛抢险、河道维护管理等方面的要求。

2.3 规划河口宽度小于等于 22m 的河道，桥梁应一跨过河；规划河口宽度大于 22m 时，桥梁优先考虑一跨过河；确有困难的，中跨跨径不应小于 16m，且大于规划河底宽度。

黄浦江等Ⅳ级以上航道（包括Ⅳ级）及苏州河、淀浦河、环岛运河等重要河道，其跨河构筑物需另行专题研究。

2.4 跨河桥梁梁底高程（吴淞高程基准下同）应按下列原则确定：

1. 不低于防洪（潮）水位加安全超高；

2. 不低于规划河道堤防（防汛墙）顶高程；

3. 满足河道保洁、疏浚等维护管理作业船舶通行要求。

其中各水利片内（圩外河道）跨河桥梁梁底高程应满足表2.4的要求。

表2.4　　　　　各水利片内（圩外河道）跨河桥梁最低梁底高程　　　单位：米

序　号	水　利　片　名　称	梁　底　高　程	备　　注
1	蕴南片	5.00	
2	淀北片	4.50	
3	淀南片	4.80	
4	嘉宝北片	4.80	
5	浦东片	4.80	
6	青松片	4.80	
7	浦南东片	4.80	
8	崇明岛	4.50	
9	长兴岛	4.50	
10	横沙岛	4.50	
11	太南片	4.80	
12	太北片	4.80	
13	浦南西片	4.80	敞开片
14	商塌片	4.80	敞开片

2.5 河道中的桥墩（柱）布置及结构型式应有利于河道水流。对于多跨桥梁，中跨宜以河道中心线为基准对称布置。

2.6 桥梁建设时，其垂直投影面内及上下游各30m河道两岸堤防（防汛墙）需同步按规划要求实施。

2.7 涵洞宜为方涵型式，其过流能力应满足防汛安全要求，一般不应小于河道过流能力的3/4（其中村级河道不应小于河道过流能力的1/2），涵洞底板顶高程宜高于规划河底高程50cm。

3　穿河构筑物

3.1 穿河构筑物的顶部（包括保护层）距规划河底（现状河底高程低于规划河底的，按现状计算）的埋置深度不应小于100cm。

3.2 设置沉管隧道、大型管道和大型取排水口时，应避免造成不利的河床变化和碍洪水流。必要时应通过模拟试验研究，确定改善措施。

3.3 穿河管线工作井的布置不应影响堤防的安全，并应满足河道整治及维护管理的需要，距离规划河口线不应小于 10m。

3.4 燃气、油料、原水引水等管道穿越河道的，其保护范围内河道上下游两岸堤防（防汛墙）必须按规划要求同步实施（河道两岸新建堤防长度均不应小于 30m）。

3.5 建设穿河构筑物的，应在河道管理范围内的相应位置设置永久性的识别标志。

4 沿河构筑物

4.1 沿河构筑物的布置不应影响河道的行洪能力。

4.2 沿河码头应采用挖入式布置。

4.3 亲水平台高程应高出河道常水位或景观控制水位 30cm 以上。

4.4 亲水平台外缘不宜超越河道规划河口线。

附录4 《浙江省涉河桥梁水利技术规定（试行）》（2008）

1 总则

1.0.1 为统一规范涉河桥梁的建设，统一涉河桥梁审批的水利技术参数和标准，结合浙江省已建涉河桥梁的实践，特制定本规定。

1.0.2 涉河桥梁的水利技术规定主要包括涉河桥梁布置、涉河桥梁控制参数及其它。

1.0.3 本规定的涉河桥梁布置及其它作为通用性条款适用我省所有涉河桥梁的新建与改造。

1.0.4 本规定的涉河桥梁控制参数作为特别性条款适用于省级河道上特大桥梁和跨度 300 米（含）以上的大桥的新建与改建，市级河道以及其它河道参照执行。

1.0.5 涉河桥梁的建设应符合所在河流的综合规划、防洪规划等水利规划。

1.0.6 涉河桥梁建设除符合本规定外，尚应符合国家现行颁发的有关标准的规定。

2 术语

2.0.1 自然冲刷

河流自然演变引起的冲刷。

2.0.2 一般冲刷

由于桥梁墩台压缩水流，导致桥下流速增大而引起桥下河床断面的冲刷。

2.0.3 桥墩局部冲刷

由于桥墩的阻碍，水流在桥墩周围产生强烈涡流而引起局部范围的冲刷。

2.0.4 壅水高度、最大壅水高度和影响范围

建桥后，水流受到桥孔压缩，桥前上游形成壅水，其壅起的水面高度称为壅水高度，其最大值称最大壅水高度，水面线抬升的范围称影响范围。

2.0.5 阻水面积百分比

设计水位条件下，桥梁阻水结构在垂直于水流方向上的投影面积与河道过水断面面积之比。

2.0.6 主槽

主要的过水河槽。

3 涉河桥梁布置

3.1 桥位

3.1.1 桥位应选择河道顺直稳定、河床地质良好、河槽能通过大部分设计流量的地段。桥位不宜选择在河汊、沙洲、古河道、急湾、汇合口等河段。

3.1.2 桥位布置不得影响水文测验，应避开水文观测断面，以免影响水文资料的连续性。

3.1.3 桥位布置应避开治涝、灌溉、供水等工程设施，以保证工程设施的安全运行。

3.2 桥梁防洪标准

桥梁防洪标准应不低于堤防规划的防洪标准。

3.3 桥轴线

桥梁墩台顺水流方向的轴线应与洪水主流流向正交。

3.4 梁底标高

桥梁梁底标高需应考虑堤防防汛抢险、管理维修、今后加高加固的需要。

桥梁施工前，对桥梁覆盖范围的堤防，应按堤防的规划标准进行建设。

防汛通道与梁底的净高应满足防汛抢险车辆通行的净高要求。

当桥梁梁底与堤顶的净高不能满足防汛抢险车辆通行的净高要求时，应在堤背坡设置防汛通道及上下堤的交通坡道。

3.5 桥墩布置

桥梁的桥跨布设应顺应河势，桥墩布设应避开主槽，在主槽摆动剧烈的河段，应根据主槽摆动范围布设桥孔，尽可能使得主槽在桥孔内。

桥梁桥墩不应布置在堤身设计断面以内。当桥墩需要布置在堤身背水坡时，必须满足堤身抗滑和渗流稳定的要求。

3.6 桥梁承台

主槽处承台顶高程宜在平均低潮（水）位以下，边滩的承台顶高程宜在滩

面以下。

在规划中需要疏浚的河段，承台顶高程应相应降低。

承台及墩柱形式宜采用流线形，使桥墩附近水流流态顺畅。

3.7　桥面集中排水

桥面集中排水应避开堤身（岸），以免雨水排放造成堤身（岸）冲刷，影响堤防（岸）安全。

4　涉河桥梁控制参数

4.1　阻水面积百分比

跨越Ⅰ、Ⅱ级堤防桥梁的阻水面积百分比不宜大于 5％，不得超过 7％。跨越Ⅲ级及以下堤防的桥梁的阻水面积百分比不宜大于 6％，不得超过 8％。

堤防工程等级划分见表 4.1。

表 4.1　　　　　　　　　堤 防 工 程 的 等 级

防洪标准	≥100	<100，且≥50	<50，且≥30	<30，且≥20	<20，且≥10
堤防工程的级别	Ⅰ	Ⅱ	Ⅲ	Ⅳ	Ⅴ

4.2　最大壅水高度

对于不允许越浪的河道江（海）堤，桥墩阻水引起的最大壅水高度应控制在堤顶安全超高值的 10％以内；对于允许越浪的江（海）堤最大壅水高度应在堤顶安全超高值的 20％以内。

江（海）塘安全超高值见表 4.2。

表 4.2　　　　　　　　　江 （海）堤安全超高值　　　　　　　　（单位：m）

堤防工程等级	Ⅰ	Ⅱ	Ⅲ	Ⅳ	Ⅴ
不允许越浪	1.0	0.8	0.7	0.6	0.5
允许部分越浪	0.5	0.4	0.4	0.3	0.3

4.3　壅水叠加

新建桥梁的沿程壅水与已建桥梁等建筑物的壅水叠加后的壅水值，对于不允许越浪的河道江（海）堤，该值应控制在堤顶安全超高值的 10％以内；对于允许越浪的江（海）堤最大壅水高度应在堤顶安全超高值的 20％以内。

4.4　流态变化

建桥后洪水下泄时堤脚前沿流速增幅应控制在 5％以内。

建在分汊河段上的涉河桥梁不得影响分汊河道分流比性质的变化，应维持原河段泄洪能力主次的分配特点。

4.5 堤脚冲刷

边墩离堤脚距离宜为边墩宽度（直径）的 3～4 倍，以减少桥墩冲刷坑对堤防稳定的影响。

设计洪水条件下建桥引起的堤脚冲刷（一般冲刷和桥墩局部冲刷坑造成的冲刷），应控制在 0.5m 以内。

4.6 观测设施

对于跨越Ⅰ、Ⅱ级堤防的桥梁，易在桥梁上下游一定范围内设置观测设施，进行近岸冲淤变化、堤身垂直和水平位移、洪水时的壅水等观测。

5 其它

5.1 涉河桥梁除满足上述规定外，还应对壅水、冲刷、流态变化等造成的影响采取补救措施，以消除不利影响。

5.2 涉河桥梁施工栈桥及围堰等临时建筑物，应在汛前拆除。如不能拆除，应采取度汛措施，并征得水利主管部门同意，以确保河道防洪安全。

5.3 桥梁建设不得影响第三方的合法水事权益。

附录 5 《黄河河道管理范围内建设项目技术审查标准（试行）》（黄建管〔2007〕48 号）

第一章 总 则

第一条 为加强黄河河道管理范围内建设项目管理，规范防洪评价项目技术审查工作，保障河道防洪安全与建设项目的安全运用，依据《中华人民共和国水法》《中华人民共和国防洪法》《中华人民共和国河道管理条例》和《河道管理范围内建设项目防洪评价报告编制导则》（以下简称《防洪评价报告编制导则》）等有关法律、法规和管理规定，制定本标准。

第二条 本标准适用于水利部授权黄河水利委员会管辖范围内新建、扩建、改建的非防洪工程建设项目防洪评价的技术审查，包括桥梁、浮桥、管线等建设项目。

第二章 技术审查一般要求

第三条 具备水利工程勘测规划设计或水文、水资源调查评价且熟悉黄河基本情况的甲级资质单位，按照其资质承担的业务范围，可从事大、中、小型建设项目《防洪评价报告》的编制工作；具备水利工程勘测规划设计或水文、水资源调查评价且熟悉黄河基本情况的乙级资质单位，按照其资质承担的业务范围，可从事小型建设项目《防洪评价报告》的编制工作。

第四条 报送审查项目的防洪评价报告应列出项目建设所依据的法律、法规和规定；建设项目采用的防洪标准、依据的技术规范等；审查项目所在河段防洪治理规划及地区经济发展规划之间的关系；河段内非防洪工程建设项目之间的相互关系等。

第五条 采用的水文、泥沙基本资料应为经过整编的并经流域管理机构或者省、自治区人民政府水行政主管部门直属水文机构审查认定的；采用的地形、地质资料应由建设部资质认定的单位提供。

第六条 在水文监测环境保护区内原则上不得进行非防洪设施建设；确需

建设的，应征得对该水文站有管理权限的水行政主管部门同意。

第七条 黄河孟津白鹤镇至河口河段、黄河禹门口至潼关河段、宁蒙河段、渭河咸阳铁桥以下河段、沁河五龙口以下及大清河戴村坝以下河段的大中型建设项目，未来河道冲淤演变预测、重要技术指标（参数）的确定，应按照项目难易程度、影响大小及河道防洪的重要性等，通过实体模型试验或数学模型计算与原型资料分析相结合的方法取得。

第八条 河道冲淤演变预测要考虑各种不利因素。对于已建成水库、拟建或规划水库库区内及水库下游的工程应考虑水库调度运用方式的影响。

第九条 设计洪水复核应考虑上游已建、拟建及规划梯级运用对设计洪水的影响。

第十条 设计洪水除满足建设项目自身防洪标准外，还应与建设项目所在河段的防洪及水电工程标准相协调。位于已建、拟建及规划水库库区内的建设项目，设计洪水位应不低于正常高水位情况下的通航要求和水库校核洪水水面线；水位流量关系应与建设项目所在河段的防洪及水电工程标准相协调。水面线、水位流量关系计算应符合规范要求。

第十一条 冰凌较为严重的河段，应充分考虑建设项目所在河段发生封河、开河及冰坝的影响，冰凌洪水位应与相应规划设计成果相协调；建设项目在已建、拟建、规划水库的中、尾部，应充分考虑项目建设对封河、开河及冰坝的影响，并分析提出壅冰水位。

第三章 桥梁建设项目技术审查标准

第十二条 在黄河干流及渭河、沁河、大清河等支流下游的河道管理范围内修建桥梁应采用全桥渡跨越方式。

第十三条 桥位选择应在水文、水位站基本断面影响范围以外，并尽量减小对测流断面、地形测验断面的影响。桥位位于水文监测环境保护范围内，影响水文监测，水文测站需迁移的，按《中华人民共和国水文条例》第三十条执行；不需迁移但需采取保护措施的，按《中华人民共和国水文条例》第三十三条执行。

第十四条 桥墩设置以尽量减小对河道主流变化的影响为原则；桥梁轴线的法线方向应与洪水主流流向基本一致。

第十五条 为减少桥梁建设对河势演变、河道防洪、工程管理等的影响，不同河段容许的桥梁间距一般应不小于桥梁壅水长度的1.5～2倍，同时考虑河段防洪（凌）的重要程度，确定桥梁间距。

对于城市河段，确需减小桥梁间距的，须经充分论证，并采取有效的防护措施。

第十六条 桥梁孔跨布置应根据不同河段的河道特性、河势演变规律及防洪（凌）需要确定，同时考虑桥梁密度的影响。

第十七条 黄河下游干流桥梁跨越堤防需采取立交方式。黄河干流宁蒙河段及黄河支流渭河、沁河及大清河下游河段，桥梁跨越堤防原则上应采取立交方式。确需采取平交方式的，须进行充分论证，同时应满足设计水平年（50年）的设计堤顶高程，并进行加高加固。

为满足堤防工程管理与抢险交通的需要，采取立交方式跨越堤防的，两岸跨堤处梁底标高应考虑河道冲淤影响，满足大桥设计水平年（50年）的设计堤顶高程加4.5m交通净空。

第十八条 桥梁防洪评价时，冲刷水深、壅水高度与长度的确定，小型建设项目可采用铁路、公路工程水文勘测设计规范公式计算；重要河段的大中型建设项目除采用铁路、公路工程水文勘测设计规范公式计算外，宜结合实体模型试验或数学模型计算综合分析确定。

第十九条 河道内桥梁最低梁底标高须同时满足防洪、防凌要求；通航孔跨的梁底标高还应满足内河通航标准（GB 50139—2004）的要求。

第二十条 堤身设计断面内不得设筑桥墩。桥梁跨越堤防，桥墩应离开堤身设计堤脚线一定距离（原则上：黄河不得小于5m，渭河、沁河、大清河不得小于3m），并对桥墩周边进行防渗处理。

第二十一条 桥梁设计承台应尽量降低对行洪的影响，承台顶面高程不得高于现状条件下的河道地面线。

第四章 浮桥建设项目技术审查标准

第二十二条 浮桥建设和运用不得缩窄河道，浮桥两端不得设筑固定的硬结构桥头建筑物。

第二十三条 申报浮桥建设的技术文件应明确指出，在河势变化时，浮桥应及时调整两端位铬,不得对河势造成不利影响。

第二十四条　浮桥在滩区内的路面不得高于当地滩面 0.5m,河道治导线范围内路面应与当地滩面平,上堤引道与堤轴线下游方向的夹角应小于 40°。

第五章　穿河越堤建设项目技术审查标准

第二十五条　有堤防河段,所有新建、改建的管线工程,原则上宜采取跨越堤防方式。对于高压线等跨越堤防的管线工程禁止在堤身设置支座。

第二十六条　跨越堤防的管线工程,管底高程的确定,应考虑河道冲淤影响,满足项目设计使用年限内的设计堤顶高程加 4.5m 交通净空要求,对于高压线之类还应满足相关行业的技术标准。

第二十七条　在黄河下游及支流渭河、沁河、大清河下游河段,新建的油气管线,确需采取爬越堤防方式的,须经充分论证,爬越高度应满足 50 年后的设计堤顶高程,并对堤防进行加高加固。

第二十八条　管线工程确需采取穿越堤防方式的,须经充分论证,并采取相应的补救措施,保证管线本身出现任何安全故障时不得危及堤防安全,穿堤处管线顶部高程应在大堤两侧地面 30m 以下,管线穿越堤基时,入土点和出土点需距离堤防堤脚线以外 200m 以上,同时必须对穿堤位置上下 200m 范围内的堤防进行加固处理。

穿越堤防的管线在河槽内也必须采用穿越方式,穿越管线的埋置深度应在设计使用年限内主河槽最大冲刷高程线以下,并按照管线工程埋设相关规范留足保护层厚度。

第六章　附　　则

第二十九条　本标准自颁布之日起实施。

附录6 《太湖流域重要河湖管理范围内建设项目水利技术规定（试行）》（苏市水〔2012〕139号）

1 总则

1.0.1 为加强太湖流域河湖管理，保障防洪、供水、水生态安全，规范太湖流域重要河道、湖泊管理范围内建设项目（以下简称建设项目）管理，明确建设方案编制的水利技术要求，特制定本规定。

1.0.2 本规定主要适用于太湖、太浦河、望虞河、新孟河等太湖流域重要湖泊、河道管理范围内建设项目建设方案、防洪评价报告的编制和评审，是建设方案审查许可的主要技术依据。

1.0.3 太湖流域重要河道、湖泊管理范围内的建设项目应符合国家有关法律法规，符合流域综合和专业规划、专项规划，符合有关水利规程规范要求，并遵循严格保护、依法审批、等效替代、占用补偿的原则。

1.0.4 建设项目除执行本规定外，并应符合国家、地方有关行业现行的技术规范和标准。

2 基本规定

2.0.1 建设项目必须符合《中华人民共和国水法》《中华人民共和国防洪法》《太湖流域管理条例》《中华人民共和国河道管理条例》等国家法律法规和地方性法规要求。建设项目严格禁止以下行为：

　　1. 禁止围湖造地或围垦河道；禁止损毁堤防、护岸、闸坝等水工建筑物和防汛设施、水文监测和测量设施、河岸地质监测设施以及通信照明等设施；在堤防安全保护区内，禁止进行打井、钻探、爆破、挖筑鱼塘、采石、取土等危害堤防安全的活动。

　　2. 禁止在饮用水水源保护区内设置排污口、有毒有害物品仓库以及垃圾场；在河道管理范围内，禁止堆放、倾倒、掩埋、排放污染水体的物体。

　　禁止在饮用水水源一级保护区内新建、改建、扩建与供水设施和保护水源无关的建设项目。

　　3. 禁止在水文监测环境保护范围（监测断面上下游各 1000 米）内从事危害水文监测设施安全、干扰水文监测设施运行、影响水文监测结果的活动。

　　4. 太湖岸线内和岸线周边 5000 米范围内，太浦河、新孟河、望虞河岸线内和岸线两侧各 1000 米范围内，禁止设置剧毒物质、危险化学品的贮存、输送设施和废物回收场、垃圾场及水上餐饮经营设施；禁止新建、扩建高尔夫球场、畜禽养殖场及向水体排放污染物的建设项目。

　　5. 法律、法规规定的其他禁止性行为。

2.0.2　建设项目必须符合流域综合规划和防洪、岸线利用管理等有关专项规划要求，并应符合国民经济和社会发展规划，以及地区和相关行业规划要求。流域规划主要包括：《太湖流域综合规划》《太湖流域防洪规划》《太湖流域及东南诸河水资源综合规划》《太湖流域水功能区划》《太湖流域水环境综合治理总体方案》等。

2.0.3　项目建设方案及其防洪评价应符合《防洪标准》（GB 50201—94）、《堤防工程设计规范》（GB 50286—98）、《堤防工程管理设计规范》（SL 171—96）、《河道堤防工程管理通则》（SL 703J—81）、《河道管理范围内建设项目防洪评价报告编制导则（试行）》等规程规范要求。主要包括：

　　1. 建设项目应结合所在河段、地区的行洪、蓄滞洪要求，达到防洪标准。

　　2. 建设项目应避免对堤防、护岸、水文设施和其它水工程安全、运行产生影响。桥梁、管道等跨堤建筑物、构筑物，其支墩不应布置在堤身设计断面以内。当需要布置在堤身背水坡时，必须满足堤身设计抗滑和渗流稳定的要求。

　　3. 跨堤建筑物、构筑物与堤顶之间的净空高度应满足堤防交通、防汛抢险、管理维护等方面的要求。

　　4. 建设项目自身防御洪涝的设防标准与措施需适当，须有相应自保措施，并明确项目业主或管理单位的防汛责任。

　　5. 规程、规范规定的其他要求。

2.0.4　建设项目不得缩小水域面积，不得降低行洪和调蓄能力，不得改变水域、滩地使用性质，并应符合水功能区保护要求。

　　经科学论证确实无法避免缩小水域面积、降低行洪调蓄能力、影响水功能区水量水质的，应当同时实施等效替代工程或者采取其他功能补救措施。等效

替代工程的清退区域不得为太湖流域重要河湖岸线利用管理规划划定的湖区，以及退垦、退渔还湖区域。

2.0.5 建设项目应不影响第三人合法的水事权益。

2.0.6 临时占用水域、滩地的建设项目不得超过2年。

3 分类技术规定

3.1 跨河桥梁类项目

3.1.1 在太浦河、望虞河、新孟河等流域重要行洪供水河道上新建跨河桥梁应尽可能一跨过河。如受技术条件限制确需设墩时，河道过水断面内不得超过2组，各种设计水位下最大阻水面积比控制在6％以内。

3.1.2 桥墩占用河道断面的，应根据拟建项目区域情况，实施拓宽河道、拆除老桥等等效替代工程；特殊情况下可采取桥位上下游一定范围内全河护砌，以降低河床糙率，补偿过水能力。

3.1.3 桥墩纵轴线应与水流方向一致，上下游面应设计成圆弧型等平顺水流形式。桥墩水下承台顶面高程至少应低于规划河底以下0.50米。其中：

1. 太浦河闸下至平望为－3.50米以下，平望至泖河口为－5.50米以下。

2. 望虞河为－3.50米以下；望虞河后续工程规划范围内的桥墩水下承台顶面高程应降至－3.50米以下。

3. 新孟河运河以北为－3.50米以下，运河以南为－2.50米以下。

3.1.4 桥梁两侧防汛道路净空高度应不低于4.50米，净宽应不小于7.00米。

如桥梁梁底与堤顶的净高无法满足4.50米的要求时，则须满足日常巡查和防汛检查车辆通行要求（一般不少于2.20米净空高度），并增设防汛辅道，设置上下堤的交通坡道。

3.1.5 桥梁与堤防的连接应满足有关规范和规划的要求，必要时做好防渗和加固措施，保证堤防工程安全。

3.1.6 应对桥位上下游各100米范围内河道两岸河坡采取护砌等防护措施。

3.1.7 桥梁下部结构施工应避开主汛期；桥梁上部结构汛期施工时，不得设置阻水设施。在堤防区域内施工时，要做好堤身变形、渗漏的检查和观测，保证堤防工程安全和防汛道路畅通。

3.1.8 建设方案中应明确桥面雨污水排水设计、施工建设和运营过程中的环境保护措施等。

3.1.9 新建桥梁不能满足上述要求时，可采取隧道穿越方式，并按本规定 3.3 相关条款执行。

3.2 跨穿湖、临湖路桥类项目

3.2.1 严格控制在湖区水域或临湖建设道路桥梁，确需跨越、穿越湖区和临湖建设的，应充分论证；严禁填湖筑路。

道路桥梁工程占用湖泊调蓄面积的，必须实施补偿水域面积的等效替代工程。

3.2.2 跨越湖区主要行洪通道的桥梁主跨不得小于 100 米，非主跨最小跨径不得小于 35 米。

3.2.3 桥墩水下承台顶面至少应低于现状或规划湖底高程以下 0.50 米。

3.2.4 桥梁设计、施工、运行管理等其他要求按本规定 3.1 相关条款执行。

3.3 跨越、穿越河湖的隧道、管线类项目

3.3.1 严格控制在湖区水域建设隧道工程，确需建设，应充分论证。

跨越、穿越河道、湖泊的管道、缆线、输电线路等不得影响堤防安全、防汛道路畅通和堤防维护工作的正常进行。

3.3.2 穿越河湖的隧道、管线顶部距规划河湖底的埋置深度应不小于 1.00 米；与堤防交叉、连接段应按堤防原设计标准或规划标准恢复，满足堤防防渗、稳定要求。

跨越堤防管线与防汛道路净空高度应不低于 4.50 米，净宽不少于 7.00 米。

3.3.3 顶管施工竖井的布置不得影响堤防的安全，竖井临河侧外壁距堤脚不少于 50 米；定向钻施工应将出入土点移至堤防坡脚 50 米以外，满足河道整治及维护管理的需要。

穿堤、开挖堤防施工时应严格控制施工回填土干容重，按原堤防密实度标准实施。

3.3.4 穿河穿堤管道及其保护范围内的相应位置应设置永久性的识别标志，必要时设置观测设施。

3.3.5 确需跨越湖区的输电线路塔基尽量避开行洪供水通道主槽，塔基联梁底高程应在设计洪水位以上。

3.4 码头、避风港类项目

3.4.1 严格控制在河道、湖泊内建设码头、避风港，确需设置，应充分论证，并控制建设规模。

码头、避风港建设占用河道断面或湖泊调蓄面积的，必须实施拓宽河道、补偿水域面积等的等效替代工程。

3.4.2 避风港港池防浪设施不得采用封闭结构，需保证水体联通；港池边线距挡墙边线不得少于 20 米，港池浚深应有高程控制（太湖一般在 ±0.00 米），以保证堤防的安全稳定。

3.4.3 码头应选建在岸线稳定、河道开阔处。湖区避风港、码头外缘线应距主要行洪通道和出入湖河道口 50 米以上。

3.4.4 码头、避风港宜采用挖入式设计。确需拆移堤防，应按原堤防设计标准重建、贯通。码头两侧应做好与河道护岸的连接，并设置必要的防撞设施。

3.4.5 码头、避风港与岸区连接通道不得影响堤防安全，滩地上不得设置办公生活设施和永久建筑物，堆场设置在堤防背水坡堤脚 10 米以外，堤身上禁止堆放货物，保持防汛道路通畅。

3.4.6 码头、避风港应当设置污水污物处理设施，采取有效的水环境保护措施。

3.5 生态修复类项目

3.5.1 生态修复类工程实施范围应充分论证，科学选址，因地制宜，原则上应利用项目区域原有地形进行湿地恢复，严禁将河道湖泊外土料运入河道、湖区内，并实行等效替代。

3.5.2 太湖生态修复确需进行湖区地形整理的，高程控制原则上不高于 2.80 米。

建设生态护坡需对堤防工程采取改造措施的，应经论证。不宜在堤身上种植乔木、加装种植辅助设施，以保证堤防安全。

3.5.3 不得在河湖水域和堤防管理范围内设置与水生态修复无关的构筑物、建筑物；如需在上述范围内建设少量观测构筑物和设施的，应从严控制、严格管理。

3.5.4 主要行洪通道内和出入湖河道口范围内，严禁设置阻水障碍物。

3.5.5 辅助修复水生态种植的消浪桩、围栏、围网等临时设施设置一般不超过 2 年，并应及时拆除，恢复水域、滩地原状。

3.6 取土、清淤类项目

3.6.1 严格控制在河湖管理范围内取土。清淤应采用生态清淤施工工艺，不得在河湖管理范围内弃土。

3.6.2 太湖取土区开挖边线距挡墙边线不得少于 200 米（东太湖区不少于 100 米），并以 1∶5 边坡与湖底相接；挖深应有高程控制（太湖不低于－2.00 米），底部开挖高程基本一致。

3.6.3 汛期施工应编制并落实度汛方案。当太湖水位达 4.00 米时，应做好施工围堰破堰准备；水位达 4.10 米且预报继续上涨时，必须破堰蓄水。

3.6.4 应制定施工期工程影响范围内的水质监测方案和保护措施。

3.6.5 一般取土区占用不得超过 2 年；工程完工后应及时拆除施工围堰，恢复至原状湖底。清淤、取土区湖底高差不超过 0.50 米，其区域边界应设置安全警示标志。

4 附则

4.0.1 太湖流域省际边界、跨省（直辖市）河道、湖泊，以及流域内其他河流、湖泊管理范围内建设项目工程建设方案的编制、评审可参照执行。

4.0.2 除上述类型外的其他建设项目可参考相近类型执行。

4.0.3 本规定中高程采用镇江吴淞基面。

4.0.4 本规定由太湖流域管理局负责解释，自发布之日起施行。

附录 7 《河道管理范围内建设项目技术规程》
（DB44/T 1661—2015）

1 范围

本标准明确规定了广东省行政区域内主要河道和河口管理范围内建设项目管理的技术要求。

本标准适用于广东省行政区域内主要河道和河口管理范围内新建、扩建和改建的建设项目，包括跨河、穿河、穿堤、临河的桥梁、码头、道路、交通（涵）闸、渡口、隧道、管道、取水口、排水（污）口、厂房、仓库、工业、民用建筑等建筑物和构筑物，临河公园、绿地、湿地和其他公共设施，以及航道整治、河道清淤、污染治理等建设行为。

其他河道和河口、湖泊（含人工湖泊）、水库、人工水道、蓄滞洪区管理范围内的建设项目可参照本标准执行。

河道管理范围内水利工程的建设应符合国家、行业现行有关标准的规定。

2 规范性引用文件

下列文件对本文件的应用是必不可少的。凡是注日期的引用文件，仅注日期的版本适用于本文件。凡是不注日期的引用文件，其最新版本（包括所有的修改单）适用于本文件。

GB 50201　防洪标准

GB 50286　堤防工程设计规范

SL 171　堤防工程管理设计规范

SL 303　水利水电工程施工组织设计规范

SL 435　海堤工程设计规范

SL 679　堤防工程安全评价导则

3 术语和定义

下列术语和定义适用于本标准。

3.1 水利工程 water project

指在江河、湖泊和地下水源上开发、利用、控制、调配和保护水资源的各类工程。

3.2 主要河道 main river

指我省东江、西江、北江、韩江干流，珠江三角洲、韩江三角洲河网区主干河道，北江大堤内芦苞涌、西南涌至伶仃洋的河道。

3.3 主要河口 main estuarine

指珠江、韩江、榕江、漠阳江、鉴江、九洲江河口以及跨地级以上市的河口。

3.4 护堤地 the ebb shoal

指为保护堤防工程，在堤防两侧划定作为堤防保护地的一定区域，一般根据堤防的重要程度来划定。

3.5 河道管理范围 the scope of control for river courses

有堤防的河道，其管理范围为两岸堤防之间的水域、沙洲、滩地（包括可耕地）、行洪区，两岸堤防及护堤地；无堤防的河道，其管理范围根据历史最高洪水位或者设计洪水位的淹没边界确定。河道具体的管理范围以主管的县级以上人民政府的界定为准。

3.6 主要河口管理范围 the scope of control for main estuarine

珠江河口的管理范围指珠江河口的八大口门区及河口延伸区。其他主要河口的具体范围指由省水利、海洋与渔业等行政管理部门组织划分，经报省人民政府审批确定的范围。

3.7 重要河段 critical stretch

指重点防洪工程所在河段或者是具有重要防洪任务的河段。

3.8 险工险段 dangerous reach

险工指未达设计抗洪能力的建筑物；险段指堤脚坡度大、受水流冲刷、顶冲等较为严重的河道堤段。

3.9 水文监测环境 hydrological monitoring environment

指为确保准确监测水文信息所必需的区域构成的立体空间。

3.10 跨河建设项目 construction across the river

指主体功能设施从河道水面上方跨越而过的具有固定结构的建设项目，主

要包括公路桥、铁路桥、管桥（输水、输油、输气、输电等）、渡槽及输电铁塔工程等。

3.11 穿河建设项目　river-crossing construction

指主体功能设施从河床下方穿越的具有固定结构的建设项目，主要包括管道（输水、输油、输气、输电等）、隧道（公路、铁路、缆线等）、涵管穿越工程等。

3.12 穿堤建设项目　dam-crossing construction

指从堤身或堤基穿越的具有固定结构的建设项目，主要包括管道、缆线、交通（涵）闸、取水口、排水（污）口和市政涵管工程等。

3.13 临河建设项目　construction nearby the river

指沿河道两岸修筑的具有固定结构的建设项目，主要包括码头、船坞、渡口、取水工程、临河公园、湿地、道路和景观工程等。

3.14 明挖埋管　open-cut excavating

指利用明挖的方式开挖管沟，待将穿越管段敷设完成后，再恢复原地貌的施工方法。

3.15 定向钻穿越　crossing by directional drilling

指采用定向钻机将穿越管段按照设计轨迹从河床和堤基下通过的非开挖管道安装施工方法。

3.16 盾构穿越　crossing by shield digging tunnel

指采用盾构机在地面或河床面以下一定深度的地层中支护紧随掘进，迅速形成稳定隧道的施工方法。

3.17 顶管穿越　crossing by pushing pipe through tunnel

指利用顶进设备将管道按设计的坡度顶入土中后，再将前方开挖面的土方运走，使管壁与外侧土腔边界基本吻合的敷设管道的施工方法。

3.18 水功能保护区　water protection areas

指对水资源保护、自然生态及珍稀濒危物种的保护有重要意义的水域。

3.19 防治与补救措施　prevention and remedial measures

指为消除和减少建设项目对河势稳定、河道行洪纳潮畅通、水工程安全、水文设施和监测环境等的不利影响，建设单位应采取的各种措施，包括工程措施和非工程措施。

3.20 设计洪水 design flood

指符合建设项目所在河段规划防洪（潮）标准要求以洪峰流量、洪水总量和洪水过程线等特征表示的洪水。

3.21 设计洪水位 design flood level

对于感潮区，设计洪水位指设计频率洪水（或暴潮）对应的洪（潮）水位；对于非感潮区，设计洪水位指设计频率洪水对应的洪水水位。

3.22 河道管理范围占用面积 the occupied area in river management

指建设项目垂直投影于河道管理范围内的面积。

3.23 河道宽度 river width

有堤防的河道，其宽度为两岸堤防迎水侧堤顶线间的距离；无堤防的河道，其宽度为历史最高洪水位或者设计洪水位淹没边界间的距离，简称"河宽"。

3.24 阻水比 area block-water ratio

指设计洪水位下，建设项目阻水结构在工程断面垂直于洪水流向上的投影面积与工程建设前同一过水断面过流面积的比率。

3.25 最大壅水高度 maximum backwater height

建设项目阻水结构缩小行洪过流面积而引起河道抬高的水面高度称为壅水高度，其最大值称为最大壅水高度。

3.26 等效替代工程 the equivalent substitution engineering

指为减少或消除建设项目占用河道，对河道造成水域面积或容积严重减少、水域功能严重退化等损害，新建的同等功能效益的工程。

4 总则

4.1 为依法对广东省行政区域内主要河道和河口管理范围内建设项目进行管理，保障防洪安全，保证已建和拟建项目的安全运用，特制定本标准。

4.2 建设项目应满足如下要求：

4.2.1 应符合水利行业相关规划，不得影响规划实施。

4.2.2 设计防洪（潮）标准应符合《防洪标准》及相关行业标准的规定。

4.2.3 不得妨碍建设项目近区和周边范围的防汛抢险。

4.2.4 对河道行洪纳潮、河势稳定、水质及堤防、护岸和其他水利工程及其设施安全的影响在合理范围内，且通过相应的防治与补救措施可基本消除。

4.2.5 不影响其他第三人合法水事权益，确有影响的，应采取相应的补偿措施，并与第三方签订有关协调意见书。

4.3 建设单位应开展防洪评价等相关专题论证。

4.4 建设项目除满足本标准要求外，尚应符合国家现行有关标准的规定。

5 一般要求

5.1 选线、选址

5.1.1 建设项目不宜布置在河道狭口及险工险段处。

5.1.2 建设项目（饮用水取水口除外）不宜布置在水功能保护区内。

5.1.3 建设项目（航道整治除外）不宜布置在河道汇流或分汊处。

5.1.4 建设项目不宜布置在现有和规划水利工程及其设施保护用地范围内；确需占用保护用地的，必须经专题研究论证，制订有保护原有水利工程安全的可靠措施。建设项目需占用水利工程管理用地时，不得破坏或损毁防洪工程的管理设施，不得占用或挪用原有的防汛备用物料，不得中断防汛抢险通道。

5.1.5 建设项目不宜布置在水文监测环境的保护范围内。

5.1.6 其他法律、法规规定的不适合建设的区域。

5.2 设计

5.2.1 建设项目设计应采用可靠的水文气象、河道地形地质、河道工程状况以及水利规划等基本资料。

5.2.2 建设项目设计宜采用珠江基面高程系统。

5.2.3 建设项目的设计方案应在综合比选的基础上，遵循对河道防洪影响较小的原则，选取最优方案。

5.2.4 建设项目需向河道排水的，应满足所在河段水质管理目标的要求，并做好消能防冲措施，不得影响堤防安全。

5.3 施工

5.3.1 施工组织设计应包括防洪安全措施等相关内容。

5.3.2 建设项目应合理安排工期，涉及影响防洪安全的工程宜安排在非汛期施工，如需跨汛期施工的，应编制度汛方案。

5.3.3 施工临时建筑物应尽可能少占用河道行洪过流面积。

5.3.4 建设项目基础施工不得损毁堤防和其他水利工程及其设施；确有影响

的，应采取切实可靠的防治与补救措施。

5.3.5 建设项目施工不得使用堤顶作施工运输道路；确需使用的，应根据施工使用条件进行堤防稳定复核，不满足要求的，加固后方可使用。

5.3.6 施工期间，不得在堤防和护堤地堆放施工物料、搭设临时施工设施、布置大型施工机械设备；确需使用的，应结合利用方式对堤防安全的影响作专题分析。

5.3.7 建设项目施工时不得阻断防汛道路，确需短期阻断时，应设置临时通道；在次年汛期前，应按原有标准恢复。

5.3.8 施工期间，施工单位不得向河道管理范围内倾倒和排放生产、生活废弃物，不得直接和间接向河道排放未经处理达标的生产和生活污水。

5.3.9 施工期间，建设单位应根据需要组织编制安全监测设计方案，加强对河道、堤防、周边工程和建设项目的安全监测，编制防洪应急预案。

5.3.10 涉及改变堤身结构形式或者破堤施工的，建设单位应组织编制详细的设计、施工方案。复堤堤段应按相应规划标准进行达标加固建设，并与上、下游堤段平顺衔接。

5.3.11 工程完建时，应清除施工遗留在河道内的临时设施、施工弃渣、余泥和生活垃圾等。

5.4 防治与补救措施

5.4.1 建设项目施工和运行对防洪安全造成影响的，应调整或优化建设项目的总体布置、建设规模、结构型式与尺寸、施工组织设计等，并采取必要的防治与补救措施，保证防洪安全。

5.4.2 建设项目导致水利工程及其设施遭到损坏、正常运行受到影响或需迁移的，须制订恢复原有水利工程及其设施功能的修复或迁移设计方案。

5.4.3 建设项目影响水文监测或引起水文测站需迁移的，应制订恢复原有监测功能的修复或迁移设计方案。

5.4.4 建设项目对堤防、护岸工程安全造成不利影响的，应提出补救措施，并进行堤岸防护专题设计。具体防护措施和范围应根据防洪评价成果、河道及堤防的重要程度、河道地形地质条件和水流特性等综合确定。

5.4.5 防治与补救措施工程与主体工程应同时设计、同时施工、同时投入使用，需兴建等效替代工程的则应先于主体工程建成。

5.5 运行管理

项目业主应配合水利管理单位加强建设项目管理范围内堤防的安全监测和管理。

5.6 资质要求

涉及水利工程咨询、设计和施工的，建设单位应委托具备相应行业资质的单位承担。

6 跨河建设项目

6.1 适用范围

跨河建设项目主要为跨河公路桥梁、铁路桥梁，其他跨河建设项目，如输水、输油、输气等管桥，渡槽及输电铁塔等可参照执行。

6.2 选址

桥位宜选在河道顺直，河势稳定，河岸、河床地质条件良好的河段。

6.3 桥墩轴线

桥墩顺水流方向轴线宜与洪水流向基本一致，两者交角不宜超过5°。

6.4 跨越方式与梁底高程

6.4.1 桥梁跨越堤防宜采取立交方式，桥梁跨堤部分梁底与相应规划堤防堤顶间的净空应按所在堤防的管理办法要求执行，无管理办法的，净空应满足如下要求：

　　a) 跨越1、2级堤防的，净空不得小于5.5m；

　　b) 跨越3、4级堤防的，净空不得小于5m；

　　c) 跨越5级堤防的，净空不得小于4.5m。

6.4.2 桥梁跨越堤防采取平交方式的，在桥梁施工前，建设单位应对受影响的堤段按规划标准完成达标加固建设，并确保平交道路上下游防汛通道的畅通。

6.4.3 河道内桥梁最低梁底标高应满足河道行洪纳潮、航运、日常保洁、清淤作业、管理维护等方面的要求。

6.5 桥墩与桥跨布置

6.5.1 桥墩应采用流线型设计。

6.5.2 桥墩布置应满足堤防稳定要求，不应布置在堤身设计断面以内。

6.5.3 桥梁孔跨布置应根据工程所在河段的河道特性、河势演变规律及防洪要求确定，宜采用大跨度结构跨越河道主槽。

6.5.4 规划河宽小于或等于 25m 的河道，桥梁应一跨过河。

6.5.5 对于桥梁扩建工程，应进行新、旧桥的总体防洪评价。如果原桥设计符合现行相关规定，只是桥面宽度不能满足通行要求时，应与旧桥对孔布置进行扩建；若原桥阻水严重，应拆除重建。

6.5.6 同一桥梁左、右半幅桥墩应对孔布置，同一河道上、下游相邻桥梁桥墩宜对孔布置。

6.6 承台布置

承台顶高程应在河床边滩冲刷线以下。对于重要河段或险工险段，河床冲刷深度宜通过数学模型计算或物理模型试验确定；其他河段，可采用经验公式法确定（参见附录 A）。

6.7 控制参数

6.7.1 对于平原河道，新建桥梁与已建桥梁等建筑物沿程叠加的最大壅水高度宜控制在不允许越浪堤顶安全加高值的 5% 以内；对于山区河道，宜控制在 10% 以内。对于重要河段或险工险段，最大壅水高度应通过数学模型计算或物理模型试验确定；对于资料不全的河段，可采用经验公式法（参见附录 B）。

6.7.2 在最大壅水高度满足规定要求的前提下，跨越 1、2 级堤防桥梁的阻水比不宜超过 7%；跨越 3 级及以下堤防以及无堤防河道的不宜超过 8%。

7 穿河建设项目

7.1 适用范围

穿河建设项目主要为油气管道和公路、铁路隧道，其他穿河建设项目，如输水、输电管道等可参照执行。

7.2 选址

7.2.1 穿河建设项目轴线布置宜与河道或堤防正交；不应在河道管理范围内顺河床布设各类管线（管道）、隧道及其固定附属建筑物。

7.2.2 穿河建设项目与上下游相邻的港口、码头、水下建设项目或水工程等之间相互的管理范围不宜交叉。

7.2.3 定向钻入、出土点或隧道、顶管的始发和接收竖井及其检修竖井均不得布置在堤防管理范围以内。

7.3 埋深

7.3.1 隧道或顶管的竖井顶高程应高于穿越河段的设计洪水位，否则，应制订防洪避险措施。

7.3.2 穿河建设项目的埋深应满足河床稳定和防洪要求，应在相应设计洪水的冲刷深度以下，并结合河床地质条件和穿越施工方式，确保其具有足够的安全埋深。

7.3.3 水库泄洪影响范围内的穿河建设项目，穿越管段埋深应考虑泄洪时的局部冲刷及清水冲刷影响。

7.3.4 沉管隧道的上覆土层和保护层厚度应满足抗浮稳定安全，其顶面不应突出于河床稳定冲刷线之上。

7.3.5 对于重要河段或险工险段，河床冲刷深度宜通过数学模型计算或物理模型试验确定；其他河段，可采用经验公式法确定（参见附录 A）。

7.4 警示标志

在穿河建设项目管理范围内，应设置明显警示标志，标明工程类型、埋深、结构等。

7.5 施工

7.5.1 明挖埋管水下施工和运输应减少对河底的扰动，减少水质污染，做好与堤防的连接，不得影响堤防安全。

7.5.2 明挖埋管、隧道开挖等若采用爆破方式，应提出专题施工方案，论证爆破施工对两岸堤防、水利工程及其他已建工程设施可能产生的影响。

8 穿堤建设项目

8.1 适用范围

穿堤建设项目主要为输油、输水、输电、输气管道、管线和，其他穿堤建设项目，如取水口、排水（污）口、交通（涵）闸等可参照执行。

8.2 选址

穿堤建设项目应选择在水流流态平顺、岸坡稳定且不影响行洪安全的堤段。

8.3 设计要求

8.3.1 穿堤建设项目的设计应满足下列要求：

a) 采用整体性强、刚度大的结构；

b）荷载、结构布置宜对称，基底压力的偏心距应小；

c）结构分块、止水等对不均匀沉降的适应性应好；

d）减小过流引起的震动；

e）进出口引水、消能结构应合理可靠；

f）边墙与两侧堤身连接的布置能满足堤身、堤基稳定和防止接触冲刷的要求。

8.3.2 穿堤建设项目穿堤段堤防不应低于相应规划标准，并适当留有余地。

8.3.3 穿堤建设项目与堤防接合部周围受水流冲刷、淘刷的堤身和堤岸部位，应采取可靠的防护措施，避免发生脱空现象。

8.3.4 穿堤建设项目与土堤接合部应满足渗透稳定和不均匀沉降要求，并根据相关标准采取适当方法进行穿堤建设项目的渗流安全复核计算和堤防稳定计算。

8.3.5 穿堤建设项目周围的回填土干密度不得低于堤防工程设计的要求。

8.4 施工

8.4.1 对于采用破堤施工的，应按照《堤防工程设计规范》有关要求进行复堤。

8.4.2 破堤施工宜选择在枯水期进行，且应在围堰工程完工并经验收合格后方可破堤施工。施工期修筑围堰工程的防洪标准不得低于现有堤防防洪标准。

8.4.3 破堤施工时，应预留与上、下游防汛抢险通道衔接的临时防汛抢险通道。

8.4.4 施工期间，应进行水利工程安全监测并采取必要的防洪安全防护措施。

9 临河建设项目

9.1 适用范围

临河建设项目主要为码头工程，其他临河建设项目，如渡口、临河公路、取（排）水口等可参照执行。

9.2 选址

9.2.1 临河建设项目宜选在地质条件良好、水深适当、河床、岸线及水流流态较为稳定的河段。

9.2.2 交通公路不得沿河布置在防洪堤临水侧。

9.3 与堤防交叉连接要求

9.3.1 临河建设项目的管线及输送带等设施宜采用跨越堤防的型式与后方陆域相接，栈桥宜采用平交的形式与后方陆域相接；若经方案比较，确需采用穿堤方式，其结构型式和施工方式应尽量减少对堤防的扰动，并满足本标准穿堤建设项目的相关要求。

9.3.2 临河建设项目不得降低堤防的强度、稳定性、抗渗性，不得影响堤防管理运用。

9.3.3 临河建筑物主体桩墩不得布置在堤身设计断面内，码头栈桥桩墩确需布置的，不得降低堤防的强度、稳定性和抗渗性。

9.3.4 与堤防平交时，不得阻断防汛抢险通道，相交部分的堤顶高程应与堤防的规划标准一致；建设项目运行中增加的堤顶荷载不得降低堤防的稳定性；与拟建临河建筑物交叉部分的堤防及上、下游衔接段应按堤防的规划标准与工程同时设计、同时施工、同时投入使用。

9.3.5 栈桥处的防浪墙缺口应设置临时闸门，满足防洪要求。

9.4 码头布置

9.4.1 前沿线

码头的前沿线宜与水流方向一致，并结合码头结构靠岸布置。

9.4.2 港池布置

港池布置应尽量利用天然河势，港池开挖不得影响堤岸稳定。挖入式港池应对工程所在河段水流泥沙条件及邻近边滩的稳定性进行专项研究。

9.4.3 陆域布置

9.4.3.1 码头陆域的布置，不得阻断堤后的管理和防汛抢险通道。

9.4.3.2 码头陆域的布置应保证原堤岸的稳定，不得占用堤后护堤地作堆场和仓库；确需占用的，应分析设计堆载对堤防变形和稳定的影响。堤防背水坡脚应保留不小于 10m 的安全通道空间。

9.4.3.3 河道滩地上严禁设置码头永久堆场及仓库。

9.4.3.4 码头交通采用穿堤型式时，应设置能满足防洪要求、闸门易于启闭操作的交通闸，闸宽应严格控制，以满足单车道通行为宜，闸底板高程应尽量抬高。

9.4.4 结构型式

9.4.4.1 码头设计应结合河道地形地质条件、上下游河势、堤岸情况等选择合适的结构，占用河道过流面积的码头宜采用高桩疏水结构。

9.4.4.2 以潮汐作用为主的河口水域，工程建设除应考虑行洪影响外，必要时还应根据工程对纳潮、潮排和潮灌的影响，合理调整码头结构和尺寸。

10 其他建设项目

其他建设项目主要为临河景观与生态工程、航道整治工程、河道清淤及污染治理工程、路堤结合工程等，可参照本标准相应章节执行。

附录 8 《涉河建设项目防洪评价和管理技术规范》（SZDB/Z 215—2016）

1 范围

本标准规定了涉河建设项目防洪评价报告编制和管理技术的要求。

本标准适用于深圳市河道管理范围内新建、改建、扩建的涉河建设项目，包括道路、桥涵、隧道、轨道交通、水闸、箱涵、管道、缆线、泵站、码头、取水口、排放口等永久或临时建设项目。

2 规范性引用文件

下列文件对于本标准的应用是必不可少的。凡是注日期的引用文件，仅所注日期的版本适用于本文件。凡是不注日期的引用文件，其最新版本（包括所有的修改单）适用于本文件。

GB 50139　内河通航标准

GB 50201　防洪标准

GB 50217　电力工程电缆设计规范

GB 50286　堤防工程设计规范

GB 50423　油气输送管道穿越工程设计规范

GB 50424　油气输送管道穿越工程施工规程

GB 50513　城市水系规划规范

GB/T 27647　湿地生态风险评估技术规范

GB/T 50805　城市防洪工程设计规范

CJJ 11　城市桥梁设计规范

CJJ 37　城市道路工程设计规范

JTG B01　公路工程技术标准

JTG D60　公路桥涵设计通用规范

SL 303　水利水电工程施工组织设计规范

SL 435 海堤工程设计规范

SL 520 洪水影响评价报告编制导则

3 术语和定义

下列术语和定义适用于本标准。

3.1 河道 river course

流域面积大于 1 平方公里的自然水流。

3.2 河道管理范围 scope of river course management

由水务主管部门会同相关部门按以下规定划定并经本级政府批准的管理范围。

有堤防的河道，为堤防外坡脚线两侧外延 8 米至 15 米范围内；无堤防的河道，为河道两侧上口线外延 8 米至 25 米范围内；防洪防潮海堤，为堤防内、外坡脚线外延每侧 30 米至 50 米范围内。

3.3 涉河建设项目 river related construction project

在河道管理范围内新建、改建、扩建的非防洪类建设项目。

3.4 跨河跨堤建设项目 construction project across river course or embankment

跨越河道或堤防的桥涵、净水、原水管道等建（构）筑物。

3.5 穿河穿堤建设项目 construction project passing through river course or embankment

下穿河道或堤防的建（构）筑物。

3.6 临河临堤建设项目 construction project near river course or embankment

临近河道或堤防的建（构）筑物。

3.7 河道行洪断面 the scope of river flood discharge

河道在通过一定频率洪水时的水面轮廓及其以下的过水空间。

3.8 巡河道路 the road for river course inspection

路面高程高于设计洪（潮）水位，用于河道或海堤防汛抢险、日常管理维护的交通道路和桥梁，在防汛抢险期间作为防汛抢险专用通道，可以禁止无关车辆与人员进入。

4 总则

4.1 为进一步加强涉河建设项目的管理，保障城市防洪（潮）安全，保护河流

生态环境，协调防洪（潮）工程与城市其他基础设施建设项目的关系，制定本规范。

4.2 涉河建设项目应符合《防洪标准》（GB 50201）的规定；应符合深圳市防洪（潮）规划、河道整治规划、航道规划及其他相关规划，涉河建设项目除应在规划国土主管部门办理选址手续外，还应征得水务主管部门的同意。

4.3 涉河建设项目，严禁危害堤岸结构安全、严禁降低堤岸防洪（潮）标准，不得影响堤岸、巡河路等河道建筑物和水环境改善工程设施的安全和正常使用，不应影响河势稳定，不应影响河道水环境质量和景观效果，不应影响河道现状和今后防洪排涝、水质改善、生态景观等综合整治工程的实施，不应影响第三方合法水事权益。

4.4 涉河建设项目建设单位应在项目可行性研究阶段完成防洪评价报告的编制与技术评审工作。

4.5 涉河建设项目防洪评价除应符合本规范外，尚应符合国家、广东省及深圳市现行水利和其他相关行业技术标准和管理规定的要求。

5 一般规定

5.1 涉河建设项目不应在河道行洪断面内设置建（构）筑物，确因结构需要设置的，不得降低堤防防洪（潮）标准和河道行洪能力，不应造成水位壅高，有条件的河段应采取拓宽行洪断面的方式补偿所占的河道断面。

5.2 施工工期 6 个月以内的涉河建设项目不宜在汛期施工，经论证必须在汛期施工的涉河建设项目，汛期施工时不得在河道行洪断面内施工。在防汛防旱防风期间施工时应服从三防指挥机构的管理。

5.3 在河道行洪断面内实施的涉河建设项目，建设单位应充分考虑临时工程对上、下游两岸的洪水影响，提出相应施工期的导流标准和导流方案，工程完工后必须彻底清除临时工程设施及其他杂物。

5.4 涉河建设项目不应使用堤顶或巡河道路作为施工道路，经论证确需使用的，必须征得河道管理部门的同意。

5.5 涉河建设项目必须采取可靠的施工方法确保堤岸结构、巡河道路、水环境改善工程等河道堤防工程及沿河的光纤、摄像头等其附属设施的安全和正常使用，如造成损毁的，建设单位负责按原设计标准修复，并赔偿由此造成的损失。

5.6 涉河建设项目施工时，建设单位应严格执行水务主管部门批准的涉河工程建设方案，并接受水务主管部门的监督检查。项目竣工验收时，建设单位应通知水务主管部门参与验收。项目竣工后，建设单位应将工程竣工资料报水务主管部门和河道管理单位备案。项目投入使用后，其管理或权属单位应当加强管理，保障使用安全。

5.7 河道管理范围内的涉河建设项目建（构）筑物应设置永久性的识别标志。

6 跨河跨堤建设项目

6.1 跨河跨堤桥涵

6.1.1 跨河桥涵的防洪标准除满足桥涵建筑物的相关规定外，还应满足河道规划整治的防洪标准，城市轨道交通跨河桥梁不应低于 100 年一遇；技术复杂、修复困难的桥梁不应低于 300 年一遇；城市道路桥梁不宜低于 100 年一遇。

6.1.2 道路跨越河道时应优先采用桥梁的方式。跨河桥梁采用平交方式跨越上口宽度不大于 10 米的河道时，经论证可采用以涵代桥的方式，跨越不大于 5 米的河道时，可采用单孔箱涵，跨越 5～10 米的河道时，应优先采用单孔箱涵，经论证不能采用单孔箱涵时，可采用双孔箱涵。箱涵过流能力应满足行洪安全要求并留有富余，箱涵过流断面不应小于规划河道断面的 1.2 倍。

6.1.3 桥梁跨越上口宽度大于 10 米且不大于 25 米的河道时，应一跨过河；桥梁跨越上口宽度大于 25 米且不大于 50 米河道时，最多采用两跨过河；跨越大于 50 米的河道且需要采用多跨的方式跨越河道时，各跨跨度不应小于 16 米。

6.1.4 跨河或跨堤桥梁应优先采取立体交叉方式跨越巡河或巡堤道路。经论证跨河桥梁必须与巡河或巡堤道路平交时，必须设置必要的交通管理设施，以保证巡河或巡堤道路在正常管理维护和防汛抢险期间的畅通。

6.1.5 跨河或跨堤桥梁的净空应满足以下要求：

a）桥梁梁底高程不应低于河道规划的防洪（潮）水位加安全超高，并应考虑河道正常淤积后的影响，且不应低于现状的岸顶或堤防防浪墙顶高程；

b）桥梁净空高度应满足河道保洁、疏浚等管理维护作业船舶通行要求；跨越有通航要求的河道时，桥梁净空应符合现行国家标准《内河通航标准》（GB 50139）的要求；

c）桥梁净空高度应满足巡河路或箱涵顶部检修道路通行、河道管理、防汛

抢险等方面的要求，通常情况下不应低于 3.5 米，如因条件限制无法满足时，其净空高度可以根据巡河路或箱涵顶部检修道路的使用要求经论证后确定。

6.1.6 当跨河桥梁因结构需要在河道行洪断面内设置桥墩时，其型式应有利于水流流态的稳定，其轴线应与水流流向一致，经论证轴线不能与水流流向一致时，夹角不得大于 5 度。

6.1.7 跨河桥梁桥墩不宜布置在河道深泓线上，桥墩承台顶高程应在河道护底结构或冲刷线以下。

6.1.8 跨河或跨堤桥梁桥墩等构筑物不应布置在堤防、护岸、巡河道路以及水质改善设施等河道或堤防建（构）筑物范围内；桥墩等构筑物与河道或堤防建筑物外轮廓线的水平净距应符合相关技术标准且必须大于 2.5 米。

6.1.9 桥墩及其基础等构筑物施工应避免采用振冲施工工艺并采取措施防止施工对邻近建筑物的不利影响，防洪评价报告应提出必要的安全监测内容及指标，施工期间应对邻近建筑物进行安全监测。

6.1.10 当跨河桥梁因结构需要在河道行洪断面内设置桥墩等构筑物时，应优先采用拓宽行洪断面的方式补偿所占用的河道断面，避免水位壅高；不应采用硬化局部河段断面、局部降低河段糙率或加高堤岸的方式来补偿河道行洪能力；桥梁阻水比不得超过 5%，同时桥梁管理或权属单位应负责做好相应的防洪预案。

6.1.11 当跨河桥梁桥墩占用河道过水断面时，应进行壅水、冲刷以及淤积分析计算，分析计算方法包括采用经验公式、推理公式、数值模拟及物理模型试验等方法：

　　a）在进行壅水、冲刷或淤积分析计算时，应分别采用水利行业和相关行业技术标准推荐的方法进行，并应采用较不利的结论作为防洪评价的依据；

　　b）桥梁相对独立且其壅水、冲刷以及淤积范围内没有相邻桥梁或其他阻洪建（构）筑物时，可以采用经验公式或推理公式方法进行分析计算；

　　c）桥梁的壅水、冲刷以及淤积范围涉及到相邻桥梁或其他阻洪建（构）筑物并可能产生叠加效果时，应将影响范围内的桥梁或其他阻洪建（构）筑物一并考虑，应采用数值模拟的方法进行分析计算，其采用的基本资料真实可靠，边界条件完整，模型应经过率定和验证，工程概化处理方法得当；

　　d）跨越比较复杂河段、相邻桥梁或其他阻洪建（构）筑物相互影响较大、墩柱布置复杂的桥梁，还应同时采用物理模型的方法进行试验验证，其试验方案和成果内容应完整，物理模型试验应符合相关技术标准的要求。

6.1.12 跨河桥梁桥面集中排水应避免冲刷堤防和护岸；依法允许跨越水源保护区内河道的桥梁，应采取有效措施收集和处理桥面排水，并编制水污染事故应急预案。

6.1.13 涉河建设项目建设单位在开展跨河桥梁建设项目前期工作时，宜将其工程垂直投影面内以及上下游各 30 米范围内且在其建设用地范围内的规划河道建设内容纳入其工程建设，并与建设项目同步实施，所需资金由涉河建设项目建设单位负担。

6.2 跨河管道

6.2.1 当较大口径的净水或原水管道跨越河道时，应设置管桥，管桥布置形式应按照跨河桥梁的要求进行评价。

6.2.2 跨河管道的入土和出土位置不应布置在河道巡河道路和堤岸结构断面范围内。

7 穿河穿堤建设项目

7.1 下穿通过河道的建（构）筑物、管线应满足以下要求：

a）下穿通过河道的管线，应设置涵（管）或其他防护性设施，以利于管线的保护并便于检修或更换；

b）下穿通过河道的建（构）筑物顶部与规划河床的垂直距离除应满足其行业技术标准和管理规定外，还应大于该河道的冲刷深度且不得小于 2.5 米。岩基河床或其他特殊河段，其埋深应经论证后确定；

c）下穿通过河道的建（构）筑物外轮廓顶部与河道护底、护脚的垂直距离应满足其行业技术标准和管理规定且不得小于 2.5 米；

d）下穿通过河道的建（构）筑物应选择在河势稳定且地质条件较好的位置。

7.2 电力电缆、通信线路、油气管道、污水以及再生水管涵通过河道，应采用与堤岸正交的方式下穿通过河道，并应设置安全可靠的防护措施；严禁管线及其他建（构）筑物采用穿过堤岸（坝体）的型式在河道或相关水体的结构断面内通过。经论证后，重要的燃气干线管道可斜交下穿河道，交角不应小于

60 度。

7.3 高压和超高压燃气管道、电力电缆下穿通过河道，其出入土点距离堤防或河道建筑物外轮廓线的水平净距不应小于 5 米；高压和超高压燃气管道顶部与天然河床或河道护底、护脚的垂直距离不应小于 6 米。

7.4 当城市道路及轨道交通隧道采用下穿方式通过河道时，应做好防水设计，确保隧道结构安全，隧道外轮廓顶部距离规划河床或河道护底、护脚的垂直距离不应小于 6 米，经论证垂直距离必须小于 6 米的，在施工及运行阶段应设置安全监测设施，确保涉河建设项目工程设施、河道建筑物和设施的安全，同时不得影响河道正常运行维护管理。

7.5 当污水管涵采用倒虹吸方式下穿通过河道时，宜设置备用管涵和事故排出口并应利于检修，其埋深应经论证后确定并应采取防止污水外泄的措施。

7.6 下穿河道输送流体的管道或涵体，应在河道两侧适当位置设置截断流量的控制设施。

7.7 下穿河道的管道和缆线的阀井（室）、截流控制设施、临时性工作井等管线附属设施，不应布置在河道管理范围内，且不得影响堤防和护岸安全及河岸景观。

7.8 城市基础设施各类管线宜按照类别采用共用通道的形式下穿通过河道。

7.9 穿河穿堤的排放口高程与设计洪（潮）水位的关系应通过分析确定，当排放口低于设计洪（潮）水位时，应分析水位顶托对排放及堤后洪涝的影响，同时应设置防护措施防止洪（潮）倒灌。

7.10 采用隧道、较大口径的顶管或定向钻等非开挖方式的穿河建设项目，其建（构）筑物与土体的接触面应进行充填灌浆，确保堤防、护岸和河床的土体稳定，并设置必要的安全监测设施。

7.11 穿河穿堤的排放口、出水口应设置孔口安全防护和消能防冲设施。

7.12 当穿河穿堤建（构）筑物采用开挖堤岸的方式穿河时，应对现有和新建堤岸的安全稳定性进行计算复核；应对开挖范围、新旧堤岸结合、堤岸恢复方案提出评价结论和建议。

7.13 当涉河建设项目是防洪工程的组成部分时，其防洪标准必须相当或高于该河段或堤防的防洪标准，其工程等级必须与该河段或堤防工程相适应。

7.14 穿河穿堤建设项目在施工过程中宜委托第三方开展施工安全及周边环境

监测，确保建设项目、河道建筑物和周边设施安全。

8 临河临堤建设项目

8.1 临近河道或堤防建设的工程设施，严禁影响河道和堤防的安全稳定，不应影响河道和堤防管理维护工作的开展，应设置在防汛抢险及灾害性天气情况下隔离无关人员进入的设施。

8.2 10千伏以上的电力电缆、油气管线等管线不应沿河道方向敷设在河道管理范围内，其他直埋敷设的电缆，严禁位于地下管道的正上方或下方。

8.3 供水、通信管线不应敷设在河道行洪断面内以及堤岸结构断面内，且不应长距离敷设在河道管理范围内。

8.4 严禁在河道行洪断面内种植阻碍行洪的林木和高秆作物，不应在河道管理范围内种植果蔬等经济作物。

8.5 在行洪断面内沿河道方向设置污水或混流涵（管）时，应对河道水质污染风险进行评价，其所占用的断面应进行补偿，不应影响河道正常行洪，不应影响支流入口行洪，不应影响雨水排放口的正常排放。

8.6 在河道行洪断面内布置的管涵的检修口，其孔口布置应方便检修，其盖板或井盖应牢固可靠，避免水流冲击移位，确保安全。

8.7 临河临堤景观工程布置不应改变河道或近海的自然生态特性，不应影响正常行洪。河道行洪断面内不应设置亭台楼阁、喷泉假山等园林景观建筑，景观灯光工程，栏杆及休闲座椅。亲水平台高程应高出河道常水位或景观控制水位0.3米以上，其他临河景观工程应布置在河道5年一遇洪水水位以上，并设置隔离设施和安全警示标识。

8.8 不应在水源保护区范围内的河道设置码头及渡口；码头应采用港湾式布置；码头布置不应对河道行洪、纳潮、冲淤、堤岸稳定以及周边排水产生不利影响；码头区域内应预留防汛通道；码头的排水及其他污染物的排放必须符合河道水质目标要求，必要时应设置水环境监测设施。

9 其他建设项目

9.1 河道堤防管理部门在开展日常运行管理、河流规划或经过防汛抢险以及河流调查后，可以主动对可能影响防洪（潮）安全、堤防安全稳定、水生态环境

质量以及影响水工程正常调度运用的拟建涉河项目或者已建涉河设施开展防洪影响评价，对壅水、阻水严重的桥梁、引道、码头和其他涉河工程，根据防洪标准及水生态环境保护要求，应由其管理或权属单位限期改建或者拆除。

9.2 改道河道项目，应分析填堵并改道后对该段河道水文地质的影响；应分析改道后对全河道水利要素、水力计算以及水文成果的影响；应分析改道后河道与地下水的水力联系；改道后河道的断面不应小于规划河道断面，河道的进出口段应与上下游河势平顺衔接。

9.3 涉河建设项目建设单位应当承担项目施工期间涉河工程和改道河段的安全、防洪排涝、水生态环境保护、日常清淤维护责任和费用，并接受水务主管部门的监管。

9.4 城市道路、轨道交通、电力设施等城市基础设施建设项目不应长距离以架空的方式在河道上方沿河道方向布置。

9.5 工业和民用房屋建筑不应跨河布置。

9.6 高压架空输电线路的杆塔基础不应设置在河道管理范围内。

9.7 新建涉河的取水构筑物应布置在水流流态稳定、河岸稳定的河段，取水构筑物外轮廓应采用流线型结构，减少对河道行洪的影响，其控导工程不得影响河势的稳定。

9.8 新建涉河的闸、坝、堰等非防洪（潮）性质的拦河挡水或者景观建筑物，应对其运行的可靠性、壅水、冲刷、淤积、堤岸稳定以及对河流生态环境的影响进行评价。

9.9 规划建设新的水体或扩大现有水体的水域面积，应与城市的水资源条件和排涝需求相协调，增加的水域宜优先用于调蓄雨水径流。

9.10 其他涉河建设项目应参照本规范跨河跨堤、穿河穿堤、临河临堤等建设项目的有关规定执行。

10 防洪评价管理

10.1 防洪评价报告编制单位应根据河道堤防以及涉河建设项目相关的法规规章、技术标准及管理规定如实客观的开展防洪影响分析评价，并对其评价的主要结论负责，若涉河建设项目建设单位未按照主要评价结论执行，则建设单位应承担因其造成的一切后果。

10.2 防洪评价报告编制单位应分析评价涉河项目对防洪（潮）、治涝、河流水生态环境、水工程运行维护、第三人合法权益的影响，分析评价相应设计频率洪水对涉河建设项目的影响。

10.3 在防洪评价报告编制过程中，防洪评价报告编制单位应充分与涉河建设项目建设单位沟通协调，充分收集并了解涉河建设项目的设计方案、施工方案和运行管理规定，提出合理可行的结论和建议。

10.4 由于涉河建设项目先期建设对规划的水工程建设项目的影响，防洪评价报告编制应进行充分分析和评价，理清相互影响、相互制约的条件，提出合理的调整建议与防治补救措施，避免出现拟建水工程建设项目难以实施或无法实施的情况。

10.5 当涉河建设项目建成后的运行管理范围与河道堤防管理范围交叉重叠时，应由防洪评价报告编制单位、涉河建设项目建设单位以及河道堤防管理单位三方进行协调，就重叠范围内工程设施建设和管理维护存在的问题以及协作方式提出解决方案。

10.6 涉及河道及堤防的防洪评价报告，应按照《河道管理范围内建设项目防洪评价报告编制导则（试行）》（水利部办建管〔2004〕109号）要求进行编制，报告的主要内容包括概述、基本情况、河道演变、防洪评价计算、防洪综合评价、防治与补救措施、结论与建议，以及相关的附图、附表、专题报告、规划用地文件等附件。

10.7 涉及蓄滞洪区的防洪评价报告，应按照《洪水影响评价报告编制导则》（SL 520）要求进行编制，报告的主要内容包括概述、基本情况、洪水影响分析计算、建设项目对防洪的影响评价、洪水对建设项目的影响评价、消除或减轻洪水影响的措施、结论与建议，以及相关的附表、附图、专题报告、规划用地文件等附件。

10.8 涉及覆盖或者填堵河道的建设方案，应编制必要性和唯一性论证报告，对其建设方案的必要性和唯一性进行科学论证，同时开展相应的防洪评价，并按《深圳经济特区河道管理条例》的相关规定开展工作。

10.9 防洪评价报告编制所采用的基本资料应完整、准确；报告应清晰表达涉河建设项目与现状河道堤防等相关工程的形位关系、清晰表达涉河建设项目与规划的水工程建设项目的形位关系；采用的计算分析方法、边界条件及参数选

取正确；评价结论和建议完整可靠、合理可行。

10.10 当涉河建设项目改变了原河段水文计算条件时，防洪评价报告应对水文水利计算成果进行必要的分析计算。

10.11 防洪评价报告提出的防治与补救措施应包括基本确定的设计方案及工程量，非工程措施应切实可行；占用河道行洪断面的涉河建设项目，防洪评价计算结果应明确阻水比。

10.12 防洪评价报告以及相关技术文件应通过校审、签章齐全。

10.13 防洪评价报告有以下情况之一的应重新编制：

　　a）防洪评价报告无责任栏或无签章；

　　b）防洪评价报告所引用的涉河建设项目的前期文件或设计文件已过期；

　　c）防洪评价报告所述及的涉河建设项目基本情况与现场或事实情况不符；

　　d）评价过程、结论和建议违反法规规章、违反技术标准；

　　e）涉河建设项目的规模、选址或建设方案出现重大调整；

　　f）防洪评价报告经初审或评审，其主要或关键性的结论和建议没有被认可、涉河建设项目布置方案存在重大争议或者明显不合理。

附录 9 《苏州市河道湖泊管理范围内建设项目水利技术规定（试行）》（苏市水〔2018〕105 号）

1 总则

1.1 为了规范河道、湖泊管理范围内建设项目管理，保障防洪、排涝、供水、水生态安全，维护河道、湖泊健康，结合本市实际，制定本规定。

1.2 苏州市列入《江苏省骨干河道名录》《江苏省湖泊保护名录》的河道、湖泊管理范围内建设项目管理适用本规定，长江、太湖、太浦河、望虞河除外。

本规定所称河道、湖泊管理范围内建设项目（以下简称建设项目）包括跨越类、下穿类、顺河临湖类及生态修复类等涉水建设项目。

1.3 建设项目如涉及航道的，应当同时满足航道管理的相关技术要求。

1.4 其他中小河道、湖泊可以参照本规定执行，另有规定的从其规定。

2 基本规定

2.1 建设项目应当遵守《中华人民共和国水法》《中华人民共和国防洪法》《中华人民共和国河道管理条例》《江苏省湖泊保护条例》《江苏省河道管理条例》等法律法规规定。

2.2 建设项目应当符合流域、区域综合规划和防洪排涝、河道整治、岸线利用、水环境保护等有关专项规划，不得危害堤防安全、影响河势稳定、阻碍行洪畅通、影响灌溉用水、损害水生态环境、破坏水景观和妨碍工程管理维护。

2.3 项目建设方案、防洪影响评价应当符合《防洪标准》《堤防工程设计规范》《堤防工程管理设计规范》《河道管理范围内建设项目防洪影响评价报告编制导则（试行）》等规程规范规定，主要包括：

2.3.1 建设项目应当结合所在河段、地区的行洪、调蓄要求，达到防洪标准，并充分考虑相关规划要求。

建设项目自身有相应防洪保障要求的，项目建设单位负有防汛责任和工程维护责任。

2.3.2　建设项目应当避免对堤防、护岸、水文设施和其他水工程安全、运行产生影响。

桥梁、管道等跨堤建筑物、构筑物，其支墩不得影响堤防抗滑和渗流稳定等的要求，支墩不得设置在堤防上。

确需临时拆除局部堤防、护岸等水利工程的，拆除部分重建时，应当不低于原标准、原规模。

2.3.3　跨堤建筑物、构筑物与堤顶之间的净空高度应当满足堤防交通、防汛抢险、管理维护等方面的要求。

2.4　建设项目应当尽可能少占用河道、湖泊。确需占用的，应当同时实施等效替代工程或者采取其他补救措施。

2.4.1　建设单位应当组织具有相应技术能力的单位编制包含等效替代工程建设内容的建设方案。

2.4.2　等效替代水域工程应当在同一河道、湖泊范围内实施，可以多个项目综合平衡。同一河道、湖泊范围内不能实现等效替代的，应当选择同一行政区内邻近的其他河道、湖泊同步实施替代工程。等效替代工程的清退区域不得在规划确定的河道、湖泊内，不得为规划确定的退垦、退渔还湖保留区域。

建设单位可以自行建设等效替代工程，也可以委托具备相应技术能力的单位代为建设。

2.5　建设项目确需临时封堵河道、湖泊的，应当取得水行政主管部门的许可，在封堵期间采取有效措施保障现有引排需要，并采取有效措施维持现状水环境功能。

水域、滩地的临时占用期原则上不得超过 2 年，超过 2 年的需办理延期手续，延长期限不得超过 1 年。占用期间，应当服从防汛防旱指挥部门的统一调度。

2.6　建设项目影响第三人合法水事权益的，应当征得第三人同意。

3　分类技术规定

3.1　跨越类项目

3.1.1　禁止建管涵。确需建箱涵的，各种设计水位下最大阻水面积比应当控制在 6％以内；其箱涵内顶高程不低于设计洪水位，底板面高程不得高于规划河底高程。

3.1.2 跨河桥梁、管线桥架应当以河道规划的河口线、控制范围来布置桥梁跨度，各种设计水位下最大阻水面积比应当控制在6%以内。

桥梁跨径需符合以下要求：河面宽小于20米时，跨河桥梁应当一跨过河；河面宽20米以上的，过水断面内不应当超过2排墩柱，中跨跨径不小于20米，并以河道主槽中心线为基准对称布置。

桥梁、管线桥架梁底高程应当满足行洪安全、河道过流和河道保洁、疏浚等维护管理作业船舶通行要求，梁底高程应当不低于所在地区常水位以上1.80米，且高于设计洪水位以上0.50米，并按照桥梁级别留有一定的超高。

3.1.3 桥墩占用河道断面的，应当根据建设项目区域情况，实施拓宽河道等效替代工程，补偿过水断面。

3.1.4 河道中桥墩顺水流方向轴线应当与水流方向一致，上下游面应当设计成圆弧型等平顺水流的形状。

桥墩承台顶面高程应当低于所在规划及现状河底，或者底面高程在设计洪水位以上。

3.1.5 跨越湖泊的管线等工程的各种塔基应当避开行洪供输水通道主槽。

3.1.6 跨越湖泊不宜建设桥梁。重大基础设施项目不可避免需跨湖建桥的应经充分论证，桥梁最小跨径不得小于20米，湖泊主要行洪通道内的桥梁主跨不得小于60米。

3.1.7 桥梁两端防汛道路净空高度应当不低于4.50米，净宽需满足规范等级要求，一般应当不小于3.50米。

桥梁梁底与堤顶的净高无法满足4.50米要求的，应当在引桥外侧布置防汛辅道，并设置上下堤的交通坡道，使防汛通道绕行贯通；桥下堤顶仍需满足日常巡查和防汛检查车辆通行的要求，净空高度应当不小于2.20米。

3.1.8 跨越堤防的管线与防汛道路净空高度应当不低于4.50米，净宽需满足规范等级要求，一般应当不小于3.50米。

3.1.9 桥梁建设时，其垂直投影面以内以及上下游各30米内堤防护岸及河道断面需按规划要求纳入建设项目同步实施；建设影响范围大于30米的，同步实施影响范围内堤防护岸及河道断面。

新建堤防上设挡浪墙的，墙体高度不得高于1.20米。

3.1.10 桥梁下部结构施工应当尽量避开主汛期；桥梁上部结构在汛期施工时，不得设置阻水设施。桥梁施工不得阻断河道，应当采用分段围堰、套筒等方式施工，施工期各种水位下过流断面不得少于原河道断面的40%。

施工期要做好堤身及护岸变形、渗漏的检查和观测，保证堤防工程安全和防汛道路畅通。

设置施工围堰的需制定防汛预案，无条件服从防汛防旱指挥部门的调度指挥。

3.2 下穿类项目

3.2.1 下穿河道、湖泊的隧道、管线、管廊不得影响堤防安全、防汛道路畅通和堤防维护工作的正常进行，其出入口不得设置在堤防断面内。

3.2.2 下穿河道的隧道、管线、管廊外轮廓（含包裹保护层）顶部距规划河底的埋置深度应当不小于1.00米。

下穿湖泊的，其顶部距湖底的埋置深度应当不小于1.00米，覆土后湖底高程不得高于规划湖底高程，没有规划的，不得超过0.00米。

3.2.3 管线与堤防交叉、连接及上下游影响段15米应当按堤防规划标准恢复，无规划标准的应当不低于原设计标准恢复，并满足堤防防渗、稳定等要求。

3.2.4 顶管施工竖井的布置不得影响河道、湖泊堤防的安全，竖井临河侧外壁距堤脚距离不小于15米，距防汛墙的距离不小于30米；定向钻施工应当将出入土点移至河口线30米以外，满足河道整治及维护管理的需要。因特殊原因不能满足的，应当充分论证。

3.2.5 穿河穿堤管线及其保护范围内的相应位置应当设置永久性的识别标志，并标明相关信息，必要时设置观测设施。

3.3 顺河临湖类项目

3.3.1 顺河临湖类项目，包括水域内码头、避风港、栈道、平台、看护棚、取排水口等工程。

码头、避风港应当采用挖入式设计，码头、避风港、栈道、平台等建设占用河道断面或者湖泊调蓄面积的，应当实施扩大断面、补偿水域面积等等效替代工程。

3.3.2 避风港港池防浪设施不得采用封闭结构，应当保证水体正常联通，联通口门宽度不小于10米或者不低于封闭结构总长的10%，同时充分考虑水体交换的要求；港池浚深应当有高程控制，以保证堤防的安全稳定。

3.3.3 码头宜选建在岸线稳定、河道开阔处，湖泊避风港、码头外缘线应当距主要行洪通道和出入湖河道口 30 米以上；河道、湖泊另有规定且大于 30 米的，从其规定。

3.3.4 码头、避风港建设确需拆移堤防，应当按堤防规划标准重建，无规划标准的应当不低于原设计标准重建，并与上下游两侧防洪屏障形成封闭圈。

以码头作为防洪堤防的，其场地面高程应当满足设防要求，并与上下游堤防贯通。

3.3.5 码头、避风港与岸区连接通道不得影响堤防安全，河道管理范围内不得设置与水利工程管护无关的办公生活设施和永久建筑物，堆场设置在堤防背水坡堤脚管理范围以外，堤身上不得堆放货物，保持防汛道路通畅。

3.3.6 码头、避风港应当设置污水污物收集、处理设施，采取有效的水环境保护措施。

3.3.7 平台、栈道面高程应当在常水位以上，建筑材料应当选择不污染水体的环保型材料。

3.3.8 在河道、湖泊堤防及护岸上不得设置影响工程安全及管理维护运行的管线等设施。

管线等设施占用河湖管理范围的，相应河段堤防应结合规划防洪标准同步实施。

3.3.9 设置取水口、排水口不得危害河势稳定、堤防安全，不降低防洪标准。

3.4 清淤及生态修复类项目

3.4.1 清淤应当采用生态清淤施工工艺，不得在管理范围内堆放淤泥、设置排泥场。

3.4.2 除行洪、通航的河道外，新实施的河道整治项目，应当采用自然岸坡、木桩、石笼等生态护岸。

除迎风顶浪段外，湖泊岸线整治应当采用自然岸坡、木桩、石笼等生态护岸。

建设生态护坡需对堤防工程采取改造措施的，应当经过论证后组织实施。不得在堤身迎水面上种植高杆乔木、加装种植辅助设施，以保证堤防安全。

3.4.3 沿湖岸线生态修复确需进行湖泊地形整理的，地形高程原则上控制在多

年平均水位以下 0.20 米，其中阳澄区应当不超过 2.80 米，淀泖区应当不超过 2.60 米。

3.4.4 生态修复类工程实施范围应当充分论证，科学选址，因地制宜，一般应当利用项目区域原有地形进行湿地恢复，严禁将河道、湖泊外部土料运入河道、湖泊内。

水生植物浮岛应当固定，并做好修剪、收割等日常维护工作，防止产生新的污染源。

3.4.5 辅助修复水生态种植临时设置的消浪桩、围栏、围网等设施一般不超过 2 年，辅助功能完成后应当及时拆除，并恢复水域、滩地原状。

附录 10 《城市水域保洁作业及质量标准》 (CJJ/T 174—2013)

1 总则

1.0.1 为了对城市规划区水域（简称城市水域）保洁作业和质量进行科学、统一、规范的管理，维护水域环境卫生，制定本标准。

1.0.2 本标准适用于城市水域的保洁作业、质量管理和评价。

1.0.3 城市水域的保洁作业、质量管理和评价除应符合本标准外，尚应符合国家现行有关标准的规定。

2 术语

2.0.1 堤岸 embankment

江河、渠道、湖、海等水域的临水岸坡及其修筑的河岸护坡、驳岸、防汛墙（堤）等构筑物的临水岸坡。

2.0.2 漂浮废弃物 floating waste

水面上漂浮的固体垃圾、废弃杂物、暴雨和洪水的冲积物和影响水域环境卫生质量的水生植物等。

2.0.3 漂浮废弃物拦截设施 floating waste intercepting facility

围栏、聚集筏、拦截网、拦截库区等用于拦截水面漂浮废弃物的环境卫生设施。

2.0.4 拦截库区 intercepting reservoir

漂浮废弃物拦截设施在水域拦截漂浮废弃物时形成的拦截区域。

2.0.5 水域保洁作业 water area cleaning work

对水面、堤岸临水侧及水上公共设施等水域整体环境进行全面清理和为维护水域整洁而进行的环境卫生工作。

2.0.6 水面保洁作业 water surface cleaning work

对水面漂浮废弃物进行打捞、清除的环境卫生保洁工作。

2.0.7 水域应急保洁作业 water area emergency cleaning work

对因灾害性气候、水生植物大面积侵袭等各种突发性事件等造成的水域污染采取的保洁作业措施。

3 基本规定

3.0.1 城市水域保洁作业应做到安全、环保、文明和高效，减少环境污染，避免对公众生活及水上交通产生影响。

3.0.2 城市水域保洁作业管理单位应指导、检查、监督水域保洁作业。

3.0.3 城市水域保洁作业管理和作业单位应加强应急队伍的建设、管理，制定水域应急保洁作业预案及应急物资、设施设备的储备。

4 水域保洁等级

4.0.1 城市水域的等级划分应根据所在地的经济发展水平、功能区特性及特定活动区域内环境质量要求等因素确定。

4.0.2 城市水域保洁等级划分应符合表 4.0.2 的规定。

表 4.0.2　　　　　　　　城市水域保洁等级表

保洁等级	水 域 划 分 条 件
一级	(1) 游览观光区、风景名胜区，特定保护区； (2) 中心城区景观水域、商业及中心商务区水域； (3) 其他对城市形象有较大影响的水域
二级	(1) 沿岸具有集中居民住宅区的水域； (2) 城区主要交通干道两侧 200m 距离范围内，一级以外的水域； (3) 担任主要运输功能的水域
三级	(1) 沿岸居民住宅区与单位相间的水域； (2) 沿岸设有集贸市场、码头的水域； (3) 主要铁路、公路两侧 200m 距离范围内的水域； (4) 城郊结合部的水域； (5) 其他

5 水域保洁作业要求

5.1 一般规定

5.1.1 水域保洁作业船舶宜选用清洁能源或无油污染、噪声低的环保型船舶，并应安全可靠。船舶作业和停靠应符合港航主管部门管理要求，不应影响其他船舶的航行。

5.1.2 作业船只船容应整洁，无明显污渍和破损；废弃物储存设施应整洁、完好，无残余物品吊挂。

5.1.3 在废弃物储存、转运过程中应采用遮盖等作业措施。

5.1.4 水域保洁作业应根据作业时间、作业区域合理配置设施、设备、人员。

5.1.5 打捞清除的漂浮废弃物应在指定的场所转运、装卸，应日收日清、定时、定点，并应纳入当地垃圾收运系统。

5.1.6 保洁作业完成后应及时清除散落废弃物，并应清洗作业装备。

5.1.7 水上公共设施应巡回保洁，并应及时清除外立面污染物、水线附着物、吊挂垃圾或影响环境的水生植物。

5.2　水面保洁

5.2.1 水面保洁作业可根据水域特点在漂浮废弃物易聚集处设置漂浮废弃物拦截设施。

5.2.2 漂浮废弃物拦截设施应保持外形完好，并宜采取遮盖措施；被拦截的废弃物应及时清除，不得满溢，应避免垃圾裸露。

5.2.3 发现漂浮废弃物时，作业船只应减速慢行。打捞的漂浮废弃物应及时送入船舱。

5.2.4 对不易打捞入船舱的体积较大的漂浮废弃物，应按各地区相关规定，妥善处置。

5.3　堤岸保洁

5.3.1 防汛墙、驳岸等建（构）筑物的临水侧应使用相应作业器具定期进行清洗，保持清洁。

5.3.2 苇地、滩涂、岸线与水面交界退潮露滩处，应根据潮汐、风向等自然条件，采用保洁设备或人工巡回保洁，清除沿岸、护坡枯枝落叶、废弃杂物和暴露垃圾。

5.4　作业安全

5.4.1 各类作业人员应具备相应的专业技能，并应符合国家有关规定。

5.4.2 保洁作业人员作业时应穿救生衣等防护用品。

5.4.3 作业设备应保持正常状态，严禁违规运转。操作人员应按照设备的基本

性能操作。

5.4.4 作业设备的运动部件应设有安全防护罩和安全警示标志。

5.4.5 在保洁作业过程中应控制船舶速度，并应随时观察水域水流状况、船舶移动、风向潮汐等情况；船舶通过桥梁、管线等跨河建（构）筑物时应观察上空情况，定点作业时应系好缆绳，确保保洁作业安全。

5.4.6 在泵站、水闸引排水与船闸运行期间，不应在该水域进行保洁作业。

5.4.7 在作业过程中，当保洁作业设备出现故障时，应在确保人员及水上交通安全的前提条件下，进行检修与维护。

5.4.8 在台风、雷暴雨、洪水、大雾、寒潮、高温等灾害性气候以及大潮汛期间，应按气象部门发布的预警时间，暂停水上作业与运输，并应采取相应的防护措施。

5.4.9 作业过程中发现疑似危险物品时，应及时向有关部门报告。

5.5 应急保洁

5.5.1 突发性事件中产生的漂浮废弃物，保洁作业单位应根据应急预案组织应急作业，并应在规定时间内及时处置。

5.5.2 灾害性天气结束后应及时组织力量进行应急保洁，及时清除各种漂浮废弃物。

6 水域保洁质量要求

6.1 水面保洁

6.1.1 在保洁作业期间，应保持水面整洁；应无漂浮垃圾，无片状、带状的凤眼莲、浮萍等水生植物。

6.1.2 各级水域水面保洁质量应符合表 6.1.2 的规定。

表 6.1.2　　　　　　　　各级水域水面保洁质量

项　目	级　别		
	一　级	二　级	三　级
每 5000m² 水域水面垃圾累计面积（m²）	≤1	≤2	≤3
每 5000m² 水域水生植物面积（m²）	单处面积≤50 或累计面积≤250	单处面积≤100 或累计面积≤500	

6.2 堤岸保洁

6.2.1 堤岸坡面应保持清洁，无暴露垃圾；堤岸立面不应有吊挂杂物。

6.2.2 各级水域堤岸保洁质量应符合表6.2.2的规定。

表6.2.2　　　　　　　　各级水域堤岸保洁质量

项　目	级　别		
	一　级	二　级	三　级
每200m堤岸坡面暴露垃圾累计（m²）	≤0.05	≤0.1	≤0.2
每200m堤岸立面吊挂杂物（处）	0	≤2	≤5

6.3 水上公共设施保洁

6.3.1 码头、浮筒、航标、桥墩、桥块、上岸梯、上岸缆等设施应保持清洁；应无废弃物或水生植物吊挂。

6.3.2 拦截设施应保持完好，漂浮废弃物不得外溢。

6.3.3 各级水域水上公共设施保洁质量应符合表6.3.3的规定。

表6.3.3　　　　　　各级水域水上公共设施保洁质量

项　目	级　别		
	一　级	二　级	三　级
积聚型废弃物拦截设施满溢（有无）	无	无	无
每200m岸线范围内系泊设施、桥墩等吊挂杂物（处）	≤1	≤3	≤5

7 水域保洁质量检查评价

7.1 一般规定

7.1.1 质量检查评价应由5~7人组成的检查组实施，检查评价结果应取算术平均值。

7.1.2 检查及检测宜采用随机或重点选择部分水域的方式进行。

7.1.3 检查及检测应避开雷、暴雨期；应在风力低于6级的条件下进行。

7.2 质量检查评价

7.2.1 检查人员应根据本标准第6章的质量要求进行检查。水域保洁质量评价内容及评分标准宜符合表7.2.1的规定。

表 7.2.1 水域保洁质量评价内容及评分标准

评价分项及 得分	评价子项	子项评价内容	子项得分范围 （分）	子项实际 得分（分）	分项实际 得分（分）
A 水面保洁 （60 分）	每 5000m² 水域水 面垃圾累计面积（m²）	≤1	35～40		
		1.1～2.0	30～34		
		2.1～3.0	25～29		
		>3.0	0～24		
	每 5000m² 水生植 物面积（m²）	单处面积≤50 且 累计面积≤250	15～20		
		单处面积≤100 且累计面积≤500	10～14		
		成片的水生植物	0～9		
B 堤岸保洁 （25 分）	每 200m 堤岸坡面 暴露垃圾累计（m²）	≤0.05	14～15		
		0.06～0.10	11～13		
		0.11～0.20	8～10		
		>0.20	0～7		
	每 200m 堤岸立 面吊挂杂物（处）	0	10		
		1～2	8～9		
		3～5	6～7		
		>5	0～5		
C 水上公共 设施保洁 （15 分）	积聚型废弃物拦 截设施满溢（有无）	无	5		
		有	0		
	每 200m 岸线范 围内系泊设施、桥 墩等吊挂杂物（处）	0～1	10		
		2～3	8～9		
		4～5	6～7		
		>5	0～5		

7.2.2 在水域质量检查对象中，对缺少的评价子项目，应先扣除所缺子项分数，再将实际得分按百分制换算。

7.2.3 水域保洁质量应按评价总分值计分，其中大于或等于 85 分为优秀，70～84 分为良好，60～69 分为合格，60 分以下为不合格。

本标准用词说明

1. 为便于在执行本标准条文时区别对待，对于要求严格程度不同的用词说明如下：

1）表示很严格，非这样做不可的：正面词采用"必须"反面词采用

"严禁";

　　2）表示严格，在正常情况下均应这样做的：正面词采用"应"，反面词采用"不应"或"不得"；

　　3）表示允许稍有选择，在条件许可时首先应这样做的：正面词采用"宜"，反面词采用"不宜"；

　　4）表示有选择在一定条件下可以这样做的，采用"可"。

　　2. 条文中指明应按其他有关标准执行的写法为："应符合 …… 的规定"或"应按 …… 执行"。

参 考 文 献

［1］ 中国水利百科全书编辑委员会．中国水利百科全书［M］．北京：水利电力出版社，1990．

［2］《辞海》编辑委员会．辞海［M］．上海：上海辞书出版社，1979．

［3］ 郑月芳．河道管理［M］．北京：中国水利水电出版社，2007．

［4］ 熊怡，等．中国的河流［M］．北京：人民教育出版社，1989．

［5］ 武汉水利电力学院．河流泥沙工程学［M］．北京：水利电力出版社，1983．

［6］ 浙江省水利志编纂委员会．浙江省水利志［M］．北京：中华书局，1998．

［7］ 浙江省水利厅．浙江省河流简明手册［M］．西安：西安地图出版社，1999．

［8］ 国家环境保护总局，国家质量监督检验检疫总局．地表水环境质量标准：GB 3838—2002
［S］．北京：中国环境科学出版社，2002．

［9］ 中华人民共和国水利部．水利部水利水电工程管理技术术语：SL 570—2013［S］．北京：
中国水利水电出版社，2013．

［10］ 中华人民共和国水利部．2016年全国水利发展统计公报［M］．北京：中国水利水电出版
社，2017．

［11］ 沈大军，张春铃，刘卓，等．湖泊管理研究［M］．北京：中国水利水电出版社，2013．

［12］ 中华人民共和国水利部．全国第一次水利普查公报［M］．北京：中国水利水电出版社，
2011．

［13］ 浙江省质量技术监督局．山塘运行管理规程：DB33/T 2083—2017［S］．杭州，2017．

［14］ 浙江省质量技术监督局．大中型水库管理规程：DB33/T 2103—2018［S］．杭州，2018．

［15］ 中华人民共和国水利部．洪水影响评价报告编制导则：SL 520—2014［S］．北京：中国水
利水电出版社，2014．

［16］ 广东省质量技术监督局．河道管理范围内建设项目技术规程：DB44/T 1661—2015［S］．
广州，2015．

［17］ 深圳市市场监督管理局．涉河建设项目防洪评价和管理技术规范：SZDB/Z 215—2016
［S］．深圳，2017．

［18］ 沈玉昌，龚国元．河流地貌学概论［M］．北京：科学出版社，1986．

［19］ 钱宁，张仁，周志德．河床演变学［M］．北京：科学出版社，1987．

［20］　王金生．河道采砂与管理［M］．北京：中国水利水电出版社，2006.

［21］　许士国，高永敏，刘盈斐．现代河道规划设计与治理［M］．北京：中国水利水电出版社，2005.

［22］　财团法人河口整治中心．河流与自然环境［M］．吴浓娣，张详伟，高波，等，译．郑州：黄河水利出版社，2004.

［23］　蒋屏，董福平．河道生态治理工程［M］．北京：中国水利水电出版社，2003.

［24］　董哲仁．河流保护的发展阶段及思考［J］．中国水利，2004（17）：16－18.

［25］　孙东亚，董哲仁．关于在堤防工程规范中增加生态技术内容的建议［J］．中国水利，2005（3）：4－8.